高等学校**电气工程及其自动化专业**应用型本科系列教材

U0184374

大型水电站继电保护及自动装置检修维护

主　编　周奋强　孙红武

副主编　谭小华　陈　灏　俞荣厚　卢继平

参　编　李俊勇　韦黎敏　何　珊

　　　　胡　月　谢照坤　刘宏生

　　　　陈旺林　王　彬

　　　　何　潜　张新华

重庆大学出版社

内容提要

本书着重介绍大型水电站继电保护及自动装置的原理、安装调试、运行维护及故障处理方法。第1—4章分别介绍了母线保护、变压器保护、发电机保护和厂用电 10 kV 保护,第 5 章介绍了发电机励磁系统,第 6 章介绍了水轮机微机调速器,第 7 章介绍了计算机监控系统,第 8 章介绍了直流电源系统。

本书系统、详细地介绍了大型水电站继电保护及自动装置的现场实用技术,可作为水电站电气二次系统安装、检修、运行人员的培训教学用书,还可作为大中专院校电气二次专业师生的参考用书。

图书在版编目(CIP)数据

大型水电站继电保护及自动装置检修维护 / 周奋强,
孙红武主编. -- 重庆 : 重庆大学出版社,2023.3
高等学校电气工程及其自动化专业应用型本科系列教材
ISBN 978-7-5689-3843-3

Ⅰ. ①大… Ⅱ. ①周… ②孙… Ⅲ. ①水力发电站—
继电保护装置—检修—高等学校—教材 Ⅳ. ①TM774

中国国家版本馆 CIP 数据核字(2023)第 060457 号

大型水电站继电保护及自动装置检修维护

主　编　周奋强　孙红武
副主编　谭小华　陈灏　俞荣厚　卢继平
策划编辑:杨粮菊

责任编辑:王　华　　　版式设计:杨粮菊
责任校对:谢　芳　责任印制:张　策

*

重庆大学出版社出版发行
出版人:饶帮华
社址:重庆市沙坪坝区大学城西路 21 号
邮编:401331
电话:(023) 88617190　88617185(中小学)
传真:(023) 88617186　88617166
网址:http://www.cqup.com.cn
邮箱:fxk@ cqup.com.cn(营销中心)
全国新华书店经销
重庆巍承印务有限公司印刷

*

开本:787mm×1092mm　1/16　印张:15.5　字数:403 千　插页:8 开 1 页
2023 年 3 月第 1 版　　2023 年 3 月第 1 次印刷
印数:1—1 200
ISBN 978-7-5689-3843-3　定价:49.00 元

编委会

主　编：周奋强　孙红武

副主编：谭小华　陈　灏　俞荣厚　卢继平

参　编：李俊勇　韦黎敏　何　珊　胡　月　谢照坤

　　　　刘宏生　陈旺林　王　彬　何　潜　张新华

序

　　近年来,随着我国清洁能源开发力度持续加大,发电行业智能化、自动化技术革新推动水力发电事业蓬勃发展。自2000年起,我国水力发电进入自主创新快速发展新时代。随着行业的飞速发展,各企业均不同程度存在新进人员经验欠缺、实操实践能力不强,无法满足日益提升的企业安全管控需求的问题。如何帮助企业员工尽快熟悉设备原理,快速掌握、提升检修、维护和消缺能力,已经成为各发电企业共同关注的问题,也是提升企业安全生产保障能力的关键所在。

　　重庆大唐国际彭水水电开发有限公司电气二次班以提升专业人员对设备的检修维护能力为出发点,组织编写了本书。本书以彭水水电公司现役运行机组所配置的500 kV母线保护装置、发电机保护装置、变压器保护装置、厂用电10 kV保护装置、励磁系统、调速器电气部分、监控系统及直流系统为基础,结合自动化实验室实操培训工作经验,系统总结了彭水水电公司运检部电气二次班组多年来在设备检修维护和故障处理过程中积累的宝贵经验。本书从大型水电站继电保护及安全自动装置的原理认识、设备的检验流程、设备的试验方法及故障分析和处理要点等方面进行系统总结,可为电力二次专业从业者提供借鉴与参考。本书编制期间参考了各大设备厂家的产品技术资料,并充分听取了相关行业专家的意见和建议。

　　在本书即将出版之际,谨对所有支持和参与本书编写、出版工作的各位专家,各方人士表示诚挚感谢。同时希望广大水电厂电气二次专业设备工作者相互借鉴、提高,努力为水力发电企业乃至区域电网的安全稳定运行作出应有的贡献,用实际行动助力国家"双碳"目标顺利实现。

重庆大唐国际彭水水电开发有限公司

董事长、党委书记:

前 言

在我国高速、和谐发展的今天，电力已经成为经济社会发展的"命脉"。电力安全不仅是构建和谐、稳定用电环境的需要，更是社会稳定的需要、经济发展的需要、国民安定生活的需要。提升电力安全管控水平，是电力企业高质量发展之本，是维护企业人身安全、健康之本。确保电力安全生产，不仅对电力企业自身发展具有重大意义，更对社会发展与稳定有重大影响。

在电力安全生产领域，继电保护及自动装置素有电力企业"第一道安全关卡"之称，对电网的安全稳定运行发挥着重要作用。随着电力技术的不断发展，继电保护及自动装置专业工作人员必须熟悉和掌握主流厂家的继电保护及自动装置的基本原理和现场试验方法，更加规范地开展现场设备检修维护工作。结合继电保护及自动装置相关设备资料及调试大纲，以及多年的现场工作检修维护经验，重庆大唐国际彭水水电开发有限公司组织相关人员编写了本书。

本书系统、全面地介绍了国内大型水电站继电保护及自动装置设备原理及检修维护方法。其主要内容包括继电保护、监控系统、励磁系统、调速器系统及直流系统设备的基本原理及现场设备检修、试验方法。本书力求结合电厂一线从业人员岗位技能的层次化培训，兼顾现场作业的标准化、流程化，更偏重于现场作业的实用性，以期为后续各级各类水电厂相关技术培训提供系统、完善的资料。

本书在编写过程中，厂家、行业专家给予了大力支持和协助，并提供了大量资料，在此一并表示感谢。

由于水平有限，错误及不妥之处在所难免，恳请读者、专家给予指正。

编 者
2022 年 10 月

目　录

1

项目 **1**

母线保护

1.1 母线保护原理

1.1.1 装置硬件配置

RCS-915AB 型微机母线保护装置,适用于各种电压等级的单母线、单母分段、双母线等各种主接线方式,母线上允许所接的线路与元件数最多为 21 个(包括母联),并满足有母联兼旁路运行方式主接线系统的要求。RCS-915AB 型微机母线保护装置设有母线差动保护、母联充电保护、母联死区保护、母联失灵保护、母联过流保护、母联非全相保护以及断路器失灵保护等功能。

装置核心部分采用 Mortorola 公司的 32 位单片微处理器 MC68332,主要完成保护的出口逻辑及后台功能,保护运算采用 AD 公司的高速数字信号处理(DSP)芯片,使保护装置的数据处理能力大大增强。装置采样率为每周波 24 点,在故障全过程对所有保护算法进行并行实时计算,使得装置具有很高的固有可靠性及安全性。具体硬件模块图如图 1.1 所示。

输入电流、电压首先经隔离互感器传变至二次侧(注:电流变换器的线性工作范围为 $40I_N$),成为小电压信号分别进入 CPU 板和管理板。CPU 板主要完成保护的逻辑及跳闸出口功能,同时完成事件记录及打印、保护部分后台通信及与面板 CPU 的通信,管理板内设总启动元件、启动后开放出口继电器的正电源的功能。另外,管理板还具有完整的故障录波功能,录波格式与 COMTRADE 格式兼容,录波数据可单独串口输出或打印输出。

1.1.2 原理说明

1)装置启动元件

装置保护板和管理板对每种保护功能都设有启动元件,管理板启动后开放出口正电源,各启动元件构成见如下各保护原理说明。

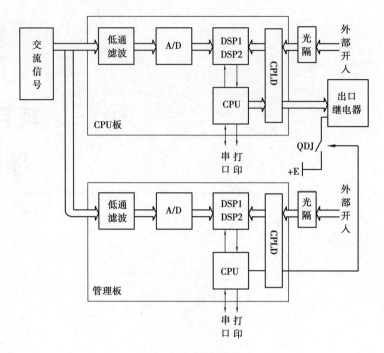

图 1.1　硬件模块图

2) 母线差动保护

母线差动保护由分相式比率差动元件构成。为表述方便,书中约定母线 1、2 分别为Ⅰ、Ⅱ母,实际使用时各母线编号可按现场情况自由整定。双母回路示意图如图 1.2 所示,TA(指电流互感器)极性要求支路 TA 同名端在母线侧,母联 TA 同名端在母线 1(即Ⅰ母)侧(装置内部只认母线的物理位置,与编号无关,如果母线编号的定义与本示意图不符,母联同名端的朝向以物理位置为准,单母分段主接线分段 TA 的极性也以此为原则)。

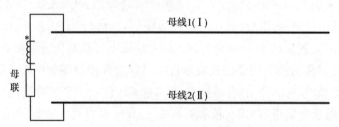

图 1.2　双母回路示意图

差动回路包括母线大差回路和各段母线小差回路。母线大差是指除母联开关和分段开关外所有支路电流所构成的差动回路。某段母线的小差是指该段母线上所连接的所有支路(包括母联和分段开关)电流所构成的差动回路。母线大差比率差动用于判别母线区内和区外故障,小差比率差动用于故障母线的选择。

(1)启动元件

①电压工频变化量元件,当两段母线任一相电压工频变化量大于门坎(由浮动门坎和固定门坎构成)时电压工频变化量元件动作,其判据为:

$$\Delta u > \Delta U_{\text{T}} + 0.05 U_{\text{N}} \tag{1.1}$$

式中　Δu——相电压工频变化量瞬时值;

　　　$0.05 U_{\text{N}}$——固定门坎;

　　　ΔU_{T}——浮动门坎,随着变化量输出变化而逐步自动调整。

②差流元件,当任一相差动电流大于差流启动值时差流元件动作,其判据为:

$$I_{\text{d}} > I_{\text{cdzd}} \tag{1.2}$$

式中　I_{d}——大差动相电流;

　　　I_{cdzd}——差动电流启动定值。

母线差动保护电压工频变化量元件或差流元件启动后展宽 500 ms。

(2) 比率差动元件

常规比率差动元件动作判据为:

$$\left| \sum_{j=1}^{m} I_j \right| > I_{\text{cdzd}}$$

$$\left| \sum_{j=1}^{m} I_j \right| > K \sum_{j=1}^{m} |I_j| \tag{1.3}$$

式中　K——比率制动系数;

　　　I_j——第 j 个连接元件的电流;

　　　I_{cdzd}——差动电流启动定值。

其动作特性曲线如图 1.3 所示。

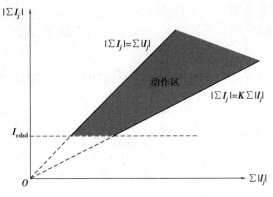

图 1.3　比例差动元件动作特性曲线

为防止在母联开关断开的情况下,弱电源侧母线发生故障时大差比率差动元件的灵敏度不够,大差比例差动元件的比率制动系数有高低两个定值。母联开关处于合闸位置以及投单母或刀闸双跨时,大差比率差动元件采用比率制动系数高值,而当母线分列运行时自动转用比率制动系数低值。

小差比例差动元件则固定取比率制动系数高值。

(3) 工频变化量比例差动元件

为提高保护抗过渡电阻能力,减少保护性能受故障前系统功角关系的影响,本保护除采用由差流构成的常规比率差动元件外,还采用工频变化量电流构成的工频变化量比率差动元件,与制动系数固定为 0.2 的常规比率差动元件配合构成快速差动保护。其动作判据为:

3

$$\left| \sum_{j=1}^{m} \Delta I_j \right| > \Delta DI_{\mathrm{T}} + DI_{\mathrm{cdzd}}$$

$$\left| \sum_{j=1}^{m} \Delta I_j \right| > K' \sum_{j=1}^{m} \left| \Delta I_j \right| \tag{1.4}$$

式中　K'——工频变化量比例制动系数;母联开关处于合闸位置以及投单母或刀闸双跨时 K'
　　　　取 0.75;

　　　ΔI_j——第 j 个连接元件的工频变化量电流;

　　　ΔDI_{T}——差动电流启动浮动门坎;

　　　DI_{cdzd}——差流启动的固定门坎,由 I_{cdzd} 得出。

（4）故障母线选择元件

差动保护根据母线上所有连接元件的电流采样值计算出大差电流,构成大差比例差动元件,作为差动保护的区内故障判别元件。

对于分段母线或双母线接线方式,根据各连接元件的刀闸位置开入计算出两条母线的小差电流,构成小差比率差动元件,作为故障母线选择元件。

当大差抗饱和母差动作(下述 TA 饱和检测元件二检测为母线区内故障),且任一小差比率差动元件动作,母差动作跳母联;当小差比率差动元件和小差谐波制动元件同时开放时,母差动作跳开相应母线。

当双母线按单母方式运行而不需进行故障母线的选择时可投入单母方式压板。当元件在倒闸过程中两条母线经刀闸双跨,则装置自动识别为单母运行方式。这两种情况都不进行故障母线的选择,当母线发生故障时将所有母线同时切除。

母差保护另设一后备段,当抗饱和母差动作,且无母线跳闸,则经过 250 ms 切除母线上所有的元件。

另外,装置在比率差动连续动作500 ms 后将退出所有的抗饱和措施,仅保留比率差动元件 ($\left| \sum_{j=1}^{m} I_j \right| > I_{\mathrm{cdzd}}$, $\left| \sum_{j=1}^{m} I_j \right| > K \sum_{j=1}^{m} \left| I_j \right|$),若其动作仍不返回则跳相应母线。这是为了防止在某些复杂故障情况下保护误闭锁导致拒动,在这种情况下母线保护动作跳开相应母线对于保护系统稳定和防止事故扩大都是有好处的(而事实上真正发生区外故障时,TA 的暂态饱和过程也不可能持续超过 500 ms)。

（5）TA 饱和检测元件

为防止母线保护在母线近端发生区外故障时 TA 严重饱和的情况下发生误动,本装置根据 TA 饱和波形特点设置了两个 TA 饱和检测元件,用以判别差动电流是否由区外故障 TA 饱和引起,如果是则闭锁差动保护出口,否则开放保护出口。

①TA 饱和检测元件一:采用新型的自适应阻抗加权抗饱和方法,即利用电压工频变化量启动元件自适应地开放加权算法。当发生母线区内故障时,工频变化量差动元件△BLCD 和工频变化量阻抗元件△Z 与工频变化量电压元件△U 基本同时动作,而发生母线区外故障时,由于故障起始 TA 尚未进入饱和,△BLCD 元件和△Z 元件的动作滞会后于工频变化量电压元件。利用△BLCD 元件、△Z 元件与工频变化量电压元件动作的相对时序关系的特点,得到了抗 TA 饱和的自适应阻抗加权判据。由于此判据充分利用了区外故障发生 TA 饱和时差流不

同于区内故障时差流的特点,因此具有极强的抗 TA 饱和能力,而且在区内故障和一般转换性故障(故障由母线区外转至区内)时的动作速度很快。在发生交流电压回路断线时,自动将电压开放元件改为电流开放元件,并适当调整加权值,抗饱和能力不受影响。

②TA 饱和检测元件二:由谐波制动原理构成的 TA 饱和检测元件。这种原理利用了 TA 饱和时差流波形畸变和每周波存在线性传变区等特点,根据差流中谐波分量的波形特征检测 TA 是否发生饱和。以此原理实现的 TA 饱和检测元件同样具有很强抗 TA 饱和能力,而且在区外故障 TA 饱和后发生同名相转换性故障的极端情况下仍能快速切除母线故障。

图 1.4 所示为动模试验室实录的母线区外发生 ABC 三相故障时 TA 极度饱和波形,在此情况下本保护可靠制动,可见其优异的抗 TA 饱和性能。

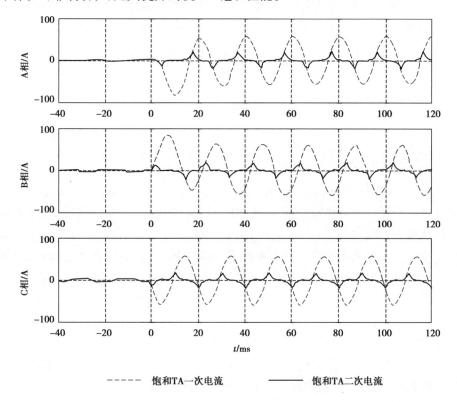

───── 饱和TA一次电流　　　────── 饱和TA二次电流

图 1.4　动模试验室实录的母线区外发生 ABC 三相故障时 TA 极度饱和波形

图 1.5 所示为区内故障伴随电流互感器深度饱和,保护 10 ms 快速出口(包括出口继电器时间 5 ms)。

(6)电压闭锁元件

其判据为

$$
\begin{cases}
U_{\varphi} \leqslant U_{\mathrm{bs}} \\
3U_0 \geqslant U_{0\mathrm{bs}} \\
U_2 \geqslant U_{2\mathrm{bs}}
\end{cases}
\tag{1.5}
$$

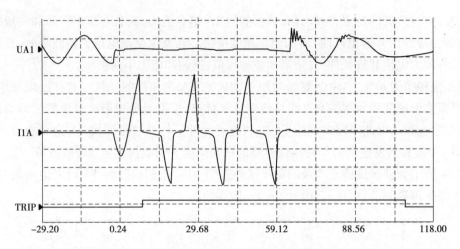

图 1.5　区内短路波形伴随电流互感器饱和的动作波形

式中　U_φ——相电压；

　　　$3U_0$——三倍零序电压（自产）；

　　　U_2——负序电压；

　　　U_{bs}——相电压闭锁值；

　　　U_{0bs}——零序电压闭锁值；

　　　U_{2bs}——负序电压闭锁值。

以上三个判据任一个动作时，电压闭锁元件开放。在动作于故障母线跳闸时必须经相应的母线电压闭锁元件闭锁。

当用于中性点不接地系统时，将"投中性点不接地系统"控制字投入，此时电压闭锁元件 $U_1 < U_{bs}$；$U_2 \geqslant U_{2bs}$（其中 U_1 为线电压，U_2 为负序电压，U_{bs} 为线电压闭锁值，U_{2bs} 为负序电压闭锁定值）。

母差保护的工作框图（以Ⅰ母为例）如图 1.6 所示。

3）母联充电保护

当任一组母线检修后再投入之前，利用母联断路器对该母线进行充电试验时可投入母联充电保护，当被试验母线存在故障时，利用充电保护切除故障。

母联充电保护有专门的启动元件。在母联充电保护投入时，当母联电流任一相大于母联充电保护整定值时，母联充电保护启动元件动作去控制母联充电保护部分。

当母联断路器跳位继电器由"1"变为"0"或母联 TWJ＝1（TWJ 为跳闸位置继电器）且由无电流变为有电流（>0.04I_N），或两母线变为均有电压状态时，则开放充电保护 300 ms，同时根据控制字决定在此期间是否闭锁母差保护。在充电保护开放期间，若母联电流大于充电保护整定电流，则将母联开关切除。母联充电保护不经复合电压闭锁。

另外，如果希望通过外部接点闭锁本装置母差保护，将"投外部闭锁母差保护"控制字置1。装置检测到"闭锁母差保护"开入后，闭锁母差保护。该开入若保持 1 s 不返回，装置报"闭锁母差开入异常"，同时解除对母差保护的闭锁。

母联充电保护的逻辑框图如图 1.7 所示。

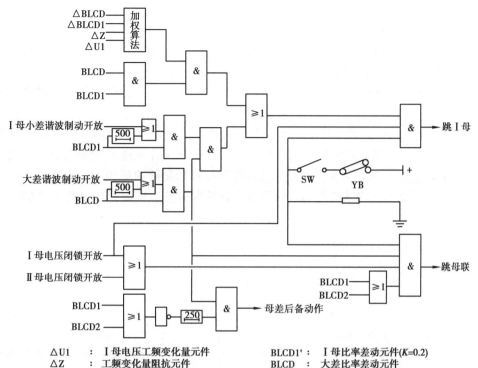

△U1 : Ⅰ母电压工频变化量元件	BLCD1' : Ⅰ母比率差动元件(K=0.2)
△Z : 工频变化量阻抗元件	BLCD : 大差比率差动元件
△BLCD1 : Ⅰ母工频变化量比率差动元件	BLCD1 : Ⅰ母比率差动元件
△BLCD : 大差工频变化量比率差动元件	SW : 母差保护投退控制字
BLCD' : 大差比率差动元件(K=0.2)	YB : 母差保护投入压板

图 1.6 母差保护的工作框图

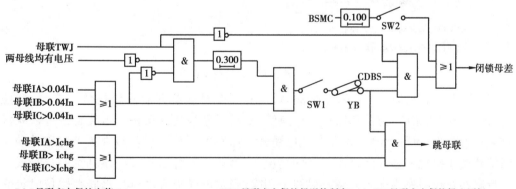

Ichg:母联充电保护定值	SW1:母联充电保护投退控制字	YB:母联充电保护投入压板
CDBS:母联充电保护闭锁母差保护控制字投入	SW2:投外部闭锁母差保护控制字	BSMC:外部闭锁母差保护开入

图 1.7 母联充电保护的逻辑框图

4）母联过流保护

当利用母联断路器作为线路的临时保护时可投入母联过流保护。

母联过流保护有专门的启动元件。在母联过流保护投入时,当母联电流任一相大于母联过流整定值,或母联零序电流大于零序过流整定值时,母联过流启动元件动作去控制母联过流保护部分。

母联过流保护在任一相母联电流大于过流整定值,或母联零序电流大于零序过流整定值时,经整定延时跳母联开关,母联过流保护不经复合电压元件闭锁。

5) 母联失灵与母联死区保护

当保护向母联发跳令后,经整定延时母联电流仍然大于母联失灵电流定值时,母联失灵保护经两母线电压闭锁后切除两母线上所有连接元件。通常情况下,只有母差保护和母联充电保护才启动母联失灵保护。当投入"投母联过流启动母联失灵"控制字时,母联过流保护也可以启动母联失灵保护。

如果希望通过外部保护启动本装置的母联失灵保护,应将系统参数中的"投外部启动母联失灵"控制字置1。装置检测到"外部启动母联失灵"开入后,经整定延时母联电流仍然大于母联失灵电流定值时,母联失灵保护经两母线电压闭锁后切除两母线上所有连接元件。该开入若保持10 s不返回,装置报"外部启动母联失灵长期启动",同时退出该启动功能。逻辑框图如图1.8所示。

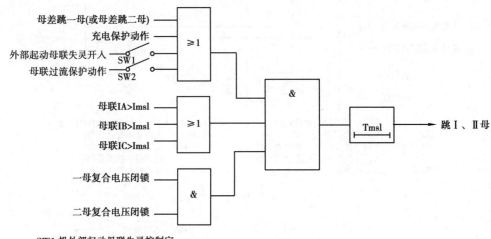

SW1:投外部起动母联失灵控制字

SW2:投母联过流起动母联失灵控制字

图1.8 母联失灵保护逻辑框图

若母联开关和母联TA之间发生故障,断路器侧母线跳开后故障仍然存在,正好处于TA侧母线小差的死区,为提高保护动作速度,专设了母联死区保护。本装置的母联死区保护在差动保护发母线跳令后,母联开关已跳开而母联TA仍有电流,且在大差比率差动元件及断路器侧小差比率差动元件不返回的情况下,经死区动作延时Tsq跳开另一条母线。为防止母联在跳位时发生死区故障将母线全切除,当两母线都有电压且母联在跳位时母联电流不计入小差。母联TWJ为三相常开接点(母联开关处跳闸位置时接点闭合)串联。逻辑框图如图1.9所示。

6) 母联非全相保护

当母联断路器某相断开,母联非全相运行时,可由母联非全相保护延时跳开三相。非全相保护由母联TWJ和HWJ(指合闸位置继电器)接点启动,并可采用零序和负序电流作为动作的辅助判据。在母联非全相保护投入时,有THWJ(指三相不一致继电器接点)开入且母联零序电流大于母联非全相零序电流定值,或母联负序电流大于母联非全相负序电流定值,经整定延时跳母联开关。逻辑框图如图1.10所示。

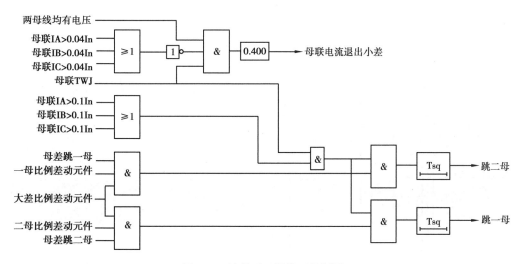

图 1.9　母联死区保护逻辑框图

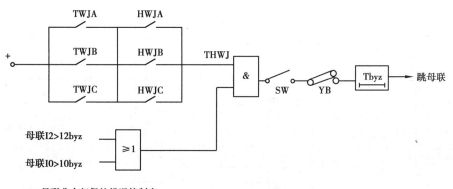

SW:母联非全相保护投退控制字
YB:母联非全相保护投入压板

图 1.10　母联非全相保护逻辑框图

7)母联带路运行方式

当主接线方式为母联兼旁路主接线方式时,应投入"投母联兼旁路主接线"控制字。当系统处于母联带路运行方式时,应投入母联带路压板,并根据系统主接线情况决定是否投入带路 TA 极性负压板:由于各支路的同名端均在母线侧,所以当带路 TA 极性端位于母线侧时,不投入此压板;反之当带路 TA 极性端位于线路侧时则需投入此压板。

当保护处于母联带路状态时,母联电流被视为等同于支路电流。根据"带路 TA 极性负"的压板状态,决定如何将母联电流计入大差和小差电流;根据"Ⅰ母带路"和"Ⅱ母带路"的开入状态,决定母联电流计入Ⅰ母小差还是Ⅱ母小差电流。当保护处于母联带路状态时,自动将母联开关的部分保护功能(如母联充电保护、母联死区保护、母联失灵保护)退出,另外将因母联开关担负两母线联接功能而设置的一些保护功能(如发生母线故障时将母联开关跳开)也同时退出。此时仍保留母联过流保护、母联非全相保护功能,带路时可用作带路支路的过流保护、母联非全相保护。

8)断路器失灵保护

断路器失灵保护由各连接元件保护装置提供的保护跳闸接点启动,逻辑框图如图 1.11 所示。输入本装置的跳闸接点有两种：

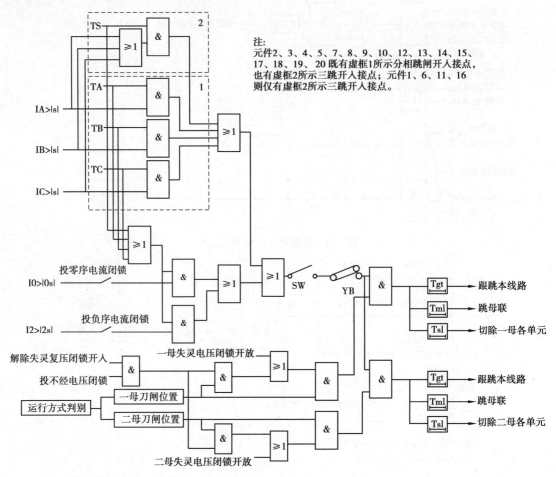

注：
元件2、3、4、5、7、8、9、10、12、13、14、15、17、18、19、20既有虚框1所示分相跳闸开入接点，也有虚框2所示三跳开入接点；元件1、6、11、16则仅有虚框2所示三跳开入接点。

SW：断路器失灵保护保护投退控制字
YB：断路器失灵保护保护投入压板

图1.11　断路器失灵保护逻辑框图

一种是分相跳闸接点(虚框 1 所示)，分别对应元件 2、3、4、5、7、8、9、10、12、13、14、15、17、18、19、20 的跳 A、跳 B、跳 C，当失灵保护检测到此接点动作时，若该元件的对应相电流大于失灵相电流定值(或零序电流大于零序电流定值、或负序电流大于负序电流定值，零序、负序判据可整定投退)，则经过失灵保护电压闭锁启动失灵保护。

另一种是每个元件都有的三跳接点 Ts(虚框 2 所示)，当失灵保护检测到此接点动作时，若该元件的任一相电流大于失灵相电流定值(或零序电流大于零序电流定值、或负序电流大于负序电流定值，零序、负序判据可整定投退)，则经过失灵保护电压闭锁启动失灵保护。失灵保护启动后经跟跳延时再次动作于该线路断路器，经跳母联延时动作于母联，经失灵延时切除该元件所在母线的各个连接元件。

当直接和保护动作接点配合完成失灵保护的功能时，由于线路保护有跳 A、跳 B、跳 C 和三跳开出，而装置在支路 1、6、11、16 只有三跳的开入，所以线路不能接在支路 1、6、11、16；由于主变支路只有三跳，主变可以接在任意支路(建议主变接在 1、6、11、16 支路上，这样可以留出更多的间隔接线路)。

任一失灵开入保持 10 s 不返回,装置报"保护板/管理板 DSP2 长期启动",同时将失灵保护闭锁。

失灵保护电压闭锁判据为:(详见公式 1.5)

当用于中性点不接地系统时,将"投中性点不接地系统"控制字投入,此时电压闭锁元件的判据为 $U_1 < U_{bs}$;$U_2 \geq U_{2bs}$(其中 U_1 为线电压,U_2 为负序电压,U_{bs} 为线电压闭锁值,U_{2bs} 为负序电压闭锁定值)。

考虑到主变低压侧故障高压侧开关失灵时,高压侧母线的电压闭锁灵敏度有可能不够,因此可通过控制字选择主变支路跳闸时失灵保护不经电压闭锁,这种情况下应同时将另一付跳闸接点接至解除失灵复压闭锁开入,该接点动作时才允许解除电压闭锁。该开入若保持 10 s 不返回,装置报"保护板/管理板 DSP2 长期启动",同时解除电压闭锁功能暂时退出。

9) 母线运行方式识别

针对不同的主接线方式,应整定不同的系统主接线方式控制字。若主接线方式为单母线,则应将"投单母线主接线"控制字整定为 1;若主接线方式为单母分段,则应将"投单母线分段主接线"控制字整定为 1;若该两控制字均为 0,则装置认为当前的主接线方式为双母线。

对于单母分段等固定连接的主接线方式无需外引刀闸位置,装置提供刀闸位置控制字可供整定。

双母线上的各连接元件在系统运行中需要经常在两条母线上切换,因此正确识别母线运行方式直接影响到母线保护动作的正确性。本装置引入隔离刀闸辅助触点判别母线运行方式,同时对刀闸辅助触点进行自检。在以下几种情况下装置会发出刀闸位置报警信号:

①当有刀闸位置变位时,需要运行人员检查无误后按刀闸位置确认按钮复归。

②刀闸位置出现双跨时,此时不响应刀闸位置确认按钮。

③当某条支路有电流而无刀闸位置时,装置能够记忆原来的刀闸位置,并根据当前系统的电流分布情况校验该支路刀闸位置的正确性,此时不响应刀闸位置确认按钮,经处理的刀闸位置保证了刀闸位置异常时保护动作行为的正确性。

④由于刀闸位置错误造成大差电流小于 TA 断线定值,而小差电流大于 TA 断线定值时延时 10 s 发刀闸位置报警信号;另外,为防止无刀闸位置的支路拒动,当无论哪条母线发生故障时,将切除 TA 调整系数不为 0 且无刀闸位置(且无调整或记忆刀闸)的支路。

我们还提供与母差保护装置配套的模拟盘(原理图见图 1.32)以减小刀闸辅助触点的不可靠性对保护的影响。当刀闸位置发生异常时保护发出报警信号,通知运行人员检修。在运行人员检修期间,可以通过模拟盘用强制开关指定相应的刀闸位置状态,保证母差保护在此期间的正常运行。

注意:当装置发出刀闸位置报警信号时,运行人员应在保证刀闸位置无误的情况下,再按屏上刀闸位置确认按钮复归报警信号。

10) 交流电压断线检查

①母线负序电压 $3U_2 > 12$ V,延时 1.25 s 报该母线 TV 断线。

②母线三相电压幅值之和($|U_a|+|U_b|+|U_c|$)小于额定电压,且母联或任一出线的任一相有电流($>0.04I_N$)或母线任一相电压大于 $0.3U_N$,延时 1.25 s 报该母线 TV 断线。

③当用于中性点不接地系统时,将"投中性点不接地系统"控制字整定为 1,此时 TV 断线判据改为 $3U_2>12$ V 或任一线电压低于 70 V。

④三相电压恢复正常后,经 10 s 延时后全部恢复正常运行。

⑤当检测到系统有扰动或任一支路的零序电流大于 $0.1I_N$ 时不进行 TV 断线的检测,以防止区外故障时误判。

⑥若任一母线电压闭锁条件开放,延时 3 s 报该母线电压闭锁开放。

11)交流电流断线检查

①大差电流大于 TA 断线整定值 I_{DX},延时 5 s 发 TA 断线报警信号。

②大差电流小于 TA 断线整定值 I_{DX},两个小差电流均大于 I_{DX} 时,延时 5 s 报母联 TA 断线,当母联代路时不进行该判据的判别。

③如果仅母联 TA 断线不闭锁母差保护,但此时自动切到单母方式,发生区内故障时不再进行故障母线的选择。由大差电流判出的 TA 断线闭锁母差保护(其他保护功能不闭锁)。需按屏上复归按钮复归 TA 断线报警信号,母差保护才能恢复正常运行。

④当母线电压异常(母差电压闭锁开放)时不进行 TA 断线的检测。

⑤任一支路 $3I_0>0.25I_{\phi max}+0.04I_N$ 时延时 5 s 发该支路 TA 异常报警信号,对于母联支路发母联不平衡异常报警信号,该判据可由控制字选择退出。

⑥大差电流大于 TA 异常报警整定值时,延时 5 s 报 TA 异常报警。

⑦大差电流小于 TA 异常报警整定值时,两个小差电流均大于异常报警整定值时,延时 5 s 报母联 TA 异常报警。

⑧TA 异常报警不闭锁母差保护,根据母差保护中"投 TA 异常自动恢复"控制字可以选择电流回路恢复正常后 TA 异常报警信号是否自动复归。

12)母线电压切换

当有一组 PT 检修或故障时,可利用屏上的电压切换开关进行切换。开关位置有双母、Ⅰ母、Ⅱ母三个位置,所对应的开入接点 TV1、TV2 见表 1.1。

表 1.1　开入接点表

名称	双母	Ⅰ母	Ⅱ母
Ⅰ母 TV	0	1	0
Ⅱ母 TV	0	0	1

当置在双母位置,引入装置的电压分别为Ⅰ母、Ⅱ母 TV 来的电压;当置在Ⅰ母位置,引入装置的电压都为Ⅰ母电压,即 $U_{A2}=U_{A1}$,$U_{B2}=U_{B1}$,$U_{C2}=U_{C1}$;当置在Ⅱ母位置,引入装置的电压都为Ⅱ母电压,即 $U_{A1}=U_{A2}$,$U_{B1}=U_{B2}$,$U_{C1}=U_{C2}$。

注意:当就地操作时由电压切换开关进行切换,请将整定控制字中的投一母方式、投二母方式置为 0;当远方操作时由整定控制字进行 TV 切换,请将电压切换开关打在双母位置。

当母联代路运行或两母线分列运行时 PT 切换不再起作用,各母线取各自 PT 的电压,而双母方式或单母方式运行(包括投单母方式、双跨)时,PT 切换一直起作用,所以此时如果有 PT 检修则必须将 TV 切换至未检修侧 PT,不应打在双母位置。如为单母主接线方式,则程序中固定投一母 TV。

1.2　检验流程

检验流程如图 1.12 所示。

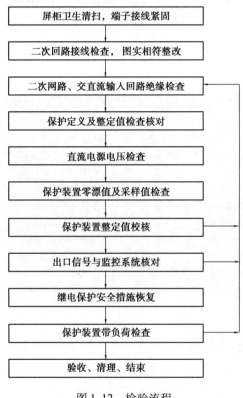

图 1.12　检验流程

1.3　保护性能检验

试验定值图如图 1.13 所示。

(a)试验定值1

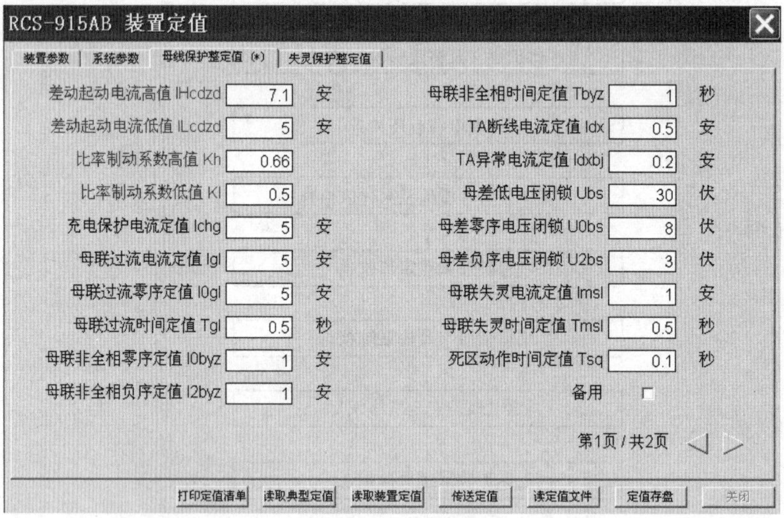

(b)试验定值2

图 1.13　试验定值图

1.3.1　差动保护检验

母差保护的工作框图(以Ⅰ母为例),如图 1.6 所示。

1.3.2　现场试验

投入母差保护压板及投母差保护控制字。

1.3.3　区外故障

短接元件 1 的Ⅰ母刀闸位置及元件 2 的Ⅱ母刀闸位置接点。将元件 2TA 与母联 TA 同极性串联,再与元件 1TA 反极性串联,模拟母线区外故障。

试验接线如图 1.14 所示(以 A 相为例)。

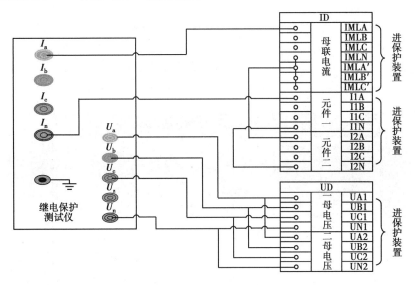

图 1.14　区外故障接线

1) 试验步骤

选择试验仪的状态序列测试模块,试验参数设置如图 1.15 所示。

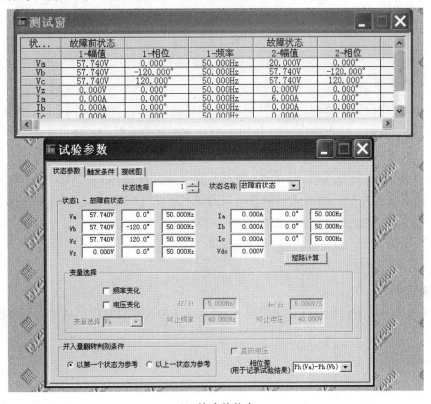

(a)故障前状态

（b）触发条件设置

图 1.15　试验参数设置

第一步：设置状态一（故障前状态）。

"状态参数"中设置幅值均为 57.74 V 的三相对称电压，三相电流均为零，频率为 50 Hz。"触发条件"中设置最长状态输出时间为 20 s，有足够时间使装置回复到正常态。

第二步：设置状态二（故障状态）。

"状态参数"中设置 U_a 幅值为 20 V（满足复合电压元件动作），U_b、U_c 幅值均为 57.74 V 的电压；I_a 幅值设置为 8 A（大于差动动作电流高值），I_b、I_c 相幅值均设为零；频率为 50 Hz。

在"触发条件"中设置最长状态输出时间为 200 ms。

第三步：点击工具栏中的按钮，进入试验。

试验装置截图如图 1.16 所示。

2）试验结果

在保证母差电压闭锁条件开放的情况下，通入大于差流启动高定值的电流，母线差动保护不应动作。

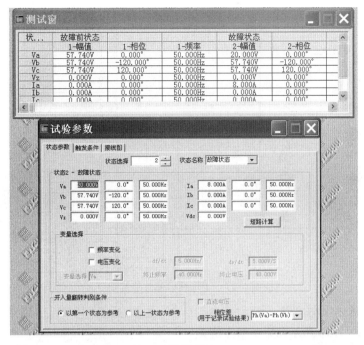

（a）故障状态

（b）触发条件设置

图 1.16　区外故障试验装置截图

1.3.4　区内故障

短接元件 1 的 I 母刀闸位置及元件 2 的 II 母刀闸位置接点。

①将元件 1TA、母联 TA 和元件 2TA 同极性串联,模拟 I 母线内部故障。

试验接线如图 1.17 所示(以 A 相为例)。

试验步骤及各种参数设置可与区外故障相同。

试验结果,在保证母差电压闭锁条件开放的情况下,通入大于差流启动高定值的电流,母线差动保护应动作跳母线 I 。

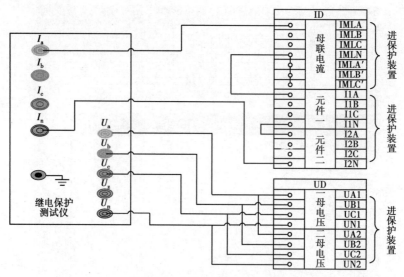

图 1.17　Ⅰ母线内部故障接线

②将元件 1TA 和元件 2TA 同极性串联,再与母联 TA 反极性串联,模拟Ⅱ母线内部故障。试验接线如图 1.18 所示(以 A 相为例)。

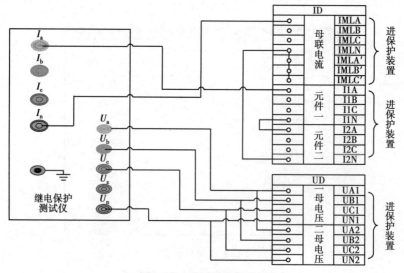

图 1.18　Ⅱ母线内部故障

试验步骤及各种参数设置与区外故障模拟步骤相同。

试验结果,在保证母差电压闭锁条件开放的情况下,通入大于差流启动高定值的电流,母线差动保护应动作跳母线Ⅱ。

③投入单母压板及投单母控制字或模拟某一单元刀闸双跨。重复上述一种区内故障,母线差动保护应动作切除两母线上所有的连接元件。

1.3.5　稳态比率差动校验

差动启动电流高值 IHcd 门坎值校验

测试方法:任选母线上一个保护单元通入一相电流,A 相电流从 0.85 整定值起,缓慢增加到差动出口动作时读取动作电流值。依此类推,可对 B、C 相电流进行校核。

试验步骤如下所述。

选择试验仪的手动试验测试模块,注意电流变化步长的设置及满足电压闭锁元件的可靠开放,校验步骤装置截图如图 1.19 所示。

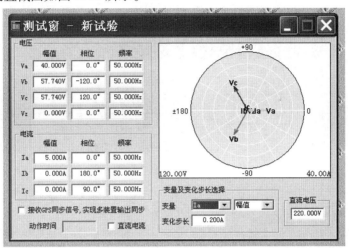

图 1.19　差动启动电流高值 IHcd 门坎值校验步骤装置截图

第一步:在"测试窗"中设置 U_a 幅值为 40 V(满足复合电压元件动作),U_b、U_c 幅值均为 57.74 V 的电压;I_a 幅值设置为 5 A(0.85 倍差动动作电流高值),I_b、I_c 幅值均设为零;频率为 50 Hz。变量选择 I_a,变化步长设置为 0.2 A。

第二步:单击工具栏中的 ▶ 按钮,进入试验。

第三步:单击工具栏中的 ▲ 按钮,增大 $\dot{I}_A$,当保护动作时,停止单击 ▲ 按钮,记录此时的电流值 $\dot{I}_A$,则 $I_{Hcd}=I_A$。

1.3.6　电流低值 ILcd 门坎值校验

差动启动电流低值在差动启动电流高值动作,且有元件跳闸时自动投入;投入后只有在差流小于差动启动电流低值时,差流启动元件才返回。

试验方法如下所述。

调试时可用试验仪产生的一个电流序列(将该电流仅加载在某一支路上),先使差流大于高定值,在差动保护动作后再使差流小于高值大于低值,此时差动元件不应返回(具体表现为保护跳闸接点继续导通)。

若起始状态差动电流仅达到低值但未达到高值,则差流启动元件根本不能动作。校验步骤装置截图如图 1.20 所示。

试验步骤如下所述。

第一步:设置状态一(故障前状态)。

在"状态参数"中设置幅值均为 57.74 V 的三相对称电压,三相电流均为零,频率为 50 Hz。在"触发条件"中设置最长状态输出时间为 20 s,有足够时间使装置回复到正常态。

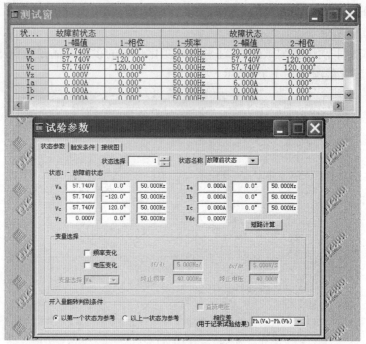

（a）故障前状态

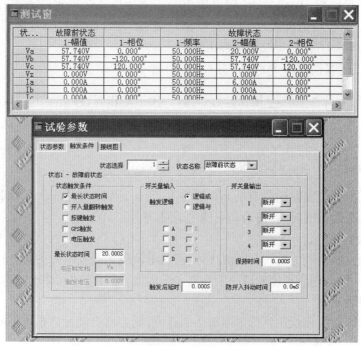

（b）触发条件设置

图 1.20　差动启动电流低值 ILcd 门坎值校验步骤装置截图

第二步：设置状态二（故障 1 状态）。

在"状态参数"中设置 U_a 幅值为 20 V（满足复合电压元件动作），U_b、U_c 幅值均为 57.74 V 的电压；I_a 幅值设置为 8 A（大于差动动作电流高值），I_b、I_c 幅值均设为零；频率为 50 Hz。"触发条件"中设置最长状态输出时间为 50 ms。

第三步:设置状态三(故障 2 状态)。

在"状态参数"中设置 U_a 幅值为 20 V(满足复合电压元件动作),U_b、U_c 幅值均为 57.74 V 的电压;I_a 幅值设置为 5.5 A(大于差动动作电流低值),I_b、I_c 幅值均设为零;频率为 50 Hz。"触发条件"中设置最长状态输出时间为 150 ms。

第四步:单击工具栏中的 ▶ 按钮,进入试验。

试验结果,保护跳闸接点应继续导通至故障结束。

1.3.7　系数高值 KH 校验(TWJ=0)

测试方法:

短接装置元件 1 及元件 2 的 I 母刀闸位置接点。向元件 1TA 和元件 2TA 加入方向相反、大小可调的电流。一般用试验仪 A 相接 I_1,B 相接 I_2。在 I_1 与 I_2 的 A 相电流回路上,同时加入方向相反、数值相同两路电流。一相电流固定,另一相电流慢慢增大,差动保护动作时分别读取此时 I_1、I_2 电流值。可计算出 $I_{cd} = | I_1 - I_2 |$,$I_{zd} = (| I_1 | + | I_2 |)$ 则 $K = I_{cd}/I_{zd}$。

重复上述试验多选取几组 I_{cd}、I_{zd},由此可绘制出在分列运行时大差差动保护动作特性曲线。

比率制动系数高值 KH 校验接线如图 1.21 所示。

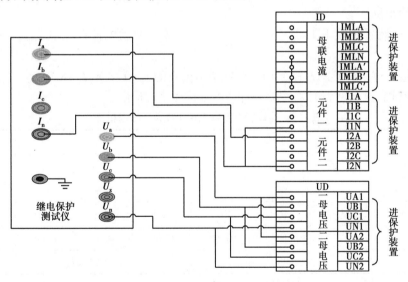

图 1.21　比率制动系数高值 KH 校验接线

试验步骤如下所述。

选择试验仪的手动试验测试模块,校验装置截图如图 1.22 所示。

第一步:在"测试窗"中设置 U_a 幅值为 40 V(满足复合电压元件动作),U_b、U_c 幅值均为 57.74 V 的电压;I_a 幅值设置为 2 A,相位设置为 0°,I_b 幅值设置为 2 A,相位设置为 180°,I_c 幅值设为零;频率为 50 Hz。变量选择 I_b,变化步长设置为 0.2 A。

第二步:单击工具栏中的 ▶ 按钮进入试验。

第三步:单击工具栏中的 ▲ 按钮,增大 $\dot{I}_b$,当保护动作时,停止单击 ▲ 按钮,记录此时的

电流值 $\dot{I}_a$ 与 $\dot{I}_b$,则

$$I_{cd} = |\,I_1 - I_2\,| = |\,I_a - I_b\,|$$

$$I_{zd} = |\,I_1\,| + |\,I_2\,|$$

$$KH = \frac{|\,I_1 - I_2\,|}{|\,I_1\,| + |\,I_2\,|} = \frac{|\,I_a - I_b\,|}{|\,I_a\,| + |\,I_b\,|}$$

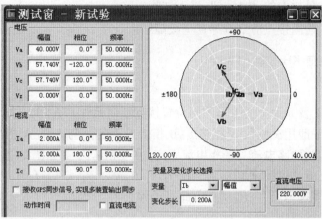

图 1.22　比率制动系数高值 KH 校验(TWJ=0)装置截图

现场试验举例:

首先,通过装置定值 $KH = 0.66$,$I_{CD} = 7.1$ A,求最小制动电流即拐点 $I_{zdmin} = 7.1/0.66 = 10.76$ A。

求方程组 $I_1 - I_2 = 7.1$ A,$I_1 + I_2 = 10.76$ A;得出拐点的 $I_1 = 1.8$ A,$I_2 = 8.9$ A。

KH 校验试验数据见表 1.2,校验坐标曲线如图 1.23 所示。

表 1.2　比率制动系数高值 KH 校验试验数据

I_1/A	0.5	1.5	1.8	2	2.5	3	3.5
I_2/A	7.5	8.5	8.9	9.8	12.4	14.6	17.1
$I_{cd} = I_1 - I_2$	7	7	7.1	7.8	9.9	11.6	13.6
$I_{zd} = I_1 + I_2$	8.0	10	10.7	11.8	14.9	17.6	20.6
K	—	—	0.66	0.66	0.67	0.66	0.66
	$I_{zd} < I_{zdmin}$		I_{zdmin}	$I_{zd} > I_{zdmin}$			

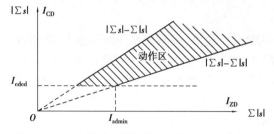

图 1.23　比率制动系数高值 KH 校验坐标曲线图

1.3.8 系数低值 KL 校验、母联在分位(TWJ=1)

按比率制动系数高值试验方法,只要让大差比率系数低值动作,而小差比率系数高值不动作,经过 250 ms 延时后备动作。

由 $I_1-I_2=7.1$ A,$I_1+I_2=7.7/0.5=14.2$ A;得出拐点的 $I_1=10.65$ A,$I_2=3.55$ A。

可取 $I_1=5$ A,$I_2=15$ A 这个点进行试验。

试验步骤:参考制动系数高值试验,注意在满足差动方程后仍要保持故障持续时间大于 250 ms;差动保护动作时间大于 250 ms。

电压闭锁元件

电压闭锁元件的判据:(详见公式 1.5)

相电压、零序电压、负序电压三个判据任一个动作时,电压闭锁元件开放。当用于中性点不接地系统时,将"投中性点不接地系统"控制字投入,此时电压闭锁元件为 $U_1<U_{bs}$;$U_2 \geq U_{2bs}$(其中 U_1 为线电压,U_2 为负序电压,U_{bs} 为线电压闭锁值,U_{2bs} 为负序电压闭锁定值)。

保护在动作于故障母线跳闸时必须经相应的母线电压闭锁元件闭锁。在满足比率差动元件动作的条件下,分别检验保护的各电压闭锁元件。各元件动作值的误差应在 ±5% 以内。

以母联在合位、Ⅰ母故障为例进行试验。

试验接线如图 1.24 所示。

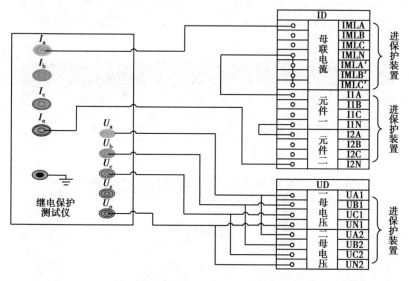

图 1.24 比率制动系数低值 KL 校验、母联在分位(TWJ=1)接线

1.3.9 相低电压定值

选择试验仪的状态序列菜单。

①校验相低电压定值,在故障电压 $U_1=0.95U_{bs}$ 时,差动保护应可靠动作,装置截图如图 1.25 所示。

试验步骤如下所述。

第一步:设置状态一(故障前状态)。

在"状态参数"中设置幅值均为 57.74 V 的三相对称电压,三相电流均为零,频率为 50 Hz。

在"触发条件"中设置最长状态输出时间为 20 s,有足够时间使装置回复到正常态。

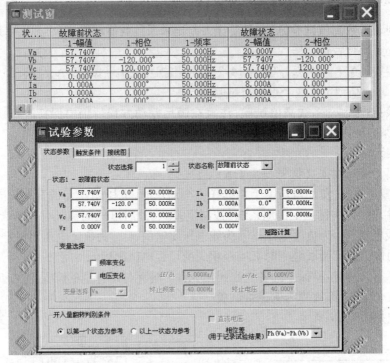

（a）故障前状态

（b）触发条件设置

图 1.25　校验相低电压定值装置截图

第二步:设置状态二(故障状态)。

在"状态参数"中设置 U_a 幅值为 28.5 V,U_b、U_c 幅值均为 57.74 V 的电压;I_a 幅值设置为 8 A(大于差动动作电流高值),I_b、I_c 相幅值均设为零;频率为 50 Hz。

在"触发条件"中设置最长状态输出时间为 200 ms。

第三步:单击工具栏中的 ▶ 按钮,进入试验。

试验结果,在满足差流大于高定值的的情况下,通入 0.95 倍的相正序低电压时,母线差动保护应动作。

②校验相低电压定值,在故障电压 $U_1 = 1.05U_{bs}$ 时,差动保护应可靠不动作。试验方法及试验步骤同上,只是要把状态二中的故障电压设置 U_a 幅值为 31.5 V 即可。

1.3.10　负序电压定值

试验前把装置定值中的低电压定值整定到最小值 2 V,把零序电压定值整定到最大值 57 V。校验相负序电压闭锁定值,在故障时产生的负序电压 $U_2 = 1.05U_{2bs}$ 时,差动保护应可靠动作。装置截图如图 1.26 所示。

1)试验方法 1

试验步骤如下所述。

第一步:同 1.3.9 中的第一步。

第二步:设置状态二(故障状态)。

在"状态参数"中设置幅值为 3.15 V 的三相对称电压;I_a 幅值设置为 8 A(大于差动动作电流高值),I_b、I_c 相幅值均设为零;频率为 50 Hz。

注意:所加电压相序为负序,"触发条件"中设置最长状态输出时间为 200 ms。

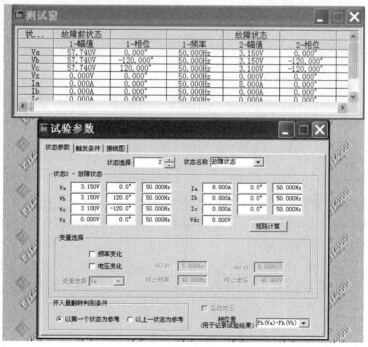

(a)故障状态

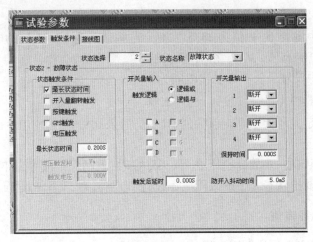

（b）触发条件设置

图 1.26 负序电压定值校验装置截图

第三步：单击工具栏中的 ▶ 按钮，进入试验。

试验结果，在满足差流大于高定值的的情况下，通入 1.05 倍的负序低电压时，母线差动保护应动作。

2）试验方法 2

①在满足比率差动元件动作的条件下，模拟单相低电压，如 A 相电压从 57.7 V 递减至差动保护动作读取 A 相动作电压 U_d，则 $1/3 * (57.7 - U_d)$ 即为复合电压的负序电压值 U_2。如 $U_{2bs} \geqslant U_{0bs}$ 则测试前临时提高 U_{0bs} 定值。

②校验负序电压闭锁定值，在故障时产生的负序电压 $U_2 = 0.95 U_{2bs}$ 时，差动保护应可靠不动作。

1.3.11 零序电压定值

试验前把装置定值中的低电压定值整定到最小 2 V，把负序电压定值整定到最大值 57 V。

①校验零序电压闭锁定值，在故障时产生的零序电压 $3U_0 = 1.05 U_{2bs}$ 时，差动保护应可靠动作。装置截图如图 1.27 所示。

a. 试验方法 1。

试验步骤如下所述。

第一步：设置状态一（故障前状态）。

在"状态参数"中设置幅值均为 57.74 V 的三相对称电压，三相电流均为零，频率为 50 Hz。

在"触发条件"中设置最长状态输出时间为 20 s，有足够时间使装置回复到正常态。

第二步：设置状态二（故障状态）。

"状态参数"中设置 U_a 幅值为 8.4 V，$U_b = U_c = 0$ V；I_a 幅值设置为 8 A（大于差动动作电流高值），I_b、I_c 相幅值均设为零；频率为 50 Hz。

在"触发条件"中设置最长状态输出时间为 200 ms。

第三步：单击工具栏中的 ▶ 按钮，进入试验。

试验结果，在满足差流大于高定值的的情况下，通入 1.05 倍的零序电压时，母线差动保护应动作。

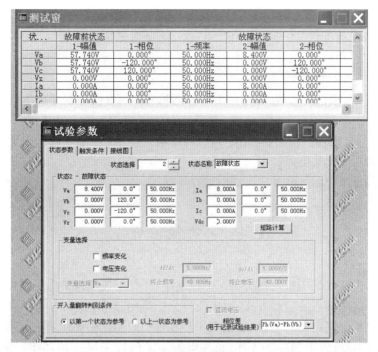

（a）故障状态

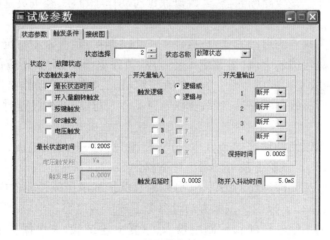

（b）触发条件设置

图 1.27 零序电压定值校验装置截图

b. 试验方法 2。在满足比率差动元件动作的条件下，模拟单相低电压，如 A 相电压从 57.7 V 递减至差动保护动作读取 A 相动作电压 U_d，则$(57.7-U_d)$即为复合电压的零序电压值 $3U_0$。

②校验零序电压闭锁定值，在故障时产生的零序电压 $3U_0 = 0.95U_{2bs}$ 时，差动保护应可靠不动作。

1.3.12 母联带路方式校验

将"投母联兼旁路主接线"控制字整定为 1，投入母联带路压板，短接元件 1 的 I 母刀闸位置和 I 母带路开入。

试验接线及试验步骤可参考母线区内外故障试验。

校验母联Ⅰ母带路时的情况：

①将元件1TA和母联TA反极性串联通入电流,装置差流采样值均为零。

②将元件1TA和母联TA同极性串联通入电流,装置大差及Ⅰ母小差电流均为两倍试验电流。

③投入带路TA极性负压板,将元件1TA和母联TA同极性串联通入电流,装置差流采样值均为零。

④投入带路TA极性负压板,将元件1TA和母联TA反极性串联通入电流,装置大差及Ⅰ母小差电流均为两倍试验电流。

按类似试验方法检验母联Ⅱ母带路时的差流情况。

1.4 失灵保护检验

投入断路器失灵保护压板及投失灵保护控制字,并保证失灵保护电压闭锁条件开放。

①对于分相跳闸接点的启动方式:短接任一分相跳闸接点,并在对应元件的对应相别TA中通入大于失灵相电流定值的电流(若整定了经零序/负序电流闭锁,则还应保证对应元件中通入的零序/负序电流大于相应的零序/负序电流整定值),失灵保护动作。失灵保护启动后经跟跳延时再次动作于该线路断路器,经跳母联延时动作于母联,经失灵延时切除该元件所在母线的各个连接元件。

②对于三相跳闸接点的启动方式:短接任一三相跳闸接点,并在对应元件的任一相TA中通入大于失灵相电流定值的电流(若整定了经零序/负序电流闭锁,则还应保证对应元件中通入的零序/负序电流大于相应的零序/负序电流整定值),失灵保护动作。失灵保护启动后经跟跳延时再次动作于该线路断路器,经跳母联延时动作于母联,经失灵延时切除该元件所在母线的各个连接元件。

③在满足电压闭锁元件动作的条件下,分别检验失灵保护的相电流、负序和零序电流定值,误差应在±5%以内。试验方法可参考上述试验内容。

④在满足失灵电流元件动作的条件下,分别检验保护的电压闭锁元件中相电压、负序和零序电压定值,误差应在±5%以内。试验方法可参考上述试验内容。

⑤将试验支路的不经电压闭锁控制字投入,重复上述试验,失灵保护电压闭锁条件不开放,同时短接解除失灵电压闭锁接点(不能超过1 s),失灵保护应能动作。

1.5 母联死区保护检验

若母联开关和母联TA之间发生故障,断路器侧母线跳开后故障仍然存在,正好处于TA侧母线小差的死区,为提高保护动作速度,专设了母联死区保护。

母联死区保护逻辑框图(图1.9),双母双回路线主接线示意图如图1.28所示。

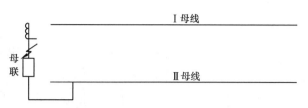

图 1.28　双母双回线主接线示意图

1)母联开关处于合位时的死区故障

短接元件 1 的 Ⅰ 母刀闸位置及元件 2 的 Ⅱ 母刀闸位置接点,将母联跳闸接点接至母联跳位开入。

试验接线如图 1.29 所示。

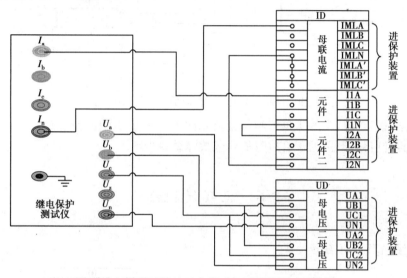

图 1.29　母联开关处于合位时的死区故障试验接线

试验步骤如下所述。

选择试验仪的状态序列测试模块。

第一步:设置状态一(故障前状态)。

"状态参数"中设置幅值均为 57.74 V 的三相对称电压,三相电流均为零,频率为 50 Hz。

"触发条件"中设置最长状态输出时间为 20 s,有足够时间使装置回复到正常态。

第二步:设置状态二(故障状态)。

"状态参数"中设置 U_a 幅值为 20 V(满足复合电压元件动作),U_b、U_c 幅值均为 57.74 V 的电压;I_a 幅值设置为 8 A(大于差动动作电流高值),I_b、I_c 幅值均设为零;频率为 50 Hz。

"触发条件"中设置最长状态输出时间为 500 ms(大于死区保护动作时间)。

第三步:单击工具栏中的 ▶ 按钮,进入试验。

试验结果,在保证母差电压闭锁条件开放的情况下,通入大于差流启动高定值的电流,母线差动保护应动作跳 Ⅱ 母线,经 T_{SQ} 时间,死区保护动作跳 Ⅰ 母线。

2)母联开关处于跳位时的死区故障

为防止母联在跳位时发生死区故障将母线全切除,当两母线都有电压且母联在跳位时母联电流不计入小差。母联 TWJ 为三相常开接点(母联开关处跳闸位置时接点闭合)串联。

试验接线如图 1.30 所示。

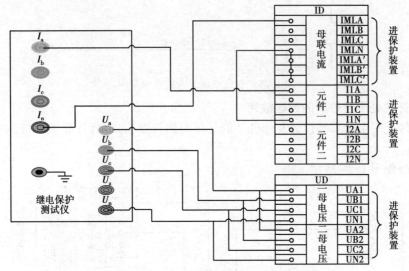

图 1.30　母联开关处于跳位时的死区故障试验接线

试验方法:短接元件 1 的 I 母刀闸位置及元件 2 的 II 母刀闸位置接点。

试验步骤:同母联开关处于合位时的死区故障试验步骤。

1.6　母联保护检验

试验接线如图 1.31 所示。

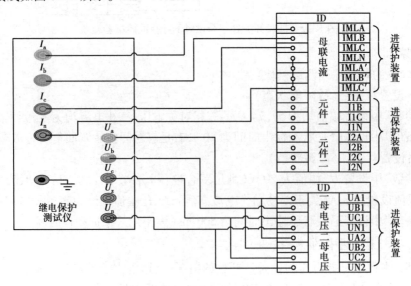

图 1.31　母联保护检验试验接线

1.6.1 母联充电保护

在任一组母线检修后再投入之前,利用母联断路器对该母线进行充电试验时可投入母联充电保护,当被试验母线存在故障时,利用充电保护切除故障。

母联充电保护有专门的启动元件。在母联充电保护投入时,当母联电流任一相大于母联充电保护整定值时,母联充电保护启动元件动作去控制母联充电保护部分。

当母联断路器跳位继电器由“1”变为“0”或母联 TWJ = 1 且由无电流变为有电流($>0.04I_N$),或两母线变为均有电压状态时,开放充电保护 300 ms,同时根据控制字决定在此期间是否闭锁母差保护。在充电保护开放期间,若母联电流大于充电保护整定电流,则将母联开关切除。母联充电保护不经复合电压闭锁。

另外,如果希望通过外部接点闭锁本装置母差保护,将“投外部闭锁母差保护”控制字置1。装置检测到“闭锁母差保护”开入后,闭锁母差保护。该开入若保持 1 s 不返回,装置报“闭锁母差开入异常”,同时解除对母差保护的闭锁。

母联充电保护的逻辑框图(图 1.7)。

现场试验如下所述。

投入母联充电保护压板及投母联充电保护控制字。

①故障前 I 母电压正常,短接母联 TWJ 在断开 TWJ 后立即向母联 TA 通入 1.05 倍“母联充电保护电流定值”时,母联充电保护应可靠动作跳母联。

②故障前 I 母电压正常,短接母联 TWJ 在断开 TWJ 后立即向母联 TA 通入 0.95 倍“母联充电保护电流定值”时,母联充电保护应不动作。

1.6.2 母联过流保护

当利用母联断路器作为线路的临时保护时可投入母联过流保护。

母联过流保护有专门的启动元件。在母联过流保护投入时,当母联电流任一相大于母联过流整定值,或母联零序电流大于零序过流整定值时,母联过流启动元件动作去控制母联过流保护部分。

母联过流保护在任一相母联电流大于过流整定值,或母联零序电流大于零序过流整定值时,经整定延时跳母联开关,母联过流保护不经复合电压元件闭锁。

现场试验如下所述。

投入母联过流保护压板及投母联过流保护控制字。

①向母联 TA 通入 1.05 倍“母联过流电流定值”时,母联过流保护经整定延时动作跳母联。

②向母联 TA 通入 0.95 倍“母联过流电流定值”时,母联过流保护应不动作。

1.6.3 母联失灵保护

当保护向母联发跳令后,经整定延时母联电流仍然大于母联失灵电流定值时,母联失灵保护经两母线电压闭锁后切除两母线上所有连接元件。通常情况下,只有母差保护和母联充电保护才启动母联失灵保护。当投入“投母联过流启动母联失灵”控制字时,母联过流保护也可以启动母联失灵保护。如果希望通过外部保护启动本装置的母联失灵保护,应将系统参数中的"投外部启动母联失灵"控制字置1。装置检测到"外部启动母联失灵"开入后,经整定延时母联电流仍然大于母联失灵电流定值时,母联失灵保护经两母线电压闭锁后切除两母线上所有连接元件。

母联失灵保护逻辑框图(图1.8)。

现场试验:投入母联过流保护压板及投母联过流保护控制字。

向母联 TA 通入大于母联过流保护定值的电流,模拟母线区内故障,保护向母联发跳令后,向母联 TA 继续通入大于母联失灵电流定值的电流,并保证两母差电压闭锁条件均开放,经母联失灵保护整定延时母联失灵保护动作切除两母线上所有的连接元件。

1.6.4　母联非全相保护

当母联断路器某相断开,母联非全相运行时,可由母联非全相保护延时跳开三相。母联非全相保护逻辑框图(图1.10)。

现场试验如下所述。

投入母联的非全相保护压板及投母联非全相保护控制字。保证母联非全相保护的零序或负序电流判据开放,短接母联的 THWJ 开入,非全相保护经整定时限跳开母联。分别检验母联非全相保护的零序和负序电流定值,误差应在±5%以内。

1.7　其他报警及接点试验

1.7.1　交流电压断线报警

(1)电压反相序的 TV 断线

测试方法:在段母线电压回路中加入负序的对称三相电压57.7 V,在装置面板上"TV 断线"指示灯亮。用同样方法可模拟Ⅱ母线电压反相序情况。

(2)电压回路单相断线的 TV 断线

测试方法:在Ⅰ段母线电压回路中先加入正序的对称三相电压57.7 V,然后使 A 相电压降到0 V 并持续1.25 s后,在装置面板上"TV 断线"指示灯亮。用同样方法可模拟Ⅱ段母线 TV 单相断线情况。

(3)电压回路三相断线的 TV 断线

测试方法:在Ⅰ母任意连接元件 TA 通入大于 $0.04I_N$(额定电流),在Ⅰ段母线电压回路中先加入正序的对称三相电压57.7 V,然后使三相电压降到0 V 并持续1.25 s后,在装置面板上"TV 断线"指示灯亮。用同样方法可模拟Ⅱ段母线 TV 三相断线情况。

1.7.2　交流电流断线报警

①在电压回路施加三相平衡电压,向任一支路通入单相电流>$0.06I_N$,延时5 s发 TA 异常信号。

②在电压回路施加三相平衡电压,在任一支路通入三相平衡电流大于 I_{DX}(I_{DX} 为 TA 断线整定值),延时5 s发 TA 断线报警信号。

③在任一支路通入电流大于 I_{DXBJ} (I_{DXBJ} 为 TA 异常报警电流定值),延时 5 s 发 TA 异常报警信号。

1.7.3　开入异常报警

(1)失灵接点误启动的开入异常

测试方法:模拟任意失灵启动接点动作 10 s,在装置面板上"其他报警"灯亮,液晶显示"DSP2 长期启动"。

检查输出告警接点及各中央、监控信号。

(2)外部闭锁母差开入异常

测试方法:将"投外部闭锁母差"控制字置 1,模拟外部闭锁母差开入动作 1 s,在装置面板上"其他报警"灯亮,液晶显示"外部闭锁母差开入异常"。

检查输出告警接点及各中央、监控信号。

(3)外部启动母联失灵开入异常

测试方法:将"投外部启动母联失灵"控制字置 1,模拟外部启动母联失灵开入动作 10 s,在装置面板上"其他报警"灯亮,液晶显示"外部启动母联失灵开入异常"。

检查输出告警接点及各中央、监控信号。

(4)母联位置开入异常

测试方法:模拟联络开关回路中有负荷电流,同时短接母联跳位开入 TWJ。在装置面板上"其他报警"灯亮,液晶显示"母联 TWJ 异常"。

检查输出告警接点及各中央、监控信号。

(5)刀闸位置报警

测试方法:某支路有电流无刀闸,检查输出告警接点(不可复归),装置面板上"位置报警"灯亮,液晶显示"支路＊＊＊刀闸位置告警"。

1.8　故障分析与操作要点

1.8.1　装置组成及指示灯说明

装置采用 12U 标准全封闭机箱。装置由开关量输入回路、出口与信号回路、电源插件、CPU 板和管理板插件、交流输入回路构成。

装置面板上设有九键键盘和 10 个信号灯。信号灯说明如下:

"运行"灯为绿色,装置正常运行时点亮。

"断线报警"灯为黄色,当发生交流回路异常时点亮。

"位置报警"灯为黄色,当发生刀闸位置变位、双跨或自检异常时点亮。

"报警"灯为黄色,当发生装置其他异常情况时点亮。

"跳Ⅰ母""跳Ⅱ母"灯为红色,母差保护动作跳母线时点亮。

"母联保护"灯为红色,母差跳母联、母联充电、母联非全相、母联过流保护动作或失灵保护跳母联时点亮。

"Ⅰ母失灵""Ⅱ母失灵"灯为红色,断路器失灵保护动作时点亮。

"线路跟跳"灯为红色,断路器失灵保护动作时点亮。

机柜正面左上部为电压切换开关,PT 检修或故障时使用,开关位置有双母、Ⅰ母、Ⅱ母三个位置。当置在双母位置,引入装置的电压分别为Ⅰ母、Ⅱ母电压互感器来的电压;当置在Ⅰ母位置,引入装置的电压都为Ⅰ母电压,即 $U_{A2} = U_{A1}$,$U_{B2} = U_{B1}$,$U_{C2} = U_{C1}$;当置在Ⅱ母位置,引入装置的电压都为Ⅱ母电压,即 $U_{A1} = U_{A2}$,$U_{B1} = U_{B2}$,$U_{C1} = U_{C2}$。

机柜正面右上部有三个按钮,分别为信号复归按钮、刀闸位置确认按钮和打印按钮。

复归按钮用于复归保护动作信号,刀闸位置确认按钮是供运行人员在刀闸位置检修完毕后复归位置报警信号,而打印按钮是供运行人员打印当次故障报告。

机柜正面下部为压板,主要包括保护投入压板和各连接元件出口压板。

机柜背面顶部有两个空气开关,分别为直流电压空气开关和交流电压空气开关。

1.8.2 模拟盘简介

RCS-915 母线差动保护装置利用隔离刀闸辅助触点判别母线运行方式,因此刀闸辅助触点的可靠性直接影响到保护的安全运行。为此,我们提供与母差保护装置配套的模拟盘以减小刀闸辅助触点的不可靠性对保护的影响。

MNP-3(指常用母线保护装置模拟盘型号)型模拟如下所述。

母线差动保护装置不断地对刀闸辅助触点进行自检,若发现与实际不符(如某条支路有电流而无刀闸位置),则发出刀闸位置报警,通知运行人员检修。在运行人员检修期间,可以通过模拟盘强制指定相应的刀闸位置,保证母差保护在此期间的正常运行。

模拟盘原理图如图 1.32 所示。

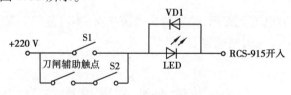

图 1.32　模拟盘原理图

图中,LED 指示目前的各元件刀闸位置状态,S1、S2 为强制开关的辅助触点。强制开关有三种位置状态:自动、强制接通、强制断开。

自动:S1 打开,S2 闭合,开入取决于刀闸辅助触点。

强制接通:S1 闭合,开入状态被强制为导通状态。

强制断开:S1、S2 均打开,开入状态被强制为断开状态。

采用此型模拟盘,当刀闸位置接点异常时,通过强制开关指定正确的刀闸位置,然后按屏上"刀闸位置确认"按钮通知母差保护装置读取正确的刀闸位置。应当特别注意的是,刀闸位置检修结束后必须及时将强制开关恢复到自动位置。

模拟盘采用4U标准机箱,以嵌入式方法安装于屏上,其面板布置图如图 1.33 所示。

1.8.3 装置异常信息含义及处理建议

装置异常信息含义及处理建议见表1.3。

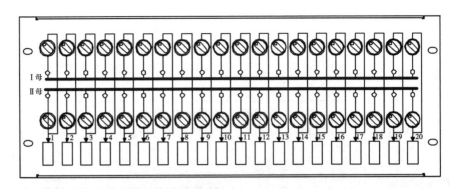

图1.33 面板布置图

表1.3 装置异常信息含义及处理建议表

自检信息	含义	处理建议
保护板（管理板）内存出错	保护板（管理板）的RAM芯片损坏,发"装置闭锁"和"其他报警"信号,闭锁装置	立即退出保护,通知厂家处理
保护板（管理板）程序出错	保护板（管理板）的FLASH内容被破坏,发"装置闭锁"和"其他报警"信号,闭锁装置	
保护板（管理板）定值出错	保护板（管理板）定值区的内容被破坏,发"装置闭锁"和"其他报警"信号,闭锁装置	
保护板（管理板）DSP出错	保护板（管理板）DSP定值区求和校验出错,发"装置闭锁"和"其他报警"信号,闭锁装置	
保护板（管理板）FPGA出错	保护板（管理板）FPGA芯片校验出错,发"装置闭锁"和"其他报警"信号,闭锁装置	
保护板（管理板）CPLD出错	保护板（管理板）CPLD芯片校验出错,发"装置闭锁"和"其他报警"信号,闭锁装置	
跳闸出口报警	出口三极管损坏,发"装置闭锁"和"其他报警"信号,闭锁装置	
保护板（管理板）DSP出错	保护板（管理板）DSP自检出错,FPGA被复位,发"装置闭锁"和"其他报警"信号,闭锁装置	
采样校验出错	保护板和管理板采样(包括开入量和模拟量)不一致,发"装置闭锁"和"其他报警"信号,闭锁装置	
管理板启动开出	在保护板没有启动的情况下,管理板长期启动,发"其他报警"信号,不闭锁装置	
该区定值无效	该定值区的定值无效,发"装置闭锁"和"其他报警"信号,闭锁装置	定值区号或系统参数定值整定后,母差保护和失灵保护定值必须重新整定
光耦失电	光耦正电源失去,发"其他报警"信号	请检查电源板的光耦电源以及开入/开出板的隔离电源是否接好

续表

自检信息	含义	处理建议
内部通信出错	保护板与管理板之间的通信出错,发"其他报警"信号,不闭锁装置	检查保护板与管理板之间的通信电缆是否接好
保护板(管理板)DSP1 启动元件长期启动	DSP1 长期启动(包括母差、母联充电、母联非全相、母联过流长期启动),发"其他报警"信号,不闭锁保护	检查二次回路接线(包括 TA 极性)
外部启动母联失灵开入异常	外部启动母联失灵接点 10 s 不返回,报"外部失灵接点启动母联失灵开入异常",同时退出该启动功能	检查外部启动母联
外部闭锁母差开入异常	外部闭锁母差接点 1 s 不返回,发"其他报警"信号,同时解除对母差保护的闭锁	检查外部闭锁母差接点
保护板(管理板)DSP2 长期启动	保护板(管理板)DSP2 启动元件长期启动(包括失灵保护长期启动,解除复压闭锁长期动作),发"其他报警"信号,闭锁失灵保护	检查失灵接点(包括解除电压闭锁接点)
刀闸位置报警	刀闸位置双跨,变位或与实际不符,发"位置报警"信号,不闭锁保护	检查刀闸辅助触点是否正常,如异常应先从模拟盘给出正确的刀闸位置,并按屏上刀闸位置确认按钮确认,检修结束后将模拟盘上的三位置开关恢复到"自动"位置,并按屏上刀闸位置确认按钮确认
母联 TWJ 报警	母联 TWJ=1 但任意相有电流,发"其他报警"信号,不闭锁保护	检修母联开关辅助接点
TV 断线	母线电压互感器二次断线,发"交流断线报警"信号,不闭锁保护	检查 TV 二次回路
电压闭锁开放	母线电压闭锁元件开放,发"其他报警"信号,不闭锁保护	此时可能是电压互感器二次断线,也可能是区外远方发生故障长期未切除
闭锁母差开入异常	由外部保护提供的闭锁母差开入保持 1 s 以上不返回,发"其他报警"信号,同时解除对母差保护动作接点	检查提供闭锁母差开入保护的闭锁动作接点
TA 断线	电流互感器二次断线,发"断线报警"信号,闭锁母差保护回路	立即退出保护,检查 TA 二次回路
TA 异常	电流互感器二次回路异常,发"TA 异常报警"信号,不闭锁母差保护	检查 TA 二次回路
TA 异常面板通信出错	面板 CPU 与保护板 CPU 通讯发生故障,发"其他报警"信号,不闭锁保护	检查面板与保护板之间通信电缆是否接好

项目 2
变压器保护

2.1 装置概述

全新一代的 PCS-985 系列发电机变压器组保护装置,继承了 RCS-985 系列发电机变压器组保护的优点,并在保护判据方面有所改进,同时人机接口方面更加友好。RCS-985 系列装置可支持常规互感器或电子式互感器输入,支持电力行业通信标准 DL/T667-1999(IEC60870-5-103)、Modbus 通信规约和新一代通信标准 IEC61850。

PCS-985TW 变压器保护采用主后一体化的方案,提供主变压器和一台高厂变所需的全部电量保护,适用于单机一变、两机一变、多机(3 台发电机)一变接线方式的变压器。

对大型主变压器,配置两套 PCS-985TW 保护装置,可以实现主保护、异常运行保护、后备保护的全套双重化,操作回路和非电量保护装置独立组屏。两套 PCS-985TW 取不同组 TA,主保护、后备保护共用一组 TA,出口对应不同的跳闸线圈。

2.2 工作原理

2.2.1 硬件工作原理

装置有两个独立的 DSP 板,分别为保护 DSP 板和启动 DSP 板,采用"与门"出口方式,硬件原理示意图如图 2.1 所示,两块 DSP 板具有独立的采样和出口电路。输入电流、电压首先经隔离互感器、隔离放大器等传变至二次侧,成为小电压信号分别进入保护 DSP 板和启动 DSP 板。保护 DSP 板主要完成保护的逻辑及跳闸出口功能,启动 DSP 板内设总启动元件,启动后开放出口继电器的正电源。两个 DSP 板之间进行实时数据交互,实现严格的互检和自检,任一 DSP 板故障,装置立刻闭锁并报警,杜绝硬件故障引起的误动。

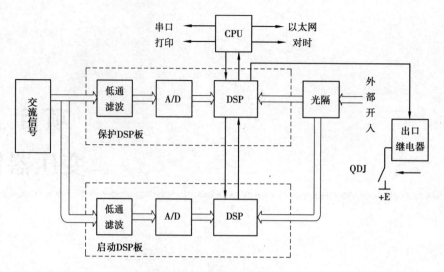

图 2.1　硬件原理示意图

2.2.2　软件工作原理

主程序按固定的周期进入相应的外部中断,在中断服务程序中进行模拟量采集与滤波、开关量采集、装置硬件自检、外部异常情况检查、启动逻辑的计算,然后根据是否满足启动条件而进入正常运行程序或故障计算程序。保护程序结构框图如图 2.2 所示。

正常运行程序进行装置的自检,装置不正常时发告警信号,信号分两种,一种是运行异常告警,这时不闭锁装置,提醒运行人员进行相应处理;另一种为闭锁告警信号,告警同时将装置闭锁,保护退出。

故障计算程序中进行各种保护算法的计算和跳闸逻辑判断。装置的启动和保护 DSP 独立运行各自的故障计算程序,只有两者同时判断出现故障,装置才会出口动作。

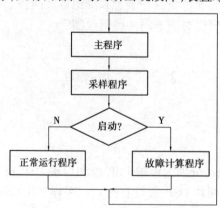

图 2.2　保护程序结构框图

2.2.3　TA 断线报警功能

1)各侧三相电流回路 TA 断线报警

TA 异常判别判据为:

$$3I_0 > 0.04I_N + 0.25I_{max} \tag{2.1}$$

式中　I_N——二次额定电流(1 A 或 5 A)；

　　　$3I_0$——自产零序电流；

　　　I_{max}——最大相电流。

满足以上条件,延时 10 s 后发相应 TA 异常报警信号,异常消失,延时 10 s 自动返回。

2)差动保护差流报警

只有在相关差动保护控制字投入时(与压板投入无关),差流报警功能投入,满足判据,延时 300 ms 发相应差动保护差流报警,不闭锁差动保护,差流消失,延时 1.2 s 返回。

为提高差流报警的灵敏度,采用比率制动差流报警判据:

$$\begin{cases} I_d > I_{cdbj} \\ I_d > K_{bj} \times I_r \end{cases} \tag{2.2}$$

式中　I_d——差电流；

　　　I_{cdbj}——差流报警门槛；

　　　I_r——制动电流；

　　　K_{bj}——差流报警比率制动系数。

3)差动保护 TA 断线报警或闭锁

对于正常运行中 TA 瞬时断线的情况,差动保护设有瞬时 TA 断线判别功能。只有在相关差动保护控制字及压板均投入时,差动保护 TA 断线报警或闭锁功能投入。

内部故障时,至少满足以下条件中一个:

①启动后任一侧任一相电流比启动前增加。

②启动后最大相电流大于 $1.2I_e$。

③同时有三路电流比启动前减小。

而 TA 断线时,以上条件均不符合。因此,若在差动保护启动后 40 ms 内,以上条件均不满足,则判为 TA 断线。如此时"TA 断线闭锁比率差动投入"置 1,则闭锁差动保护,并发差动 TA 断线报警信号,如控制字置 0,差动保护动作于出口,同时发差动 TA 断线报警信号。

在发出差动保护 TA 断线信号后,消除 TA 断线情况,复位装置才能消除信号。

2.2.4　TV 断线报警功能

1)各侧三相电压回路 TV 断线报警

TV 异常判别判据如下:

①正序电压小于 18 V,且任一相电流大于 $0.04I_N$。

②负序电压 $3U_2$ 大于 8 V。

满足以上任一条件延时 10 s 发相应 TV 断线报警信号,异常消失,延时 10 s 后信号自动返回;如果复合电压不选高压侧闭锁且零序过流不经方向闭锁,则不判高压侧 TV 断线。

2)三相电压回路中线断线报警

动作判据:

①正序电压 U_1 大于 48 V。

②自产零序电压三次谐波大于 0.2 倍的基波。

TV 中线断线功能,满足以上判据延时 20 s 发相应的 TV 中线断线报警信号,异常消失,延时 20 s 后信号自动返回。

2.2.5 变压器差动保护

1) 比率差动原理
采用变斜率比率差动保护特性,如图 2.3 所示。

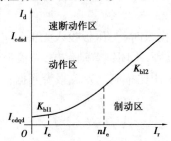

图 2.3 变斜率比率差动保护特性图

比率差动保护的动作方程如下:

$$
\begin{cases}
I_d > K_{bl} \times I_r + I_{cdqd} & (I_r < nI_e) \\[6pt]
K_{bl} = K_{bl1} + K_{blr} \times \dfrac{I_r}{I_e} \\[6pt]
I_d > K_{bl2} \times (I_r - nI_e) + b + I_{cdqd} & (I_r \geqslant nI_e) \\[6pt]
K_{blr} = \dfrac{K_{bl2} - K_{bl1}}{2 \times n} \\[6pt]
b = (K_{bl1} + K_{blr} \times n) \times nI_e
\end{cases}
$$

$$
\begin{cases}
I_r = \dfrac{\sum\limits_{i=1}^{m} |I_i|}{2} \\[12pt]
I_d = \left| \sum\limits_{i=1}^{m} \dot{I}_i \right|
\end{cases}
\tag{2.3}
$$

式中 I_d——差动电流;

I_r——制动电流;

I_{cdqd}——差动电流启动定值;

I_e——额定电流。

电流各侧定义:

对于发变组差动、主变差动,m 最大为 7,此时,$I_1 \sim I_7$ 分别为主变高压侧 1 支路、主变高压侧 2 支路、主变中压侧、主变低压侧 1～3 分支和厂变侧电流。差动保护范围可通过调试软件进行设置。

对于高厂变差动,m 为 2,I_1、I_2 分别为厂变高、低压侧电流。

比率制动系数定义:

K_{bl}——比率差动制动系数;

K_{blr}——比率差动制动系数增量；

K_{bl1}——起始比率差动斜率，定值范围为 $0.05 \sim 0.15$，一般取 0.10；

K_{bl2}——最大比率差动斜率，定值范围为 $0.50 \sim 0.80$，一般取 0.70；

n——最大斜率时的制动电流倍数，固定取 6。

2) 励磁涌流闭锁原理

涌流判别通过控制字可以选择二次谐波制动原理或波形判别原理。

(1) 谐波制动原理

装置采用三相差动电流中二次谐波与基波的比值作为励磁涌流闭锁判据，动作方程如下：

$$I_2 > K_{2xb} * I_1 \tag{2.4}$$

式中　I_2——差动电流中的二次谐波；

　　　K_{2xb}——二次谐波制动系数整定值，推荐 K_{2xb} 整定为 0.15。

(2) 波形判别原理

装置利用三相差动电流中的波形判别作为励磁涌流识别判据。内部故障时，各侧电流经互感器变换后，差流基本上是工频正弦波。而励磁涌流时，有大量的谐波分量存在，波形是间断不对称的。

内部故障时，有如下表达式成立：

$$S > K_b * S_+$$
$$S > S_t \tag{2.5}$$

式中　S——差动电流的全周积分值；

　　　S_+——（差动电流的瞬时值+差动电流半周前的瞬时值）的全周积分值；

　　　K_b——某一固定常数；

　　　S_t——门槛定值。

S_t 的表达式如下：

$$S_t = \alpha * I_d + 0.1 I_e \tag{2.6}$$

式中　I_d——差电流的全周积分值；

　　　α——某一比例常数。

而励磁涌流时，以上波形判别关系式肯定不成立，比率差动保护元件不会误动作。

3) TA 饱和时的闭锁原理

为防止在区外故障时 TA 的暂态与稳态饱和可能引起的稳态比率差动保护误动作，装置采用各相差电流的综合谐波作为 TA 饱和的判据，其表达式如下：

$$I_n > K_{nxb} * I_1 \tag{2.7}$$

式中　I_n——某相差电流中的综合谐波；

　　　I_1——对应相差电流的基波；

　　　K_{nxb}——某一比例常数。

故障发生时，保护装置根据差电流工频变化量和制动电流工频变化量是否同步出现，先判断是区内故障还是区外故障，若是区外故障，投入 TA 饱和闭锁判据，可靠防止 TA 饱和引起的比率差动保护误动。

4) 高值比率差动原理

为避免区内严重故障时 TA 饱和等因素引起的比率差动延时动作，装置设有一高比例和高启动值的比率差动保护,只经过差电流二次谐波或波形判别涌流闭锁判据闭锁,利用其比率制动特性抗区外故障时 TA 的暂态和稳态饱和,而在区内故障 TA 饱和时也能可靠正确快速动作。稳态高值比率差动的动作方程如下:

$$\begin{cases} I_d > 1.2I_e \\ I_d > I_r \end{cases} \tag{2.8}$$

式中 差动电流和制动电流的选取同式 2.3。

高值比率差动保护动作特性如图 2.4 所示。

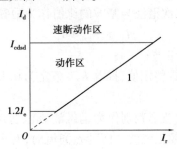

图 2.4 高值比率差动保护动作特性

5)差动速断保护

当任一相差动电流大于差动速断整定值时瞬时动作于出口继电器。

6)差流异常报警与 TA 断线闭锁

装置设有带比率制动的差流报警和 TA 断线闭锁功能(见 2.2.3 节)。

通过"TA 断线闭锁差动控制字"整定选择,瞬时 TA 断线和短路判别动作后可只发报警信号或闭锁全部差动保护。当"TA 断线闭锁比率差动控制字"整定为"1"时,闭锁比率差动保护。

7)差动保护在过激磁状态下的闭锁判据

由于在变压器过激磁时,变压器励磁电流将激增,可能引起发变组差动、变压器差动保护误动作。因此在装置中采取差电流的五次谐波与基波的比值作为过激磁闭锁判据来闭锁差动保护。其判据如下:

$$I_5 > K_{5xb} * I_1 \tag{2.9}$$

式中 I_1、I_5——每相差动电流中的基波、五次谐波;

K_{5xb}——五次谐波制动系数,装置中固定取 0.25。

8)比率差动的逻辑框图

比率差动的逻辑框图如图 2.5 所示。

2.2.6 工频变化量比率差动保护

1)配置

发电机、变压器内部轻微故障时,稳态差动保护由于负荷电流的影响,不能灵敏反应。为此本装置配置了主变压器工频变化量比率差动保护和发电机工频变化量比率差动保护,并设有控制字方便投退。

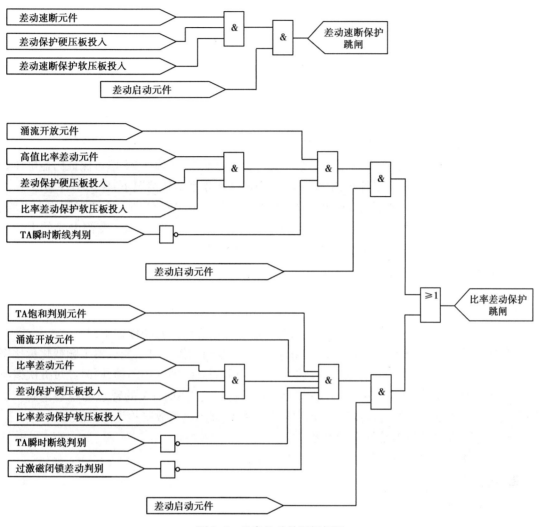

图 2.5 比率差动的逻辑框图

2) 工频变化量比率差动原理

工频变化量比率差动保护的动作特性如图 2.6 所示。

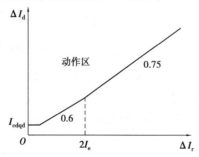

图 2.6 工频变化量比率差动保护的动作特性

工频变化量比率差动保护的动作方程如下：

$$\begin{cases} \Delta I_d > 1.25\Delta I_{dt} + I_{dth} \\ \Delta I_d > 0.6\Delta I_r \quad (\Delta I_r < 2I_e) \\ \Delta I_d > 0.75\Delta I_r - 0.3I_e \quad (\Delta I_r > 2I_e) \\ \Delta I_r = \sum_{i=1}^{m} |\Delta I_i| \\ \Delta I_d = \left| \sum_{i=1}^{m} \Delta \dot{I}_i \right| \end{cases} \qquad (2.10)$$

式中 ΔI_{dt}——浮动门坎,随着变化量输出增大而逐步自动提高,取1.25倍可保证门槛电压始终略高于不平衡输出,保证在系统振荡和频率偏移情况下,保护不误动;

m——对于主变压器差动,最大为7,此时,ΔI_1、ΔI_2、$\cdots$、ΔI_7 分别为主变高压侧1支路、主变高压侧2支路、主变中压侧、主变低压侧1~3分支和厂变侧电流的工频变化量。差动保护范围可通过调试软件进行设置;

ΔI_d——差动电流的工频变化量;

I_{dth}——固定门坎;

ΔI_r——制动电流的工频变化量,它取最大相制动。

注意:工频变化量比率差动保护的制动电流选取与稳态比率差动保护不同。

程序中依次按每相判别,当满足以上条件时,比率差动动作。对于变压器工频变化量比率差动保护,还需经过二次谐波涌流闭锁判据或波形判别涌流闭锁判据闭锁,同时经过五次谐波过激磁闭锁判据闭锁,利用其本身的比率制动特性抗区外故障时 TA 的暂态和稳态饱和。工频变化量比率差动元件的引入提高了变压器、发电机内部小电流故障检测的灵敏度。

3)工频变化量比率差动的逻辑框图

工频变化量比率差动的逻辑框图如图 2.7 所示。

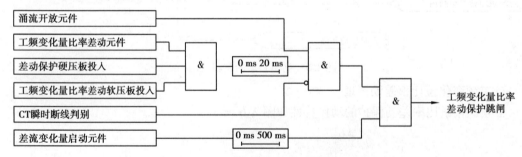

图 2.7 工频变化量比率差动的逻辑框图

注意:工频变化量比率差动的各相关参数由装置内部设定(勿需用户整定)。

4)差流异常报警与 TA 断线闭锁

同 2.2.5 节中的差流异常报警与 TA 断线闭锁。

2.2.7 主变后备保护

1)主变高压侧相间阻抗保护

阻抗保护作为发变组相间后备保护。阻抗元件取高压侧相间电压、相间电流。主变阻抗保护可通过整定值选择采用方向阻抗圆、偏移阻抗圆或全阻抗圆。当某段阻抗反向定值整定为零时,选择方向阻抗圆;当某段阻抗正向定值大于反向定值时,选择偏移阻抗圆;当某段阻抗正向定值与反向定值整定为相等时,选择全阻抗圆。阻抗元件灵敏角 $\varphi_m = 78°$,阻抗保护的方向指向主变,TV 断线时自动退出阻抗保护。阻抗元件的动作特性如图 2.8 所示。

阻抗元件的比相方程为:

$$90° < \text{Arg} \frac{\dot{U} - \dot{I} Z_P}{\dot{U} + \dot{I} Z_n} < 270° \tag{2.11}$$

阻抗保护的启动元件采用相间电流工频变化量或负序电流元件启动,开放 500 ms,期间若阻抗元件动作则保持。启动元件的动作方程为:

$$\Delta I > 1.25\Delta I_t + I_{th} \tag{2.12}$$

式中 ΔI_t——浮动门坎,随着变化量输出增大而逐步自动提高;

I_{th}——固定门坎。

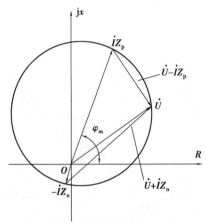

图 2.8 阻抗元件动作特性

图中:I 为相间电流,U 为相间电压,Z_n 为阻抗反向整定值,Z_p 为阻抗正向整定值。

TV 断线对阻抗保护的影响:当装置判断出变压器高压侧 TV 断线时,自动退出阻抗保护。

主变相间阻抗保护逻辑框图如图 2.9 所示。

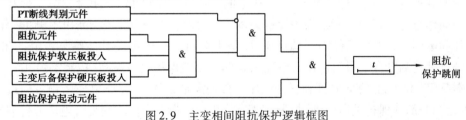

图 2.9 主变相间阻抗保护逻辑框图

2)主变复压(方向)过流保护

复合电压闭锁过电流保护,共设三段,其中 Ⅰ 段两时限,Ⅱ、Ⅲ 段各 1 时限,过流 Ⅰ、Ⅱ 段可选择经方向闭锁。复合电压过流保护、复合电压方向过流保护中电流元件取主变高压侧后备 TA 三相电流。

通过整定控制字可选择是否经复合电压闭锁。

(1)复合电压元件

复合电压元件指相间电压低或负序电压高,可通过投退控制字来选择各段是否经复合电

45

压闭锁。当"过流经复压闭锁投入"控制字为"1"时,表示本段过流保护经过复合电压闭锁。

经高、中、低压侧复合电压闭锁:"经高压侧复压闭锁投入""经中压侧复压闭锁投入"和"经低压侧复压闭锁投入"三个控制字,分别控制过流保护是否经主变高、中、低压侧 TV 复合电压闭锁,只要有一侧复压条件满足就可以出口。

(2)方向元件

采用正序电压,并带有记忆,近处三相短路时方向元件无死区。接线方式为零度接线方式,接入装置的 TA 极性的正极性端应在母线侧。复合电压过流保护设有控制字"过流方向指向"来控制过流保护各段的方向指向。当"过流方向指向"控制字为"1"时,表示方向指向变压器,灵敏角为 45°;当"过流方向指向"控制字为"0"时,方向指向系统,灵敏角为 225°。方向元件的动作特性如图 2.10 所示,阴影区为动作区。同时装置分别设有控制字"过流Ⅰ段经方向闭锁""过流Ⅱ段经方向闭锁"来控制过流Ⅰ段、Ⅱ段保护是否经方向闭锁。例如当"过流Ⅰ段经方向闭锁"控制字为"1"时,表示过流Ⅰ段保护经过方向闭锁。

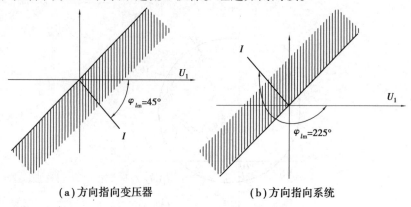

(a)方向指向变压器　　　　　(b)方向指向系统

图 2.10　过流方向元件动作特性

注意:以上所指的方向均是 TA 的正极性端在母线侧情况下,具体参见前面保护配置图,否则以上说明将与实际情况不符。

(3)TV 异常对复合电压元件、方向元件的影响

装置设有整定控制字(即"TV 断线保护投退原则")来控制 TV 断线时方向元件和复合电压元件的动作行为。若"TV 断线保护投退原则"控制字为"1",当装置判断出本侧 TV 异常时,方向元件和本侧复合电压元件均不满足条件,但本侧过流保护可经其他侧复合电压闭锁(过流保护经过其他侧复合电压闭锁投入情况);若"TV 断线保护投退原则"控制字为"0",当装置判断出本侧 TV 异常,且方向元件和复合电压元件都满足条件时,复合电压闭锁方向过流保护动作;不论"TV 断线保护投退原则"控制字为"0"或"1",都不会使本侧复合电压元件启动其他侧复压过流。

(4)电流记忆功能

若该控制字投入,在电流复合电压过流保护启动后,过流元件带记忆功能(TV 断线记忆功能退出),即使电流衰减至动作门槛以下,保护仍能动作出口。自并励发电机机组,主变高、中压侧后备保护一般不需带电流记忆功能,如整定记忆功能投入,过电流保护必须经复合电压闭锁。

复合电压闭锁过流保护逻辑框图如图 2.11 所示。

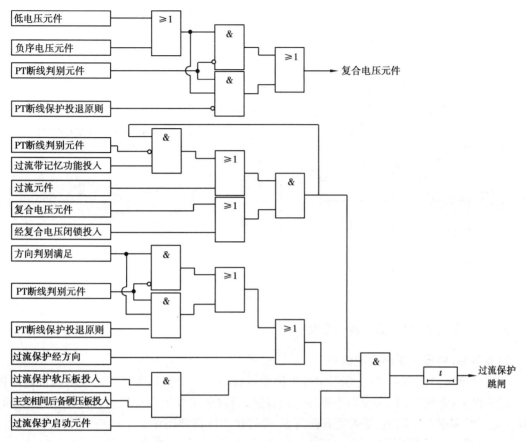

图 2.11　主变复压(方向)过流保护逻辑图

3) 其他异常保护

主变高、中压侧后备保护设有过负荷报警、启动风冷(2 段)、闭锁有载调压,可分别通过整定控制字来控制其投退。

4) 主变开关失灵联跳

装置设有高、中压侧开关失灵联跳功能,用于母差或其他失灵保护装置通过变压器保护跳主变各侧;当外部保护动作经失灵联跳开入接点进入装置后,经过装置内部灵敏的、不需整定的电流元件并带 50 ms 延时后跳变压器各侧断路器。

失灵联跳的电流判据为:开关相电流大于 1.1 倍额定电流,或负序电流大于 $0.1I_e$,或零序电流大于 $0.1I_N$,或电流突变量判据满足条件。

其中,电流突变量判据动作方程为:

$$\Delta I > 1.25\Delta I_t + I_{th} \tag{2.13}$$

式中　ΔI_t——浮动门坎,随着变化量输出增大而逐步自动提高,取 1.25 倍可保证动作门坎值始终略高于电流不平衡值,保证在系统振荡和频率偏移情况下,保护不误动;

　　　　I_{th}——固定门坎,取 $0.1I_N$;

　　　　ΔI——电流变化量的幅值。

主变失灵联跳逻辑如图 2.12 所示。

注意:失灵联跳功能投入时,失灵联跳开入超过 10 s 后,装置报"失灵联跳开入报警",并闭锁失灵联跳跳闸功能。

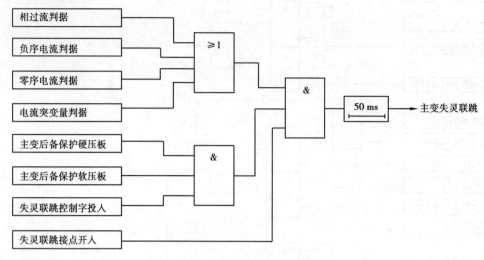

图 2.12　主变失灵联跳逻辑框图

2.2.8　主变高、中压侧接地后备保护

1）主变高、中压侧零序过流保护

零序过流保护,主要作为变压器中性点接地运行时接地故障后备保护。设有两段定时限零序过流保护(各两时限)和反时限零序过流保护,通过整定控制字可控制各段零序过流是否自产、是否经零序电压闭锁、是否经方向闭锁、是否经二次谐波闭锁。

（1）零序过流所采用的零序电流

装置分别设有"零序过流用自产零序电流"控制字来选择零序过流各段所采用的零序电流。若"零序过流用自产零序电流"控制字为"1",本段零序过流所采用的零序电流为自产零序电流;若"零序过流用自产零序电流"控制字为"0",本段零序过流所采用的零序电流是外接零序电流。

（2）零序电压闭锁元件

装置设有"零序过流经零序电压闭锁"控制字来控制零序过流各段是否经零序电压闭锁。当"零序过流经零序电压闭锁"控制字为"1"时,表示本段零序过流保护经过零序电压闭锁。

注意:零序电压闭锁所用零序电压固定为 TV 开口三角电压。

（3）方向元件

装置分别设有"零序方向指向"控制字来控制零序过流各段的方向指向。当"零序方向指向"控制字为"1"时,方向指向变压器,方向灵敏角为 255°;当"零序方向指向"控制字为"0"时,表示方向指向系统,方向灵敏角为 75°。同时装置分别设有"零序过流经方向闭锁"控制字来控制零序过流各段是否经方向闭锁。当"零序过流经方向闭锁"控制字为"1"时,本段零序过流保护经过方向闭锁。方向元件的动作特性如图 2.13 所示。

注意:方向元件所用零序电压固定为自产零序电压,电流固定为自产零序电流。以上所指的方向均是指 TA 的正极性端在母线侧,否则以上说明将与实际情况不符。

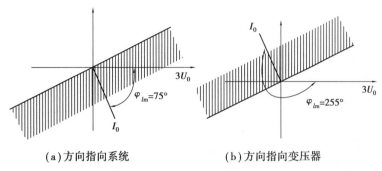

（a）方向指向系统　　　　　　（b）方向指向变压器

图2.13　零序方向元件动作特性

（4）TV异常对零序方向元件的影响

装置设有"TV断线保护投退原则"控制字来控制TV断线时零序方向元件的动作行为。若"TV断线保护投退原则"控制字为"1"，当装置判断出本侧TV异常时，方向元件不满足条件；若"TV断线保护投退原则"控制字为"0"，当装置判断出本侧TV异常，且方向元件满足条件时，零序方向过流保护就变为纯零序过流保护。

（5）零序过流各段经谐波制动闭锁

为防止变压器和应涌流对零序过流保护的影响，装置设有谐波制动闭锁措施。当谐波含量超过一定比例时，闭锁零序过流保护。装置分别设有"零序过流经谐波制动闭锁"控制字来控制零序过流各段是否经谐波制动闭锁。

注意：零序谐波闭锁所用电流固定为外接零序电流。

（6）定时限零序（方向）过流保护逻辑框图

定时限零序（方向）过流保护逻辑框图如图2.14所示。

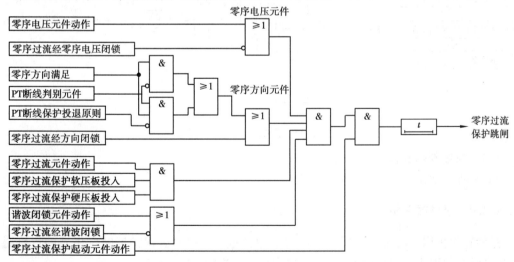

图2.14　定时限零序（方向）过流保护逻辑框图

2）主变间隙零序保护

间隙零序过电流保护作为变压器中性点经间隙接地或经小电抗接地运行时的变压器后备保护。零序过电压保护作为变压器中性点不接地、中性点经间隙接地或经小电抗接地运行时的后备保护。

装置设有一段零序过电压保护和一段间隙零序过电流保护,各有两个时限。

考虑到在间隙击穿过程中,零序过流和零序过压可能交替出现,间隙零序保护具有两种逻辑供选择,分别为"间隙零序电压和间隙零序电流相互展宽"和"间隙零序电流经间隙零序电压展宽",通过"间隙保护逻辑选择"定值进行选择。

间隙保护逻辑框图如图2.15所示。

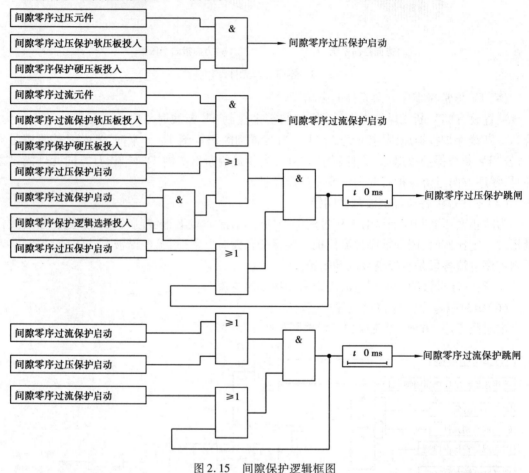

图2.15　间隙保护逻辑框图

3) TV 断线判别原理

TV 断线判别原理见2.2.4节。

2.2.9　过励磁保护

过励磁保护用于防止变压器因过励磁引起的危害。过励磁保护反映变压器的过励磁倍数,过励磁一般取主变高压侧电压计算(也支持取主变中、低压侧 TV)。

1)定时限过励磁保护

定时限过励磁保护设有跳闸段和信号段。

过励磁倍数可表示为如下表达式:

$$n = \frac{U_*}{f_*} \tag{2.14}$$

式中 U_*——电压的标幺值；

f_*——频率的标幺值。

2）定时限过励磁出口逻辑

定时限过励磁保护逻辑框图如图2.16所示。

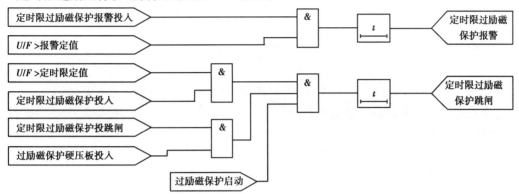

图2.16 定时限过励磁保护逻辑框图

3）反时限过励磁保护

反时限过励磁通过对给定的反时限动作特性曲线进行线性化处理,在计算得到过励磁倍数后,采用分段线性插值求出对应的动作时间,实现反时限。反时限过励磁保护具有累积和散热功能。

给定的反时限动作特性曲线由输入的6组定值得到。过励磁倍数整定值一般为1.0～1.5,时间延时考虑最大到3 000 s。

反时限过励磁动作曲线如图2.17所示。

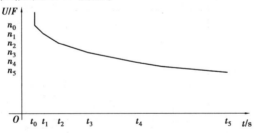

图2.17 反时限过励磁曲线示意图

反时限动作特性曲线的6组输入定值满足以下条件:

①反时限过励磁上限倍数整定值 $n_0 \geq$ 反时限过励磁倍数整定值 n_1。

②反时限过励磁上限时限整定值 $t_0 \leq$ 反时限过励磁时限整定值 t_1。

以此类推到反时限过励磁倍数下限整定值。

4）反时限过励磁出口逻辑

反时限过励磁保护逻辑框图如图2.18所示。

2.2.10 非全相保护

非全相保护提供断路器非全相运行的保护。装置通过断路器不一致接点以及零序电流、负序电流来判断断路器的非全相运行状态。是否使用零序、负序电流可由定值设定。非全相

51

保护有 3 个时限,其中第二、三时限可整定选择是否经过发变组保护动作接点闭锁。

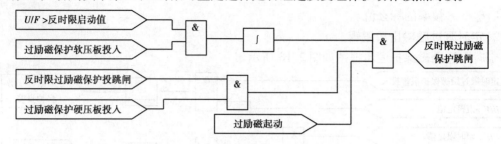

图 2.18   反时限过励磁保护逻辑框图

非全相保护Ⅰ时限逻辑图如图 2.19 所示。

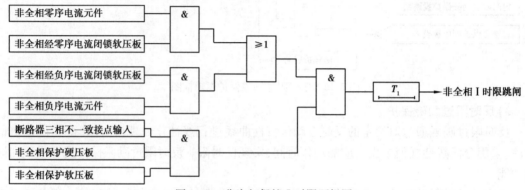

图 2.19   非全相保护Ⅰ时限逻辑图

非全相保护Ⅱ、Ⅲ时限逻辑图如图 2.20 所示。

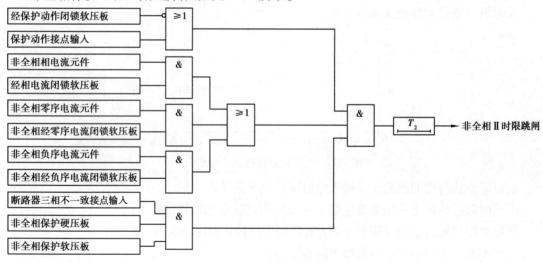

图 2.20   非全相保护Ⅱ、Ⅲ时限逻辑图

2.2.11   断路器闪络保护

发电机在进行并列过程中,当断路器两侧电压方向为 180°,断口易发生闪络。断路器断口闪络只考虑一相或两相,不考虑三相闪络。断路器闪络保护取主变高压侧开关 TA 电流。

判据:

①断路器三相位置接点均为断开状态。

②负序电流(或相电流或零序电流)大于整定值。

相电流判据和零序电流判据可进行投退,断路器闪络保护一般第一时限保护动作于灭磁,第二时限动作于启动断路器失灵。

断路器闪络保护逻辑图如图 2.21 所示。

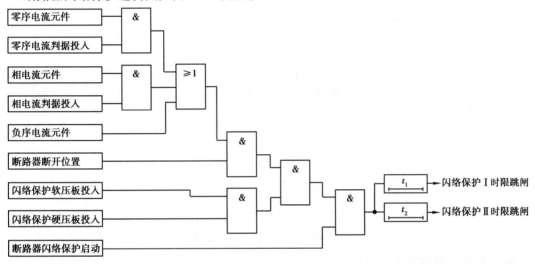

图 2.21　断路器闪络保护逻辑图

2.2.12　主变低压侧后备保护

1)复压闭锁过流保护

复合电压过流保护作为主变压器内部故障及高、中压侧外部故障的后备。其包括两段复合电压过流定值,各设有一段延时。

(1)复合电压元件

复合电压元件由相间低电压和负序电压或门构成,有两个控制字(即"过流Ⅰ段经复压闭锁""过流Ⅱ段经复压闭锁")来控制过流Ⅰ段和过流Ⅱ段经复合电压闭锁。当过流经复压闭锁控制字为"1"时,表示本段过流保护经过复合电压闭锁。

(2)TV 异常对复合电压元件的影响

装置设有整定控制字(即"TV 断线保护投退原则")来控制 TV 断线时复合电压元件的动作行为。若"TV 断线保护投退原则"控制字为"1",当装置判断出本侧 TV 断线时,表示复合电压元件不满足条件;若"TV 断线保护投退原则"控制字为"0",当 TV 断线并满足复压条件时,复合电压元件开放,这样复合电压闭锁过流保护就变为纯过流保护。

(3)电流记忆功能

若该控制字投入,在电流复合电压过流保护启动后,过流元件带记忆功能,即使电流衰减至动作门槛以下,保护仍能动作出口。电流记忆功能投入时,过流保护必须经复合电压闭锁。

2)低压侧复压过流保护逻辑框图

低压侧复压过流保护逻辑框图如图 2.22 所示。

3)TV 断线判别原理

TV 断线判别见 2.2.4 节。

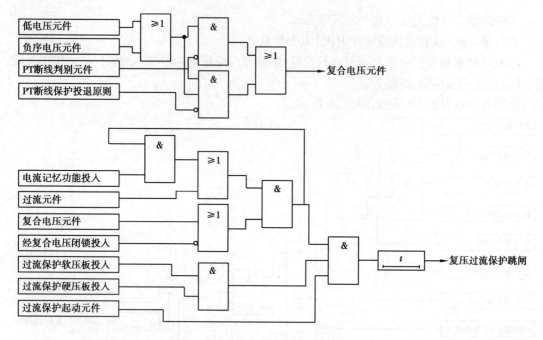

图 2.22　低压侧复压过流保护逻辑框图

4)主变低压侧零序电压保护

针对发电机出口设有断路器的情况,可在主变低压侧配置一套零序过电压保护,作为主变带厂变倒送电情况下的接地保护,定值一般整定为 10～15 V,经控制字选择投入,动作于报警。

5)其他异常保护

低压侧后备保护设有过负荷报警,可通过整定控制字来控制其投退。

2.2.13　倒送电保护

对有倒送电运行方式的升压变压器,装设了倒送电过流保护。可通过"电流通道选择"控制字选择取主变高压侧、中压侧或低压侧电流。

倒送电过流保护设两段定值,各一段延时。当正常运行时,机端断路器处于合位,倒送电保护退出;当倒送电运行时,机端断路器均处于分位,倒送电保护投入。

"机端断路器位置"开入为 1,且某台发电机支路有电流,闭锁倒送电保护,延时 10 s 报"机端断路器位置报警"。

2.2.14　高厂变后备保护

设有一段电流速断保护和两段过电流保护,作为厂变高压侧后备保护。由于厂变高压侧内部故障时,短路电流非常大,为提高保护性能,有时厂变高压侧配置两组 TA,其中一组为大变比 TA,一组为小变比 TA,此时电流速断保护或过流Ⅰ段可选择采用大变比 TA 电流或小变比 TA。装置还设有过负荷报警及启动风冷等功能。

1)低压侧后备保护

设有两段过电流保护,作为厂变低压侧后备保护。

2）低压侧接地后备保护

高厂变低压侧设两段零序过电流保护,各设一段延时,动作于跳闸。

3）其他异常保护

高厂变后备保护设有过负荷报警、启动风冷功能,可分别通过整定控制字来控制其投退。此外,还配置高厂变过流输出功能。

2.2.15　时间管理

1）实时时钟

装置的管理 CPU 模块带有一个高精度的实时时钟,为装置提供高精度的实时时间。当装置掉电后,此实时时钟可以持续运行约 1 个月。

2）时钟同步

装置能够连接多种时钟源信号进行准确的装置时钟同步,所支持的时钟源信号包括标准时钟装置(如 PCS-9785)发出的差分 IRIG-B、差分 PPS、光纤 IRIG-B、光纤 PPS、空接点 PPS、空接点 PPM、SNTP 广播、SNTP 点对点、IEEE-1588 等信号。

通过液晶菜单通信参数中[外部时钟源模式]参数选择对时源。其中"硬对时"包含差分 IRIG-B、差分 PPS、空接点 PPS、空接点 PPM 信号,"软对时"包括 SNTP 广播、SNTP 点对点、IEC103 后台对时,"扩展板对时"包括光纤 IRIG-B、光纤 PPS 和 IEEE-1588 信号。

如果选择"硬对时",装置将判断差分 IRIG-B、差分 PPS、空接点 PPS、空接点 PPM 的有效性,并根据优先级(差分 IRIG-B>差分 PPS>空接点 PPS>空接点 PPM)选择一种时钟信号进行同步。

如果选择"扩展板对时"参数,装置将判断光纤 IRIG-B、光纤 PPS、IEEE-1588 信号的有效性,并根据优先级(IEEE-1588>光纤 IRIG-B>光纤 PPS)选择一种时钟信号进行同步。

如果选择"软对时"参数,装置将根据网络 SNTP 报文进行 SNTP 点对点或 SNTP 广播对时。如果已经指定 SNTP 服务器地址,装置将固定与其进行 SNTP 点对点对时。如果未指定 SNTP 服务器地址(该参数为空 0.0.0.0),装置将根据接收到的网络 SNTP 报文,获取 SNTP 服务器地址,并尝试与之进行 SNTP 点对点对时,一旦 SNTP 点对点对时成功,之后将继续使用 SNTP 点对点对时,否则只使用 SNTP 广播对时。

如果选择"无对时"参数,装置将不检测各种时钟源信号,并不报"对时异常"报警。

装置支持灵活的对时切换,一旦高优先级的对时信号断开,将自动选择低优先级的对时信号,例如差分 IRIG-B 信号断开,空接点 PPS 有效,改用空接点 PPS。另外差分 PPS、空接点 PPS、空接点 PPM 对时没有日历信息,装置将使用 SNTP 或 IEC103 后台对时中的日历信息对时。

装置对时成功后,液晶第一行左侧将显示"S"标志,代表 SyncOK。

2.3　检验流程

检验流程同 1.1.2 节。

2.4 保护性能检验

2.4.1 主变差动保护检验

1）定值整定

①保护总控制字"主变差动保护投入"置1。

②投入屏上"投发变组/主变差动保护"硬压板。

③主变差动启动定值:$0.5I_e$;主变差动速断定值:$5I_e$;主变差流报警定值:$0.15I_e$;差动比率制动起始斜率:0.1;差动比率制动最大斜率:0.7;二次谐波制动系数0.15。

④根据需要整定主变差动跳闸控制字。

⑤按照试验要求整定"差动速断投入""比率差动投入""工频变化量差动投入""涌流闭锁功能选择""TA断线闭锁比率差动"控制字。

2）主变差动保护（发变组差动保护）试验内容

（1）主变差动保护（发变组差动保护）调试说明

由于主变的接线方式不同,主变高低压侧的电流存在相角差,PCS-985TW装置要求变压器各侧电流互感器二次均采用星形接线,其二次电流直接接入本装置,变压器各侧TA二次电流相位由软件自调整。另外,由于主变各侧的电压等级以及TA变比不同,导致各侧的二次额定电流不相同,不能直接参与差动,所以主变各侧电流采用标幺值的方法进行计算。以Y/D-11的主变接线方式为例,装置采用Y/△变化调整差流平衡,其校正方法如下:

对于Y侧电流:

$$\begin{cases} \dot{I}'_A = \dfrac{\dot{i}_A - \dot{i}_B}{\sqrt{3}} \\[2mm] \dot{I}'_B = \dfrac{\dot{i}_B - \dot{i}_C}{\sqrt{3}} \\[2mm] \dot{I}'_C = \dfrac{\dot{i}_C - \dot{i}_A}{\sqrt{3}} \end{cases} \quad (2.15)$$

式中 $\dot{i}_A$、$\dot{i}_B$、$\dot{i}_C$——Y侧TA二次电流标幺值;

$\dot{I}'_A$、$\dot{I}'_B$、$\dot{I}'_C$——Y侧校正后的各相电流。

由上述校正法不难看出,在变压器Y型侧（即高压侧）通入单相电流$\dot{i}_A$时,则有计入差流计算的调整后电流$\dot{I}'_A = \dot{i}_A / \sqrt{3}$、$\dot{I}'_B = 0$、$\dot{I}'_C = -\dot{i}_A / \sqrt{3}$。

同样可以得到,在变压器Y型侧通入单相电流$\dot{i}_B$时,有$\dot{I}'_A = -\dot{i}_B / \sqrt{3}$、$\dot{I}'_B = \dot{i}_B / \sqrt{3}$、$\dot{I}'_C = 0$。

在变压器Y型侧通入单相电流$\dot{i}_C$时,有$\dot{I}'_A = 0$、$\dot{I}'_B = -\dot{i}_C / \sqrt{3}$、$\dot{I}'_C = \dot{i}_C / \sqrt{3}$。

所以得出在做Y/D-11型主变的比率差动试验时,继保调试仪在主变高压侧与主变低压侧(即指发电机机端或高厂变高压侧或高厂变低压侧)应加两相独立电流的关系为 AN-ac、BN-ba、CN-cb,两相电流之间相角差为 180°。

（2）比率制动特性试验

以主变高压侧对主变低压侧一分支两侧比率制动特性试验为例,分别说明加单相和加三相的试验方法。

①加单相电流的测试方法。试验方法:如果试验仪只能输出三相电流,那么就只能采用加单相的方法。由主变差动保护的调试说明可知,由于主变存在 Y/△ 转换,在 Y 侧加单相电流时,校正到△侧实际上会产生两相电流,需要补偿掉其中的另外一相。以主变高压侧（Y 侧）加 A 相为例,校正到主变低压侧（△侧）会产生 a、c 相电流,此时需要将 c 相的差流补偿掉,从而保证是 a 相差动保护动作的。

接线方式为:将试验仪的 I_a 相接到主变高压侧 A 相电流通道上,将试验仪的 I_b 相接到主变低压侧一分支（或厂变侧）的 a 相电流通道上,将试验仪的 I_c 相接到主变低压侧一分支（或厂变侧）的 c 相电流通道上,用于补偿 c 相差流,将 N 线全部短接起来回到试验仪的 N 线上。由于主变差动采用 180°接线,所以 I_a 角度加 0°, I_b 角度加 180°,补偿相 I_c 的角度加 0°。如图 2.23 所示,固定主变高压侧电流 I_a,递增主变低压侧一分支（或厂变侧）电流 I_b 直至主变差动比率保护动作,将数据记录至表 2.1 中。

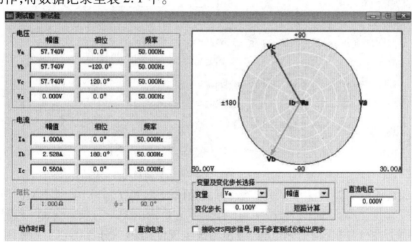

图 2.23 单相电流的测试

表 2.1 主变比率差动保护单相测试记录

主变高压侧电流 I_e＝   A,主变低压侧电流 I_e＝   A

序号	主变高压侧电流/A	主变低压侧电流/A	实际动作值/A	制动电流/I_e	差动电流/I_e
1	0.272	2.528			
2	0.817	3.843			
3	1.362	5.206			
4	1.907	6.617			
5	2.452	8.081			

图 2.24 为"变斜率差动计算软件"的主界面,在"一侧额定电流"和"二侧额定电流"输入框内输入参与所调试的差动保护的两侧对应额定电流;在"差动启动定值""起始斜率""最大斜率"中输入所调试差动保护的保护定值;而后在"差动类型"中选择"变压器差动","变压器的接线方式"根据定值选择 Y/D、D/Y、Y/Y 或 D/D(指的是"一侧接线方式/二侧接线方式")。该软件默认固定高压侧电流,如果需要固定低压侧电流的话,需将"固定低压侧"勾上,"测试方式"选择单相测试,最后在"输入固定侧电流"中输入固定电流,就可以在右侧计算出动作电流和补偿电流。该软件计算出的即是变斜率差动曲线上的点。

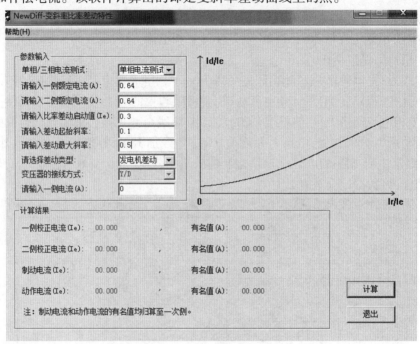

图 2.24 变斜率差动计算软件

②加三相电流的测试方法。试验方法:将试验仪的 I_a、I_b、I_c 分别接到主变高压侧的 A、B、C 三相电流通道上,将试验仪的 I'_a、I'_b、I'_c 分别接到主变低压侧一分支(或者厂变侧)的 a、b、c 三相电流通道上,固定主变高压侧电流,缓慢增加主变低压侧一分支(或厂变侧)电流,直到主变比率差动保护动作。记录主变高压侧电流加不同值时,主变低压侧一分支(或厂变侧)动作值。将数据记录至表 2.2 中。试验仪的设置如图 2.25 所示。

表 2.2　主变比率差动保护三相测试记录

主变高压侧电流 I_e =　　A,主变低压侧电流 I_e =　　A

序号	主变高压侧电流/A	主变低压侧电流/A	实际动作值/A	制动电流/I_e	差动电流/I_e
1	0.272	3.004			
2	0.817	5.342			
3	1.362	7.828			
4	1.907	8.903			
5	2.452	13.32			

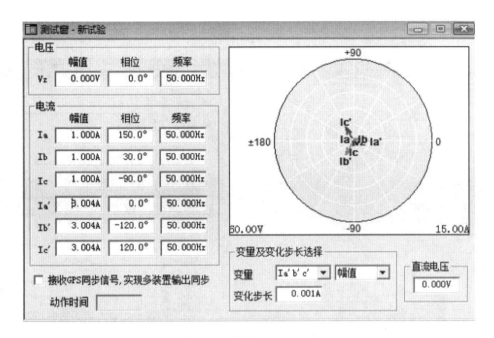

图 2.25　三相电流的测试

（3）启动值试验

试验方法：将"比率差动投入"控制字置 1，将"工频变化量差动投入""TA 断线闭锁比率差动"控制字置 0，在主变各侧分别加单相电流直至主变比率差动保护动作，测试主变各侧 A、B、C 三相电流启动值。

比率差动启动电流定值 $0.5I_e$，试验值：高压侧电流＿＿＿ A，延时＿＿＿ ms，低压侧电流＿＿＿ A，延时＿＿＿ ms。

注意：

①由于主变存在 Y／△转换换算，根据归算的公式可知 Y 侧加单相电流时需要乘以 $\sqrt{3}$，如果加三相时则不用乘以 $\sqrt{3}$。

②由于 PCS-985 系列差动保护采用的是变斜率差动保护，做启动值测试时，存在制动电流不为 0，坐标轴的纵轴上对应的动作电流会比启动定值略大，所以在做差动保护启动值测试时会发现实际动作值比定值略大一点。

（4）差动速断试验

试验方法：将"差动速断投入"控制字置 1，将"比率差动投入""工频变化量差动投入"控制字置 0，在主变各侧分别加三相电流直至主变保护差动速断保护动作。

定值：$5.0I_e$；试验值：高压侧电流＿＿＿ A，延时＿＿＿ ms，低压侧电流＿＿＿ A，延时＿＿＿ ms。

（5）涌流闭锁功能试验

试验方法：将"比率差动投入"控制字置 1，将"工频变化差差动保护""TA 断线闭锁差动保护"控制字置 0。将"涌流闭锁功能选择"控制字整定为"二次谐波"或"波形判别"。如图 2.26 所示，将试验仪的 I_a 接到主变高压侧 A 电流通道上，打开试验仪的谐波菜单，将"变量选择"的变量设置为 I_a，"波形"选择"二次谐波"，在"谐波含量"菜单中，将 I_a 的基波设置为 10 A（保证比率差动保护能够可靠动作，而差动速断不动作），二次谐波初始值大于 0.15×10 A

（0.15 为谐波制动系数定值），然后递减二次谐波的大小，直到主变比率差动保护动作，记录此时实测的二次谐波制动系数：＿＿（即 $I_{二次谐波}/I_{基波}$）。

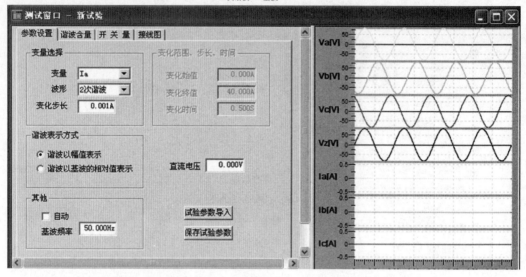

图 2.26　涌流闭锁功能试验

注意：

①二次谐波制动系数是指二次谐波占差流基波的百分比，所以只在高压侧加基波电流时，该基波电流就是差流。

②涌流闭锁功能选择"波形识别"采用上述方法仍以二次谐波作为闭锁，实测值为 15% 左右。

③涌流闭锁只闭锁比率差动，而不闭锁差动速断。

（6）TA 断线闭锁功能试验

将"比率差动投入""TA 断线闭锁比率差动"控制置 1。

在主变高压侧和主变低压侧（或厂变侧）的三相电流均加额定电流，高压侧超前于低压侧 150°，断开低压侧任意一相电流，主变比率差动保护动作并且装置发"主变差动 TA 断线"信号。

注意：

①TA 瞬时断线经主变高压侧断路器分位闭锁，即当高压侧断路器在分位时，不判 TA 瞬时断线。

②"TA 瞬时断线""TA 异常"和"发电机差流告警"均要点亮装置面板的"TA 断线灯"，不同的是"TA 瞬时断线"需手动复归屏上的"复归"按钮才能解除闭锁，否则闭锁一直存在。"TA 异常"在异常消失后 10 s 自动返回，"差流告警"在差流小于定值后 300 ms 自动返回。

③当最大相电流大于 $1.2I_e$ 时，"TA 断线"不闭锁比率差动（若用单相测试法来测断线闭锁，加入电流 $0.6I_e$ 来测试）。

（7）主变差流报警试验

试验方法：差流报警的逻辑是当某一相差流大于差流告警定值后，装置延时 300 ms 发差流告警信号并点亮装置面板的 TA 断线灯。TA 异常的逻辑是满足 TA 异常判据后 10 s 发 TA 异常信号并点亮装置面板的 TA 断线灯。所以在测试主变分相差流告警时，需要加快一点，在

10 s 内做出来,防止 TA 异常告警干扰。具体步骤为:在单侧定值附近快速加电流,直到装置 TA 断线灯亮,查看报文是否为差流报警报文。

2.4.2 复压闭锁方向过流保护检验

1)定值整定

①保护总控制字"主变高压侧后备保护投入"置 1。

②投入屏上"投主变高压侧相间后备保护"硬压板。

③负序电压定值:6 V,相间低电压定值:70 V。

④过流Ⅰ段定值:6 A,过流Ⅰ段Ⅰ时限:1.8 s,过流Ⅰ段Ⅱ时限:2 s,整定过流Ⅰ段Ⅰ时限跳闸控制字,过流Ⅰ段Ⅱ时限跳闸控制字。

⑤过流Ⅱ段定值:5 A,过流Ⅱ段延时:2.5 s,整定过流Ⅱ段跳闸控制字。

⑥过流Ⅲ段定值:4.2 A,过流Ⅲ段延时:3.5 s,整定过流Ⅲ段跳闸控制字。

⑦根据需要整定"过流Ⅰ段经复合电压闭锁""过流Ⅱ段经复合电压闭锁""过流Ⅲ段经复合电压闭锁""经高压侧复合电压闭锁""经中压侧复合电压闭锁""经低压侧复合电压闭锁""电流记忆功能投入""过流Ⅰ段经方向""过流Ⅱ段经方向""过流方向指向""TV 断线投退原则"控制字。

2)复压过流保护试验内容

主变高压侧复压过流保护的电压元件取主变高压侧电压(也可通过定值设置取其他侧电压,构成或门关系),电流元件取主变高压侧后备 TA 三相电流(高压侧后备 TA 在"主变系统参数→内部配置"中整定)。其中过流试验、复压闭锁试验、电流记忆功能试验、TV 断线投退原则试验等可参照发电机复压过流保护。

注意:水电里面特别是大型水电站,主变与开关站距离比较远,往往主变高压侧 TV 没有办法引入主变保护装置中,只能将主变低压侧 TV 引入主变保护装置。此时定值中只能投入"经低压侧复合电压闭锁"控制字,不投"经高压侧复合电压闭锁"控制字,此时只有发电机出口开关(GCB)在合位时,复压过流保护才能动作(如果投入了"经高压侧复合电压闭锁"控制字则不判发电机出口开关合位)。

3)过流经方向闭锁试验(以过流Ⅰ段经方向闭锁为例)

主变过流保护经方向闭锁可以通过"过流经方向指向"控制字来指定作为系统的后备或者变压器本体的后备,当"过流方向指向"控制字整定为 1 时,指向变压器,即作为变压器本体故障时的后备保护,灵敏角为 45°,则其动作区域应该为 $-45° < \theta < 135°$;"过流方向指向"控制字整定为 0 时,指向系统,即作为系统故障时的后备,灵敏角为 225°,则其动作区域应该为 $135° < \theta < 315°$。过流Ⅰ段和过流Ⅱ段可以通过控制字"过流Ⅰ段经方向闭锁""过流Ⅱ段经方向闭锁"控制字整定是否经方向闭锁。方向元件的电压固定取主变高压侧正序电压,电流固定取主变高压侧后备 TA 的正序电流。其方向元件的角度是指高压侧正序电压与后备 TA 正序电流的角度差,电流元件的极性必须是靠近母线侧,上述方向灵敏角才与实际相符。

试验方法:将"过流Ⅰ段经方向闭锁"控制字置 1,"过流方向指向"置 1(指向主变),通过跳闸控制字将过流Ⅱ段、过流Ⅲ段保护以及阻抗保护退出,将"TV 断线投退原则"置 0。将试验仪的 U_a 相电压接到主变高压侧 TV 的 A 相电压通道上,试验仪的 I_a 相电流接到主变高压侧后备 TA 的 A 相电流通道上。

在试验仪的 I_a 上加大于过流Ⅰ段定值的电流,相角为 0°,在试验仪的 U_a 上加 57.74 V 的电压,将 U_a 相电压的相角从 -50° 缓慢增加直到过流Ⅰ段保护动作,测出下边界;然后再将 U_a 相电压的相角从 140° 缓慢减小直到过流Ⅰ段保护动作,测出上边界,记录过流方向指向主变时的边界:____°< θ <____°。

将"过流方向指向"控制字置 0(指向系统),通过上述方法测出过流方向指向系统时的边界:____°< θ <____°。

注意:

①因为主变过流经方向闭锁的电压元件取主变高压侧 TV,所以对于现场不能将主变高压侧 TV 引入变压器保护装置的情况,应该不投过流经方向闭锁控制字。

②只有过流Ⅰ段和过流Ⅱ段可以选择是否经方向闭锁,过流Ⅲ段固定不经方向闭锁。

2.4.3 主变接地后备保护检验

1)零序过流保护试验

零序过流保护的零序电流可以选择自产也可以选择用外接零序电流,可以通过"零序过流Ⅰ段电流自产"控制字整定,置 1 时表示使用的是高压侧后备 TA 自产零序电流;置 0 时表示使用的是外接零序 TA 电流。

试验方法:将"零序过流Ⅰ段经零序电压闭锁""零序过流Ⅰ段经方向闭锁""零序方向定义""TV 断线保护投退原则""零序过流Ⅰ段经谐波闭锁""零序Ⅰ段Ⅰ时限经高压侧电流闭锁"控制字置 0。

如果"零序过流Ⅰ段电流自产"整定为 0,则将试验仪的 I_a 相电流接入外接零序电流通道上;如果"零序过流Ⅰ段电流自产"整定为 1,则将试验仪的 I_a 相电流接入主变高压侧后备 TA 的任意一相电流通道上。缓慢增加电流直到零序过流保护动作依次测试零序过流Ⅰ段动作值和动作时间。

零序过流Ⅰ段试验值:____ A,零序过流Ⅰ段Ⅰ时限试验值:____ s,零序过流Ⅰ段Ⅱ时限试验值:____ s。

零序过流Ⅱ段试验值:____ A,零序过流Ⅱ段Ⅰ时限试验值:____ s,零序过流Ⅱ段Ⅱ时限试验值:____ s。

2)零序过流保护经零序电压闭锁试验

因为主变发生接地故障时会产生零序电压,所以零序过流保护可以通过"零序过流Ⅰ段经零序电压闭锁"控制字选择是否经零序电压闭锁,置 0 时表示零序电流不经零序电压闭锁,置 1 时表示零序电流经零序电压闭锁。零序电压闭锁元件固定取主变高压侧 TV 开口三角零序电压。

试验方法:将"零序过流Ⅰ段经零序电压闭锁"控制字置 1,"零序过流Ⅰ段电流自产"整定为 0,其他控制字也置 0。将试验仪的 I_a 相电流加入外接零序电流 TA 通道上,将试验仪的 V_a 相接入主变高压侧 TV 开口三角的零序电压通道上,使电流大于零序过流Ⅰ段定值,增加 U_a 相电压,直到零序过流保护动作。记录零序电压闭锁试验值:____ V。

3)零序过流保护经方向闭锁试验

主变零序过流保护经方向闭锁可以通过"零序方向定义"控制字来指定作为系统的后备或者变压器本体的后备,当"零序方向定义"控制字整定为 1 时,指向变压器,即作为变压器本体故障时的后备保护,灵敏角为 255°,则其动作区域应该为 165°<θ<345°;整定为 0 时,指向系统,即作为系统故障时的后备保护,灵敏角为 75°,则其动作区域应该为−15°<θ<165°。零序过流 I 段和零序过流 II 段可以通过控制字"零序过流 I 段经方向闭锁""零序过流 II 段经方向闭锁"控制字整定是否经方向闭锁。方向元件的电压取主变高压侧自产零序电压,电流取主变高压侧后备 TA 的自产零序电流。其方向元件的角度是指高压侧自产零序电压与后备 TA 自产零序电流的角度差,电流元件的极性必须是靠近母线侧,上述方向灵敏角才与实际相符。

试验方法:将"零序过流 I 段经方向闭锁"控制字置 1,"零序方向定义"置 1(指向主变),通过跳闸控制字将零序过流 II 段、零序过流反时限退出,将"TV 断线投退原则"置 0。将试验仪的 U_a 相电压接到主变高压侧 TV 的 A 相电压通道上,试验仪的 I_a 相电流接到主变高压侧后备 TA 的 A 相电流通道上。如果"零序过流 I 段电流自产"控制字置 0,还需要将试验仪的 I_b 相电流接入主变外接零序电流通道上。

在试验仪的 I_a 相固定加 1 A 的电流,角度为 0°,在试验仪的 I_b 相上加大于零序过流 I 段定值的电流,在试验仪的 U_a 相加 57.74 V 的电压,将 U_a 相电压的相角从 160°缓慢增加直到零序过流 I 段保护动作,测出下边界动作值;然后再将 U_a 相电压的相角从 350°缓慢减小直到零序过流 I 段保护动作,测出上边界动作值,记录"零序方向定义"指向主变时的边界:____°<θ<____°;

将"零序方向定义"控制字置 0(指向系统)时,通过上述方法测出"零序方向定义"指向系统时的边界____°<θ<____°。

注意:主变高压侧 TV 有引入时,不能投"零序过流经方向闭锁"。

4)零序过流保护经谐波闭锁试验

主变冲击试验时,由于三相不可能同时发生励磁涌流,所以有不平衡电流。如果励磁涌流衰减的时间较长,而零序过流保护整定的延时太短,则可能造成零序过流保护误动。由于励磁涌流中含有较大的二次谐波分量,所以零序过流保护可以通过"零序过流 I 段经谐波闭锁"控制字整定是否经谐波闭锁,防止主变冲击试验时误动。当控制字置 0 时,不经零序过流二次谐波闭锁;当控制字置 1 时,零序过流经二次谐波闭锁,固定为基波的 10%,当二次谐波含量大于基波的 10%时动作,小于 10%时不动作。

试验方法同主变差动中的比率差动经二次谐波闭锁试验。

注意:零序过流经谐波闭锁所用的电流固定取外接零序电流。

5)零序过流 I 段 I 时限经高压侧电流闭锁试验

当零序过流 I 段 I 时限整定为跳母联开关缩小事故范围时,需投入"零序过流 I 段 I 时限经高压侧电流闭锁"控制字。其原因:与发变组单元接线方式有关,当主变内部发生接地故障,主变差动动作跳开主变高压侧开关并动作灭磁,由于发电机灭磁时间较长,发电机继续供给故障点短路电流,有可能造成主变零序过流 I 段 I 时限动作,如果主变过流 I 段 I 时限整定为跳母联开关,则会扩大事故范围。所以当零序过流 I 段 I 时限整定为跳母联时,需投入"零序过流 I 段 I 时限经高压侧电流闭锁"控制字。

"零序过流 I 段 I 时限经高压侧电流闭锁"控制字置 0 时,不经高压侧电流闭锁;当控制字置 1 时,经高压侧电流闭锁。高压侧有流的判据为:当高压侧电流>0.04I_N 时开放,当高压侧电流<0.04I_N 时闭锁。

试验方法(以过流 I 段采用外接零序 TA 为例):

将"零序过流Ⅰ段Ⅰ时限经高压侧电流闭锁"控制字置0时,在外接零序TA上加大于零序过流Ⅰ段定值的电流,零序过流Ⅰ段Ⅰ时限直接动作。

将"零序过流Ⅰ段Ⅰ时限经高压侧电流闭锁"控制字置1时,在外接零序TA上加大于零序过流Ⅰ段定值的电流,零序过流Ⅰ段Ⅰ时限不动作;在外接零序TA上加大于零序过流Ⅰ段定值的电流,同时在高压侧加大于$0.04I_N$的电流,零序过流Ⅰ段Ⅰ时限动作。

2.4.4 主变过励磁保护检验

1)定值整定

①保护总控制字"主变过励磁保护投入"置1。

②投入屏上"投主变过励磁保护"压板。

③过励磁定时限定值:1.3,过励磁定时限延时:0.5 s,过励磁报警定值:1.3,过励磁报警信号延时:0.5 s,整定过励磁定时限跳闸控制字。

④过励磁反时限上限定值:1.3,过励磁反时限上限延时:0.5 s。

⑤过励磁反时限定值Ⅰ:1.3,过励磁反时限Ⅰ延时:0.5 s。

⑥过励磁反时限定值Ⅱ:1.3,过励磁反时限Ⅱ延时:0.5 s。

⑦过励磁反时限定值Ⅲ:1.3,过励磁反时限Ⅲ延时:0.5 s。

⑧过励磁反时限定值Ⅳ:1.3,过励磁反时限Ⅳ延时:0.5 s。

⑨过励磁反时限定值Ⅴ:1.3,过励磁反时限Ⅴ延时:0.5 s。

⑩过励磁反时限定值Ⅵ:1.3,过励磁反时限Ⅵ延时:0.5 s。

⑪过励磁反时限下限定值:1.3,过励磁反时限下限延时:0.5 s。

⑫根据需要整定过励磁反时限跳闸控制字。

2)主变过励磁保护试验

辅助判据:主变过励磁保护经主变高压侧与主变低压侧无流闭锁,也就是主变高压侧或主变低压侧必须要满足有流判据,主变过励磁保护才开放。

主变过励磁保护的试验方法与发电机过励磁保护试验方法大致相同,不同的地方需要在主变高压侧或者是低压侧加电流,满足有流判据。

注意:

①水电里面有的地方主变高压侧TV不能引入保护装置中,此时主变过励磁保护可以通过"系统参数→内部配置"中的"主变过励磁电压选择"来整定选择采用主变低压侧TV。

②需注意过励磁保护基准电压是根据系统参数里面一次额定电压和TV变比来计算的,不是恒定以线电压100 V为基准的。

2.4.5 断路器闪络保护检验

1)定值整定

①保护总控制字"断路器闪络保护投入"置1。

②投入屏上"投断路器闪络保护"硬压板。

③断路器闪络负序电流定值:0.3 A,断路器闪络零序电流:0.3 A,断路器闪络相电流:1 A,断路器闪络Ⅰ时限:0.2 s,断路器闪络Ⅱ时限:0.2 s。

④根据实际整定断路器闪络Ⅰ时限跳闸控制字,断路器闪络Ⅱ时限跳闸控制字。

⑤根据需要整定"闪络保护零序电流判据投入""闪络保护相电流判据投入""闪络保护逻辑选择"。

2)断路器闪络保护试验

主变高压侧断路器闪络一般发生在采用高压侧断路器作为同期点时。同期试验时,高压侧断路器隔刀合上,断路器两侧的系统是相互独立的两个系统,由于同期一般采用差频并网,所以发变组与系统之间的相角差在不断变化,当两者之间的相角差为180°时,断路器两侧的压差最大,电场最强,最容易引起空气发生电离,从而发生闪络。一般只考虑一相或两相闪络,不考虑三相闪络。断路器闪络保护取主变高压侧开关TA电流。

闪络保护动作判据:主变高压侧开关TA的负序电流判据,零序电流判据或者相电流判据任意一个满足定值(其中零序电流判据和相电流判据可以通过定值投退)。

闪络保护辅助判据:主变高压侧开关位置接点为跳位且主变低压侧满足有流判据。

试验方法:对于主变高压侧只有一侧的主接线方式,用短接线短接断路器A位置开入接点,模拟断路器A在分位,在主变高低压侧均加入单相电流,通过修改定值,分别测量负序电流、零序电流和相电流动作值和动作时间。

断路器闪络负序电流试验值:____ A,断路器闪络零序电流:____ A,断路器闪络相电流:____ A,断路器闪络Ⅰ时限:____ s,断路器闪络Ⅱ时限:____ s。

注意:断路器闪络保护适用于开关电压等级高的保护,发电机出口开关电压等级较低,工作环境较好,一般不需考虑发电机出口开关闪络。

2.5 故障分析与操作要点

2.5.1 运行工况及说明

①保护出口的投、退可以通过跳、合闸出口压板实现。

②保护功能可以通过屏上压板或内部压板、控制字单独投退。

③装置始终对硬件回路和运行状态进行自检,自检出错信息见表2.3的打印及显示信息说明,当出现严重故障时,装置闭锁所有保护功能,并灭"运行"灯,否则只退出部分保护功能,发告警信号。

④启动风冷、闭锁调压等工况,装置只发报文,不点报警灯。

2.5.2 装置闭锁与报警

保护装置的硬件回路和软件工作条件始终在系统的监视下,一旦有任何异常情况发生,相应的报警信息将被显示。

某些异常报警可能会闭锁一些保护功能,一些严重的硬件故障和异常报警可能会闭锁保护装置。此时运行灯将会熄灭。同时开出信号的装置闭锁接点将会闭合,保护装置必须退出运行,需要检修以排除故障。

注意:如果保护装置在运行期间被闭锁的同时发出告警信息,应当通过查阅自检报告找出故障原因。不能通过简单按复归按钮或重启装置来解决问题。如果现场不能发现故障原因,请立即通知厂家。

表 2.3　装置闭锁和报警信号列表

序号	自检报警元件	指示灯		是否闭锁装置	含义	处理意见
		运行	报警			
1	装置闭锁	○	×	是	装置闭锁总信号	查看其他详细自检信息
2	板卡配置错误	○	×	是	装置板卡配置和具体工程的设计图纸不匹配	通过"装置信息"→"板卡信息"菜单,检查板卡异常信息;检查板卡是否安装到位和工作正常
3	定值超范围	○	×	是	定值超出可整定的范围	请根据说明书的定值范围重新整定定值
4	定值项变化报警	○	×	是	当前版本的定值项与装置保存的定值单不一致	通过"定值设置"→"定值确认"菜单确认;通知厂家处理
5	保护 DSP 调整系数超范围	○	×	是	差动保护调整系数超出允许的范围	请根据说明书的定值范围重新整定定值或退出相应差动保护
6	启动 DSP 调整系数超范围	○	×	是	差动保护调整系数超出允许的范围	请根据说明书的定值范围重新整定定值或退出相应差动保护
7	保护 DSP 定值出错	○	×	是	定值区内容被破坏	通知厂家处理
8	启动 DSP 定值出错	○	×	是	定值区内容被破坏	通知厂家处理
9	保护 DSP 出错	○	×	是	保护 DSP 异常	通知厂家处理
10	启动 DSP 出错	○	×	是	启动 DSP 异常	通知厂家处理
11	DSP 采样异常	○	×	是	保护 DSP 板或启动 DSP 板的 FPGA 损坏	通知厂家处理
12	内部通信出错	○	×	是	保护 DSP 板或启动 DSP 板的 HTM 总线通信异常	通知厂家处理
13	B12 跳闸出口报警	○	×	是	出口插件的三极管或 DSP 损坏	通知厂家处理
14	B13 跳闸出口报警	○	×	是	出口插件的三极管或 DSP 损坏	通知厂家处理
15	B14 跳闸出口报警	○	×	是	出口插件的三极管或 DSP 损坏	通知厂家处理
16	装置报警	×	●	否	装置报警总信号	查看其他详细报警信息

续表

序号	自检报警元件	指示灯 运行	指示灯 报警	是否闭锁装置	含义	处理意见
17	通信传动报警	×	●	否	装置在通信传动试验状态	无须特别处理,传送试验结束报警消失
18	定值区不一致	×	●	否	装置开入指示的当前定值区号和定值中设置当前定值区不一致(华东地区专用)	检查区号开入和装置"定值区号"定值,保持两者一致
19	定值校验出错	×	●	否	管理程序校验定值出错	通知厂家处理
20	版本错误报警	×	●	否	装置的程序版本校验出错	工程调试阶段下载打包程序文件消除报警;投运时报警通知厂家处理
21	对时异常	×	×	否	装置对时异常	检查时钟源和装置的对时模式是否一致、接线是否正确;检查网络对时参数整定是否正确
22	开入异常	×	●	否	保护DSP和启动DSP开入量不对应	检查保护DSP和启动DSP开入是否一致
23	不对应启动	×	●	否	保护DSP板启动元件与启动DSP板启动元件不对应	检查保护DSP和启动DSP采样是否一致
24	保护DSP长期启动	×	●	否	保护DSP板启动元件启动时间超过10 s	检查二次回路接线,定值
25	启动DSP长期启动	×	●	否	启动DSP板启动元件启动时间超过10 s	检查二次回路接线,定值
26	B06弱电光耦失电	×	●	否	B06插件24 V光耦正电源失去	检查开入板的隔离电源是否接好
27	B06强电光耦失电	×	●	否	B06插件110 V或220 V光耦正电源失去	检查开入板的隔离电源是否接好
28	B07弱电光耦失电	×	●	否	B07插件24 V光耦正电源失去	检查开入板的隔离电源是否接好

续表

序号	自检报警元件	指示灯		是否闭锁装置	含义	处理意见
		运行	报警			
29	B07 强电光耦失电	×	●	否	B07 插件 110 V 或 220 V 光耦正电源失去	检查开入板的隔离电源是否接好
30	B06 板卡出错报警	×	●	否	B06 插件或 DSP 损坏	通知厂家处理
31	B07 板卡出错报警	×	●	否	B07 插件或 DSP 损坏	通知厂家处理
32	B08 板卡出错报警	×	●	否	B08 插件或 DSP 损坏	通知厂家处理
33	B09 板卡出错报警	×	●	否	B09 插件或 DSP 损坏	通知厂家处理
34	B10 板卡出错报警	×	●	否	B10 插件或 DSP 损坏	通知厂家处理
35	B11 板卡出错报警	×	●	否	B11 插件或 DSP 损坏	通知厂家处理
36	B12 板卡出错报警	○	●	是	B12 插件或 DSP 损坏	通知厂家处理
37	B13 板卡出错报警	○	●	是	B13 插件或 DSP 损坏	通知厂家处理
38	B14 板卡出错报警	○	●	是	B14 插件或 DSP 损坏	通知厂家处理
39	B15 板卡出错报警	×	●	否	B15 插件或 DSP 损坏	通知厂家处理
40	B31 板卡出错报警	×	●	否	B31 插件或 DSP 损坏	通知厂家处理
41	B32 板卡出错报警	×	●	否	B32 插件或 DSP 损坏	通知厂家处理
42	FPGA1 电源异常	○	×	是	采样插件 FPGA1 电源异常	通知厂家处理
43	FPGA2 电源异常	○	×	是	采样插件 FPGA2 电源异常	通知厂家处理
44	ADC1 电源异常	○	×	是	采样插件 ADC1 电源异常	通知厂家处理
45	ADC2 电源异常	○	×	是	采样插件 ADC2 电源异常	通知厂家处理

"●"表示点亮,"○"表示熄灭,"×"表示无影响。

注意:如果按照上述处理意见进行操作后,装置仍然不能恢复正常,请通知厂家或代理商维护。

2.5.3 保护报文打印及显示信息说明

装置检测到有任何保护报警情况发生时,相应的保护报警信息将被显示,"报警"灯会点亮,同时报警信号接点或异常输出常开接点将会闭合,异常输出常闭接点将会断开。

装置检测到有任何保护跳闸情况发生时,相应的保护跳闸信息将被显示,"跳闸"灯会点亮,同时跳闸信号接点和相应的出口继电器接点将会闭合。

1)保护报警信息含义

TA 断线保护报警信息含义见表 2.4,TV 断线保护报警信息含义见表 2.5,异常保护报警信息含义见表 2.6。

表 2.4 TA 断线保护报警信息含义

序号	保护报警元件	指示灯			含义	处理意见
		运行	报警	TA 断线		
1	主变高压侧 1 支路 TA 异常	×	●	●	此 TA 回路异常或采样回路异常	检查采样值、二次回路接线,确定是二次回路原因还是硬件原因
2	主变高压侧 2 支路 TA 异常	×	●	●	同上	同上
3	主变高压侧后备 TA 异常	×	●	●	同上	同上
4	主变中压侧 TA 异常	×	●	●	同上	同上
5	主变低压侧 1 分支 TA 异常	×	●	●	同上	同上
6	主变低压侧 2 分支 TA 异常	×	●	●	同上	同上
7	主变低压侧 3 分支 TA 异常	×	●	●	同上	同上
8	主变低压侧后备 TA 异常	×	●	●	同上	同上
9	厂变高压侧 TA 异常	×	●	●	同上	同上
10	厂变低压侧 TA 异常	×	●	●	同上	同上
11	发变组差流报警	×	●	●	差动回路异常	检查二次回路接线
12	主变差流报警	×	●	●	差动回路异常	检查二次回路接线
13	主变零序差流报警	×	●	●	同上	同上
14	厂变差流报警	×	●	●	同上	同上
15	发变组差动 TA 断线	×	●	●	差动回路 TA 断线、短路	退出压板,检查二次回路接线,恢复正常后复位装置
16	主变差动 TA 断线	×	●	●	同上	同上
17	厂变差动 TA 断线	×	●	●	同上	同上

"●"表示点亮,"○"表示熄灭,"×"表示无影响。

表 2.5　TV 断线保护报警信息含义

序号	保护报警元件	指示灯			含义	处理意见
		运行	报警	TA 断线		
1	主变高压侧 TV 断线	×	●	●	此 TV 回路断线或异常	检查采样值、二次回路接线,确定是二次回路原因还是硬件原因
2	主变中压侧 TV 断线	×	●	●	同上	同上
3	主变低压侧 TV 断线	×	●	●	同上	同上
4	主变高压侧 TV 中线断线	×	●	●	同上	同上
5	主变中压侧 TV 中线断线	×	●	●	同上	同上
6	主变低压侧 TV 中线断线	×	●	●	同上	同上

"●"表示点亮,"○"表示熄灭,"×"表示无影响。

表 2.6　异常保护报警信息含义

序号	保护报警元件	指示灯		含义	处理意见
		运行	报警		
1	主变高压侧过负荷	×	●	异常元件动作,同信息	按运行要求处理
2	主变高压侧启动风冷 1	×	×	运行工况,同信息	按运行要求处理
3	主变高压侧启动风冷 1	×	×	运行工况,同信息	按运行要求处理
4	主变高压侧闭锁有载调压	×	×	运行工况,同信息	按运行要求处理
5	主变过流输出	×	×	运行工况,同信息	按运行要求处理
6	主变中压侧过负荷	×	●	异常元件动作,同信息	按运行要求处理
7	主变中压侧启动风冷 1	×	×	运行工况,同信息	按运行要求处理
8	主变中压侧启动风冷 1	×	×	运行工况,同信息	按运行要求处理
9	主变中压侧闭锁有载调压	×	×	运行工况,同信息	按运行要求处理
10	主变低压侧过负荷	×	●	异常元件动作,同信息	按运行要求处理
11	厂变过负荷	×	●	异常元件动作,同信息	按运行要求处理
12	厂变启动风冷	×	×	运行工况,同信息	按运行要求处理
13	厂变过流输出	×	×	运行工况,同信息	按运行要求处理
14	主变高压侧失灵联跳开入异常	×	●	接点或光耦开入异常	按运行要求处理

续表

序号	保护报警元件	指示灯		含义	处理意见
		运行	报警		
15	主变中压侧失灵联跳开入异常	×	●	接点或光耦开入异常	按运行要求处理
16	机端断路器位置报警	×	●	机端断路器位置接点或光耦开入异常	按运行要求处理
17	断路器 A 位置报警	×	●	断路器 A 位置接点或光耦开入异常	按运行要求处理
18	断路器 B 位置报警	×	●	断路器 A 位置接点或光耦开入异常	按运行要求处理
19	三相不一致位置报警	×	●	三相不一致接点或光耦开入异常	按运行要求处理
20	传动试验状态	×	●	装置处于传动试验状态	装置"投入总控制字定值"中的"出口传动使能"置 0，即可退出传动试验状态
21	主变低压侧零序电压报警	×	●	异常元件动作，同信息	按运行要求处理
22	厂变低压侧零序电压报警	×	●	异常元件动作，同信息	按运行要求处理
23	主变过励磁信号	×	●	异常元件动作，同信息	按运行要求处理

"●"表示点亮，"○"表示熄灭，"×"表示无影响。

2）保护动作信息含义

保护动作信息含义见表 2.7。

表 2.7　保护动作信息含义

序号	保护报警元件	指示灯		含义	处理意见
		运行	报警		
1	发变组差动速断保护	×	●	保护元件动作，同信息	按运行要求处理
2	发变组比率差动保护	×	●	保护元件动作，同信息	按运行要求处理
3	主变差动速断保护	×	●	保护元件动作，同信息	按运行要求处理
4	主变比率差动保护	×	●	保护元件动作，同信息	按运行要求处理
5	主变工频变化量差动	×	●	保护元件动作，同信息	按运行要求处理
6	主变零序比率差动	×	●	保护元件动作，同信息	按运行要求处理
7	主变高压侧过流 I 段 I 时限	×	●	保护元件动作，同信息	按运行要求处理

续表

序号	保护报警元件	指示灯		含义	处理意见
		运行	报警		
8	主变高压侧过流Ⅰ段Ⅱ时限	×	●	保护元件动作,同信息	按运行要求处理
9	主变高压侧过流Ⅱ段	×	●	保护元件动作,同信息	按运行要求处理
10	主变高压侧过流Ⅲ段	×	●	保护元件动作,同信息	按运行要求处理
11	主变阻抗Ⅰ段	×	●	保护元件动作,同信息	按运行要求处理
12	主变阻抗Ⅱ段	×	●	保护元件动作,同信息	按运行要求处理
13	主变高压侧失灵联跳	×	●	保护元件动作,同信息	按运行要求处理
14	主变高压侧零序过流Ⅰ段 t_1	×	●	保护元件动作,同信息	按运行要求处理
15	主变高压侧零序过流Ⅰ段 t_2	×	●	保护元件动作,同信息	按运行要求处理
16	主变高压侧零序过流Ⅱ段 t_1	×	●	保护元件动作,同信息	按运行要求处理
17	主变高压侧零序过流Ⅱ段 t_2	×	●	保护元件动作,同信息	按运行要求处理
18	主变高压侧零序过流反时限	×	●	保护元件动作,同信息	按运行要求处理
19	主变高压侧零序电压Ⅰ段 t_1	×	●	保护元件动作,同信息	按运行要求处理
20	主变高压侧零序电压Ⅰ段 t_2	×	●	保护元件动作,同信息	按运行要求处理
21	主变高压侧间隙零流Ⅰ段 t_1	×	●	保护元件动作,同信息	按运行要求处理
22	主变高压侧间隙零流Ⅰ段 t_2	×	●	保护元件动作,同信息	按运行要求处理
23	主变定时限过励磁	×	●	保护元件动作,同信息	按运行要求处理
24	主变反时限过励磁	×	●	保护元件动作,同信息	按运行要求处理
25	非全相Ⅰ时限	×	●	保护元件动作,同信息	按运行要求处理
26	非全相Ⅱ时限	×	●	保护元件动作,同信息	按运行要求处理
27	非全相Ⅲ时限	×	●	保护元件动作,同信息	按运行要求处理
28	断路器A闪络保护Ⅰ时限	×	●	保护元件动作,同信息	按运行要求处理
29	断路器A闪络保护Ⅱ时限	×	●	保护元件动作,同信息	按运行要求处理
30	主变中压侧过流Ⅰ段Ⅰ时限	×	●	保护元件动作,同信息	按运行要求处理
31	主变中压侧过流Ⅰ段Ⅱ时限	×	●	保护元件动作,同信息	按运行要求处理
32	主变中压侧过流Ⅱ段	×	●	保护元件动作,同信息	按运行要求处理
33	主变中压侧过流Ⅲ段	×	●	保护元件动作,同信息	按运行要求处理
34	主变中压侧失灵联跳	×	●	保护元件动作,同信息	按运行要求处理
35	主变中压侧零序过流Ⅰ段 t_1	×	●	保护元件动作,同信息	按运行要求处理
36	主变中压侧零序过流Ⅰ段 t_2	×	●	保护元件动作,同信息	按运行要求处理
37	主变中压侧零序过流Ⅱ段 t_1	×	●	保护元件动作,同信息	按运行要求处理

序号	保护报警元件	指示灯		含义	处理意见
		运行	报警		
38	主变中压侧零序过流Ⅱ段 t_2	×	●	保护元件动作,同信息	按运行要求处理
39	主变中压侧零序电压Ⅰ段 t_1	×	●	保护元件动作,同信息	按运行要求处理
40	主变中压侧零序电压Ⅰ段 t_2	×	●	保护元件动作,同信息	按运行要求处理
41	主变中压侧间隙零流Ⅰ段 t_1	×	●	保护元件动作,同信息	按运行要求处理
42	主变中压侧间隙零流Ⅰ段 t_2	×	●	保护元件动作,同信息	按运行要求处理
43	主变低压侧过流Ⅰ段	×	●	保护元件动作,同信息	按运行要求处理
44	主变低压侧过流Ⅱ段	×	●	保护元件动作,同信息	按运行要求处理
45	倒送电过流Ⅰ段	×	●	保护元件动作,同信息	按运行要求处理
46	倒送电过流Ⅱ段	×	●	保护元件动作,同信息	按运行要求处理
47	厂变差动速断	×	●	保护元件动作,同信息	按运行要求处理
48	厂变比率差动	×	●	保护元件动作,同信息	按运行要求处理
49	厂变高压侧过流速断	×	●	保护元件动作,同信息	按运行要求处理
50	厂变高压侧过流Ⅰ段Ⅰ时限	×	●	保护元件动作,同信息	按运行要求处理
51	厂变高压侧过流Ⅰ段Ⅱ时限	×	●	保护元件动作,同信息	按运行要求处理
52	厂变高压侧过流Ⅱ段Ⅰ时限	×	●	保护元件动作,同信息	按运行要求处理
53	厂变高压侧过流Ⅱ段Ⅱ时限	×	●	保护元件动作,同信息	按运行要求处理
54	厂变低压侧过流Ⅰ段	×	●	保护元件动作,同信息	按运行要求处理
55	厂变低压侧过流Ⅱ段	×	●	保护元件动作,同信息	按运行要求处理
56	厂变低压侧零序过流Ⅰ段	×	●	保护元件动作,同信息	按运行要求处理
57	厂变低压侧零序过流Ⅱ段	×	●	保护元件动作,同信息	按运行要求处理
58	断路器B闪络保护Ⅰ时限	×	●	保护元件动作,同信息	按运行要求处理
59	断路器B闪络保护Ⅱ时限	×	●	保护元件动作,同信息	按运行要求处理

"●"表示点亮,"○"表示熄灭,"×"表示无影响。

2.5.4　保护装置出现闭锁、异常或动作(跳闸)后的处理建议

①在装置出现装置闭锁现象或装置报警现象时,请及时查明情况(可打印当时装置的自检报告、开入变位报告并结合保护装置的面板显示信息)进行事故分析,并可及时通告厂家处理,不要轻易按保护大屏上的复归按钮。

②在装置动作(跳闸)后,请及时查明情况(可打印当时装置的故障报告、保护装置的定值、自检报告、开入变位报告并结合保护装置的面板显示信息)进行事故分析,并可及时通告厂家处理。

项目 3
发电机保护

3.1 装置概述

PCS-985GW 发电机变压器保护装置,适用于大型水轮发电机、抽水蓄能发电机组等类型的发电机变压器组单元接线及其他机组接线方式,并能满足发电厂电气监控自动化系统的要求。

PCS-985GW 提供一个发电机单元所需要的全部电量保护,保护范围:发电机、励磁变。根据实际工程需要,配置相应的保护功能。

对于一台大型发电机,配置两套 PCS-985GW 保护装置,可以实现主保护、异常运行保护、后备保护的全套双重化,操作回路和非电量保护装置独立组屏。两套 PCS-985GW 取不同组TA,主保护、后备保护共用一组 TA,出口对应不同的跳闸线圈。

装置有两个独立的 DSP 板,分别为保护 DSP 板和启动 DSP 板,采用"与门"出口方式,如图 3.1 所示,两块 DSP 板具有独立的采样和出口电路。输入电流、电压首先经隔离互感器、隔离放大器等传变至二次侧,成为小电压信号分别进入保护 DSP 板和启动 DSP 板。保护 DSP

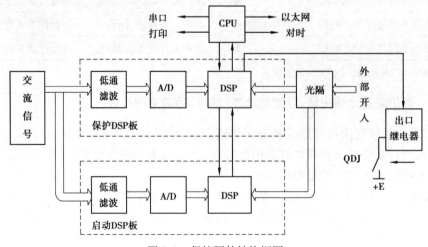

图 3.1　保护硬件结构框图

板主要完成保护的逻辑及跳闸出口功能;启动 DSP 板内设总启动元件,启动后开放出口继电器的正电源。两个 DSP 板之间进行实时数据交互,实现严格的互检和自检,任一 DSP 板故障,装置立刻闭锁并报警,杜绝硬件故障引起的误动。

3.2　保护工作原理

3.2.1　发电机差动保护、发电机不完全差动保护、发电机裂相横差保护

1)比率差动原理

比率差动保护的动作特性如图 3.2 所示。

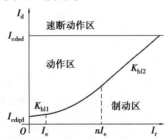

图 3.2　比率差动保护的动作特性

比率差动保护的动作方程如下:

$$
\begin{cases}
I_d > K_{bl} \times I_r + I_{cdqd} & (I_r < nI_e) \\
K_{bl} = K_{bl1} + K_{blr} \times \dfrac{I_r}{I_e} \\
I_d > K_{bl2} \times (I_r - nI_e) + b + I_{cdqd} & (I_r \geqslant nI_e) \\
K_{blr} = \dfrac{K_{bl2} - K_{bl1}}{2 \times n} \\
b = (K_{bl1} + K_{blr} \times n) \times nI_e
\end{cases}
$$

$$
\begin{cases}
I_r = \dfrac{|\dot{P}_1 + \dot{P}_2|}{2} \\
I_d = |\dot{P}_1 + \dot{P}_2|
\end{cases}
\tag{3.1}
$$

式中　I_d——差动电流;

I_r——制动电流;

I_{cdqd}——差动电流启动定值;

I_e——发电机额定电流。

两侧电流定义:

对于发电机差动,其中 I_1、I_2 分别为机端、中性点侧电流。

对于不完全差动 1,其中 I_1、I_2 分别为机端、中性点 1 电流。

对于不完全差动 2,其中 I_1、I_2 分别为机端、中性点 2 电流。

对于裂相横差,其中 I_1、I_2 分别为中性点 1、中性点 2 电流。

比率制动系数定义:

K_{bl}——比率差动制动系数;

K_{blr}——比率差动制动系数增量;

K——起始比率差动斜率,定值范围为 0.05 ~ 0.15,一般取 0.05;

K_{bl2}——最大比率差动斜率,定值范围为 0.30 ~ 0.70,一般取 0.5;

n——最大比率制动系数时的制动电流倍数,固定取 4。

2)高值比率差动保护原理

为避免区内严重故障时 TA 饱和等因素引起的比率差动延时动作,装置设有一高比例和高启动值的比率差动保护,利用其比率制动特性抗区外故障时 TA 的暂态和稳态饱和,而在区内故障 TA 饱和时能可靠正确动作。稳态高值比率差动的动作方程如下:

$$\begin{cases} I_d > 1.2 \times I_e \\ I_d > I_r \end{cases} \tag{3.2}$$

式中,差动电流和制动电流的选取同式(3.1)。

程序中依次按每相判别,当满足以上条件时,比率差动动作。

注意:高值比率差动的各相关参数由装置内部设定(勿需用户整定)。

3)高性能 TA 饱和闭锁原理

为防止在区外故障时 TA 的暂态与稳态饱和可能引起的稳态比率差动保护误动作,装置采用差电流的波形判别作为 TA 饱和的判据。

故障发生时,保护装置先判出是区内故障还是区外故障,若是区外故障,投入 TA 饱和闭锁判据,当某相差动电流有关的任意一个电流满足相应条件即认为此相差流为 TA 饱和引起,闭锁比率差动保护。

4)差动速断保护原理

当任一相差动电流大于差动速断整定值时瞬时动作于出口继电器。

5)差流异常报警与 TA 断线闭锁

同 2.2.5 节的差流异常报警与 TA 断线闭锁。

6)比率差动保护逻辑框图

比率差动保护逻辑框图如图 3.3 所示。

3.2.2 工频变化量差动保护

1)保护配置

发电机内部轻微故障时,稳态差动保护由于负荷电流的影响,不能灵敏反应。为此本装置配置了发电机工频变化量比率差动保护,并设有控制字方便投退。

2)工频变化量差动保护原理

工频变化量比率差动动作特性如图 3.4 所示。

工频变化量比率差动保护的动作方程如下所述。

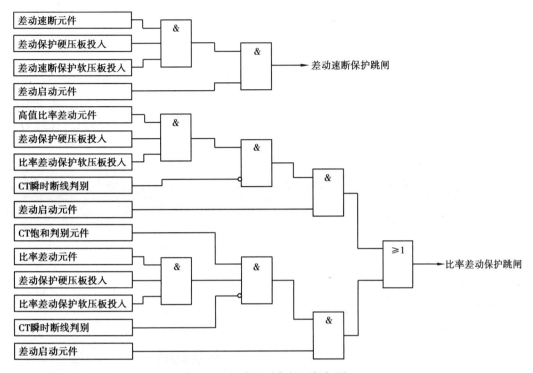

图 3.3　比率差动保护逻辑框图

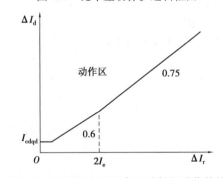

图 3.4　工频变化量比率差动保护动作特性

$$
\begin{cases}
I_d > 1.25\Delta I_{dt} + I_{dth} \\
\Delta I_d > 0.6\Delta I_r & (\Delta I_r < 2I_e) \\
\Delta I_d > 0.75\Delta I_r - 0.3I_e & (\Delta I_r > 2I_e) \\
I_r = |\Delta I_1| + |\Delta I_2| + |\Delta I_3| + |\Delta I_4| \\
\Delta I_d = |\Delta P_1^\& + \Delta P_2^\& + \Delta P_3^\& + \Delta P_4^\&|
\end{cases}
\tag{3.3}
$$

式中　ΔI_d——差动电流的工频变化量;

　　　ΔI_{dth}——固定门坎;

　　　ΔI_r——制动电流的工频变化量,取最大相制动;

　　　ΔI_{dt}——浮动门坎,随着变化量输出增大而逐步自动提高,取1.25倍可保证门槛电压始
终略高于不平衡输出,保证在系统振荡和频率偏移情况下,保护不误动;

ΔI_1、ΔI_2、ΔI_3、ΔI_4——对于发电机差动,分别为发电机出口、发电机中性点电流的工频变化量,ΔI_3、ΔI_4 未定义。

注意:工频变化量比率差动保护的制动电流选取与稳态比率差动保护不同。

程序中依次按每相判别,当满足以上条件时,比率差动动作。对于变压器工频变化量比率差动保护,还需经过二次谐波涌流闭锁判据或波形判别涌流闭锁判据闭锁,利用其本身的比率制动特性抗区外故障时 TA 的暂态和稳态饱和。工频变化量比率差动元件的引入提高了变压器、发电机内部小电流故障检测的灵敏度。

3)工频变化量差动保护逻辑框图

工频变化量差动保护逻辑框图如图 3.5 所示。

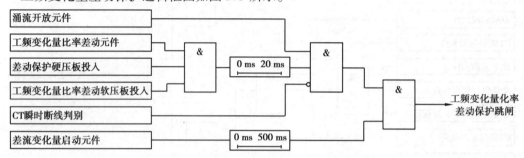

图 3.5 工频变化量比率差动保护逻辑框图

注意:工频变化量比率差动的各相关参数由装置内部设定(勿需用户整定)。

4)差流异常报警与 TA 断线闭锁

同 2.2.5 节的差流异常报警与 TA 断线闭锁。

3.2.3 发电机相间后备保护

1)发电机复压过流保护

复合电压过流保护作为发电机、变压器、高压母线和相邻线路故障的后备。

复合电压过流保护设两段定值,并各设一段延时。

①复合电压元件:复合电压元件由相间低电压和负序电压或门构成,有两个控制字(即过流Ⅰ段经复压闭锁,过流Ⅱ段经复压闭锁)来控制过流Ⅰ段和过流Ⅱ段经复合电压闭锁。当过流经复压闭锁控制字为"1"时,表示过流保护经过复合电压闭锁。

②电流记忆功能:对于自并励发电机,在短路故障后电流衰减变小,故障电流在过流保护动作出口前可能已小于过流定值,因此,复合电压过流保护启动后,过流元件需带记忆功能,使保护能可靠动作出口。控制字"自并励发电机"在保护装置用于自并励发电机时置"1"。对于自并励发电机,过流保护必须经复合电压闭锁。TV 断线后,自动退出电流记忆功能。

③经高压侧复合电压闭锁:控制字"经高压侧复合电压闭锁"置"1",过流保护不但经发电机机端 TV1 复合电压闭锁,而且还经主变高压侧复合电压闭锁,只要有一侧复合电压条件满足就可以出口。

④TV 断线对复合电压闭锁过流的影响:装置设有整定控制字(即"TV 断线保护投退原则")来控制 TV 断线时复合电压元件的动作行为。当装置判断出本侧 TV 断线时,若"TV 断线保护投退原则"控制字为"1",表示复合电压元件不满足条件;若"TV 断线保护投退原则"控

制字为"0",无论本侧 TV 是否异常,均需经复合电压元件闭锁。

发电机复压过流保护逻辑图如图 3.6 所示。

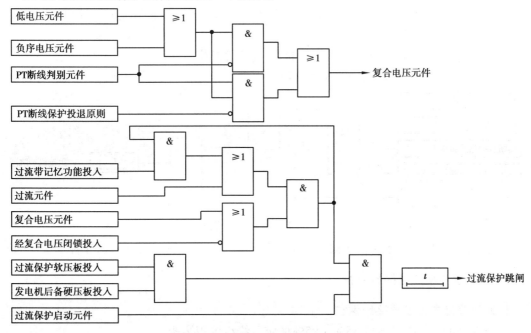

图 3.6 发电机复压过流保护逻辑图

发电机 TV 断线判据见 2.2.4 节。

2)发电机阻抗保护

在发电机机端配置相间阻抗保护,作为发电机相间故障的后备保护,电压量取发电机机端 TV1 相间电压,电流量取发电机后备电流通道相间电流。

第Ⅰ段:可通过整定值选择采用方向阻抗圆、偏移阻抗圆或全阻抗圆。第Ⅱ段:可通过整定值选择采用方向阻抗圆、偏移阻抗圆或全阻抗圆。当某段阻抗反向定值整定为零时,选择方向阻抗圆;当某段阻抗正向定值大于反向定值时,选择偏移阻抗圆;当某段阻抗正向定值与反向定值整定为相等时,选择全阻抗圆。阻抗元件灵敏角 $\varphi_{m}=78°$,阻抗保护的方向指向由整定值整定实现,一般正方向指向发电机外。阻抗元件的动作特性如图 3.7 所示。

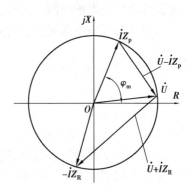

图 3.7 发电机阻抗元件动作特性

I—相间电流;U—对应相间电压;
Z_{n}—阻抗反向整定值;Z_{p}—阻抗正向整定值

阻抗元件的比相方程为:

$$90° < \mathrm{Arg}\left(\frac{\dot{U} - P^{\&}Z_{p}}{\dot{U} + \dot{i}Z_{n}}\right) < 270° \tag{3.4}$$

阻抗保护的启动元件采用相间电流工频变化量元件或负序电流元件启动,开放 500 ms,期间若阻抗元件动作则保持。工频变化量启动元件的动作方程为:

$$\Delta I > 1.25\Delta I_t + \Delta I_{th} \tag{3.5}$$

式中 ΔI_t——浮动门坎,随着变化量输出增大而逐步自动提高。取 1.25 倍可保证门槛电压始终略高于不平衡输出,保证在系统振荡和频率偏移情况下,保护不误动;

ΔI_{th}——固定门坎。

当相间电流的工频变化量大于 $0.3I_e$ 时,启动元件动作。

发电机阻抗保护的逻辑图如图 3.8 所示。

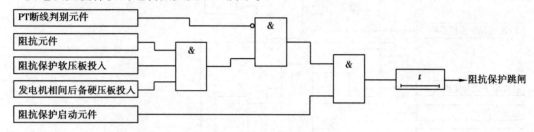

图 3.8 发电机阻抗保护逻辑图

注意:发电机相间后备保护 I 段动作于跳母联开关时,可选择经并网状态闭锁。

3.2.4 发电机定子接地保护

1)基波零序电压定子接地保护

基波零序电压保护发电机 85% ~95% 的定子绕组单相接地。

基波零序电压保护反应发电机零序电压大小。由于保护采用了频率跟踪、数字滤波及全周傅氏算法,使得零序电压对三次谐波的滤除比为 100 以上,保护只反应基波分量。

基波零序电压保护设两段定值,一段为灵敏段,另一段为高定值段。

灵敏段基波零序电压保护,动作于信号时,其动作方程为:

$$U_{n0} > U_{0zd} \tag{3.6}$$

式中 U_{n0}——发电机中性点零序电压;

U_{0zd}——零序电压定值。

灵敏段动作于跳闸时,还经主变高压侧零序电压闭锁,以防止区外故障时定子接地基波零序电压灵敏段误动,主变高压侧零序电压闭锁定值可进行整定。

灵敏段动作于跳闸时,需经机端开口三角零序电压闭锁,闭锁定值不需整定,保护装置根据系统参数中机端、中性点 TV 的变比自动转换。

机端零序电压可选择采用 TV1 开口三角零序电压或 TV1 自产零序电压。

高定值段基波零序电压保护,取中性点零序电压为动作量,动作方程为:

$$U_{n0} > U_{0hzd} \tag{3.7}$$

高定值段可单独整定动作于跳闸。

2)三次谐波比率定子接地保护

三次谐波电压比率判据只保护发电机中性点 25% 左右的定子接地,机端三次谐波电压取机端开口三角零序电压或 TV1 自产零序电压,中性点侧三次谐波电压取自发电机中性点 TV。

三次谐波保护动作方程:

$$\frac{U_{3T}}{U_{3N}} > K_{3wzd} \tag{3.8}$$

式中　U_{3T}、U_{3N}——机端、中性点三次谐波电压值；

　　　K_{3wzd}——三次谐波电压比值整定值。

机组并网前后，机端等值容抗有较大的变化，因此三次谐波电压比率关系也随之变化，本装置在机组并网前后各设一段定值，随机组出口断路器位置接点变化自动切换。

三次谐波电压比率判据可选择动作于跳闸或信号。

3）三次谐波电压差动定子接地保护

三次谐波电压差动判据：

$$\left| \dot{U}_{3N} - \dot{k}_t \times \dot{U}_{3T} \right| > K_{re} \times U_{3N} \tag{3.9}$$

式中　$\dot{U}_{3T}$、$\dot{U}_{3N}$——机端、中性点三次谐波电压向量；

　　　U_{3N}——中性点三次谐波电压值；

　　　$\dot{k}_t$——自动跟踪调整系数向量；

　　　K_{re}——三次谐波差动比率定值。

本判据在机组并网后且负荷电流大于 $0.2I_e$（发电机额定电流）时自动投入。

三次谐波电压差动判据动作于信号。

4）TV 断线闭锁原理

(1)发电机中性点、机端开口三角 TV 断线报警

由于基波零序电压定子接地保护取自发电机中性点电压、机端开口三角零序电压，TV 断线时会导致保护拒动。因此在发电机中性点、机端开口三角 TV 断线时需发报警信号。

TV 断线判据：机端二次线圈正序电压大于 $0.8U_n$，零序电压三次谐波分量小于 0.1 V，延时 10 s 发 TV 断线报警信号，异常消失，延时 10 s 后信号自动返回。

机端零序电压选择自产时，不判机端 TV1 开口三角断线。

发电机中性点、机端开口三角 TV 断线报警功能可分别经单独的控制字投退。

(2)机端 TV1 一次断线报警

机端 TV1 二次断线不影响定子接地保护，机端 TV1 一次断线时机端零序电压基波分量增加，但中性点零序电压不变，不会导致基波零序电压保护误动，但可能会导致三次谐波电压比率和三次谐波电压差动误动，因此，在机端 TV1 一次断线时闭锁三次谐波电压比率和差动保护。动作判据：

中性点零序电压 $3U_0' < 4$ V；

TV1 负序电压 $3U_2 > 8$ V；

TV1 自产零序电压 $3U_0 > 8$ V；

TV1 开口三角零序电压 $3U_0 > 8$ V。

满足以上条件经小延时发 TV1 一次断线报警信号，并闭锁三次谐波电压比率和三次谐波电压差动定子接地保护。

机端零序电压选择自产时，不判机端 TV1 一次断线。

5）定子接地保护逻辑图

基波零序电压定子接地保护逻辑图如图 3.9 所示，三次谐波电压定子接地保护逻辑图如图 3.10 所示。

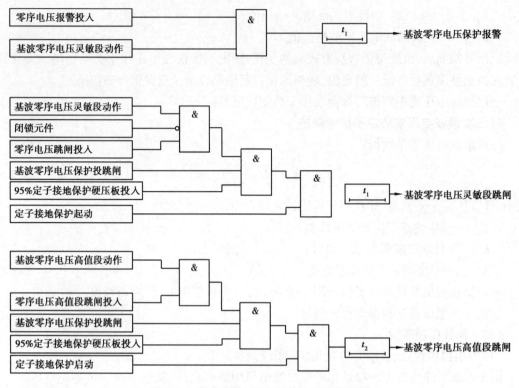

图 3.9　基波零序电压定子接地保护逻辑图

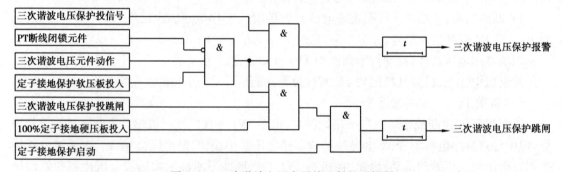

图 3.10　三次谐波电压定子接地保护逻辑图

3.2.5　发电机注入式定子接地保护

1)注入式定子接地保护图

注入式定子接地保护图如图 3.11 所示。从中性点接地变压器二次侧接入低频电源,也可从机端 TV 开口三角二次侧接入低频电源,构成外加电源式定子接地保护回路。

2)接地电阻定子接地判据

接地电阻判据与定子绕组的接地点无关,可以反映发电机 100% 的定子绕组单相接地。

接地电阻判据反映发电机定子绕组接地电阻的大小,设有两段接地电阻定值,高定值段作用于报警,低定值段作用于延时跳闸,延时可分别整定。其动作方程为:

$$R_E < R_{EsetL} \qquad\qquad (3.10)$$

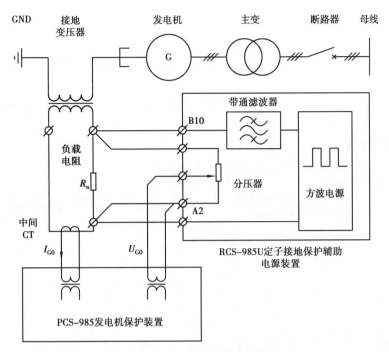

图 3.11　注入式定子接地保护图

报警判据为：

$$R_E < R_{EsetH} \tag{3.11}$$

式中　R_E——发电机定子绕组接地电阻；

　　　R_{EsetH}、R_{EsetL}——发电机定子绕组接地电阻的高、低定值。

3）接地电流定子接地判据

当接地点靠近发电机机端时,检测量中的基波分量会明显增加,导致检测量中低频故障分量的检测灵敏度受到影响。为了提高此种情况下保护的灵敏度,增设接地电流辅助判据。接地电流判据能够反映距发电机机端 80% ~90% 的定子绕组单相接地,而且接地点越靠近发电机机端其灵敏度越高,因此能够很好地与接地电阻判据构成高灵敏的 100% 定子接地保护方案。

接地电流判据反应发电机定子接地电流的大小,其动作方程为：

$$I_{G0} > I_{Eset} \tag{3.12}$$

式中　I_{G0}——发电机定子接地电流(不经数字滤波)；

　　　I_{Eset}——接地电流定值。

4）注入电源回路故障闭锁原理

当 U_{LF0}(U_{G0} 经数字滤波后的低频电压)和 I_{LF0}(I_{G0} 经数字滤波后的低频电流)中的任一个低于各自的定值时,认为定子接地保护外加电源回路故障,闭锁保护出口并发出报警信号。

外加电源回路故障报警判据如下：

$$\begin{cases} U_{LF0} < U_{LF0set} \\ I_{LF0} < I_{LF0set} \end{cases} \tag{3.13}$$

式中　U_{LF0set}——低频电压报警定值；

I_{LF0set}——低频电流报警定值。

当 U_{LF0} 和 I_{LF0} 中的任一个低于报警定值时,报外加电源回路故障。

当发生严重的单相接地短路故障时,自动解除外加电源回路故障报警,以利于保护的快速动作。

此外在机组频率严重偏离额定值时,需闭锁外加电源式定子接地保护装置的接地电阻判据,而接地电流判据不受影响。

5)注入式定子接地保护逻辑图

注入式定子接地保护逻辑图如图 3.12 所示。

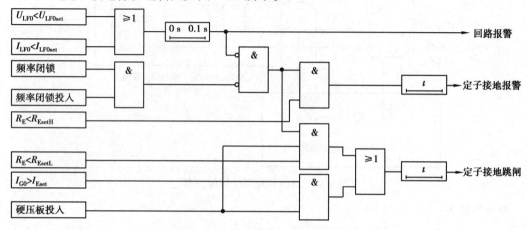

图 3.12　注入式定子接地保护逻辑图

6)注入式定子接地保护辅助电源装置 PCS-985U

PCS-985U 定子接地保护辅助电源装置提供低频外加电源,注入发电机定子绕组侧,与 PCS-985GW 发电机保护装置配合,构成一套完整的外加电源式定子接地保护。

PCS-985U 采用了以进口元器件为基础的硬件系统,由低频电源和低频滤波器、中间变流器、分压电阻几部分构成,灵活性、可靠性高。

PCS-985U 适用于各种容量的应用外加电源式定子接地保护原理的汽轮发电机、水轮发电机、燃汽轮发电机等发电机组。

装置外形尺寸为 266 mm×482.6 mm×281 mm(高×宽×深),根据需要可就地安装,也可安装在继电保护室内。电源装置采用整体设计方案,将低频电源和滤波器集成在一个机箱内,结构紧凑,接线方便。电源运行稳定可靠,性能优良,抗干扰能力强。

3.2.6　发电机乒乓式转子接地保护

1)发电机转子一点接地保护

发电机转子一点接地保护反映发电机转子对大轴绝缘电阻的下降。

转子接地保护采用切换采样原理(乒乓式),工作电路如图 3.13 所示。

切换图中 S_1、S_2 电子开关,得到相应的回路方程,通过求解方程,可以得到转子接地电阻 R_g,接地相对位置 α(以百分比表示,转子绕组负端为 0%,正端为 100%)。

一点接地设有两段动作值,灵敏段动作于报警,普通段可动作于信号也可动作于跳闸,报警延时和跳闸延时可分别进行整定。

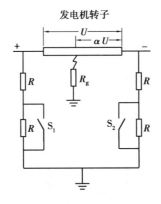

图 3.13　乒乓式转子接地保护原理示意图

转子一点接地保护逻辑图如图 3.14 所示。

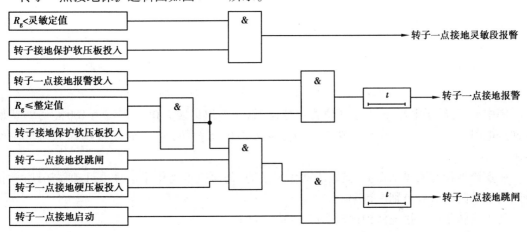

图 3.14　乒乓式转子一点接地保护逻辑图

2) 发电机转子两点接地保护

若转子一点接地保护动作于报警方式,当转子接地电阻 R_g 小于普通段整定值,转子一点接地保护动作后,经延时自动投入转子两点接地保护,当接地位置 α 改变达到一定值时判为转子两点接地,动作于跳闸。转子两点接地保护可经控制字选择"经定子侧二次谐波电压闭锁"。

乒乓式转子两点接地保护逻辑图如图 3.15 所示。

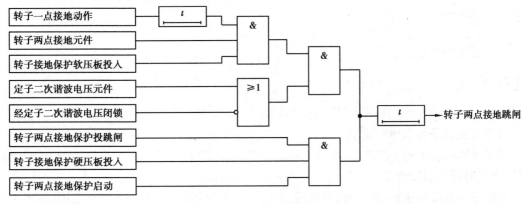

图 3.15　乒乓式转子两点接地保护逻辑图

3.2.7 发电机注入式转子接地保护

1)注入式转子一点接地保护

可根据现场转子绕组的引出方式,选择双端注入式或单端注入式转子接地保护,在转子绕组的正负两端(或负端)与大轴之间注入一个低频方波电压,实时求解转子一点接地电阻,保护反映发电机转子对大轴绝缘电阻的下降。双端注入式和单端注入式转子接地保护的工作电路如图 3.16 所示。

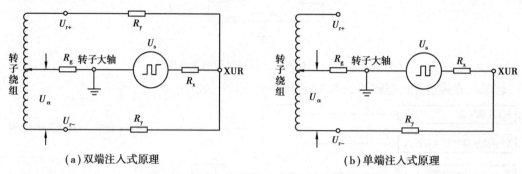

(a)双端注入式原理　　　　　　　　　　　　(b)单端注入式原理

图 3.16　注入式转子一点接地保护等效原理图

图中 U_r 为转子电压,α 为接地位置百分比(转子绕组负端为 0%,正端为 100%),R_x 为测量回路电阻,R_y 为注入大功率电阻,U_s 为注入方波电源模块,R_g 为转子绕组对大轴的绝缘电阻。

一点接地设有两段动作值,灵敏段动作于报警,普通段可动作于信号也可动作于跳闸,报警延时和跳闸延时可分别进行整定。

注入式转子一点接地保护逻辑图如图 3.17 所示。

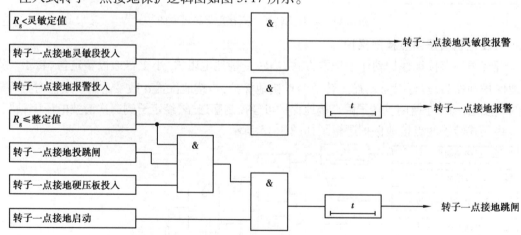

图 3.17　注入式转子一点接地保护逻辑图

2)注入式转子两点接地保护

对于可同时引出转子绕组正、负端的机组,外加电源转子接地保护原理能够测量一点接地位置,进而通过判断接地位置的变化实现转子两点接地保护。

若转子一点接地保护动作于报警方式,当转子接地电阻 R_g 小于普通段整定值,转子一点接地保护动作后,经延时自动投入转子两点接地保护,当接地位置 α 改变达到一定值时判为转子两点接地,动作于跳闸。

注入式转子两点接地保护逻辑图如图 3.18 所示。

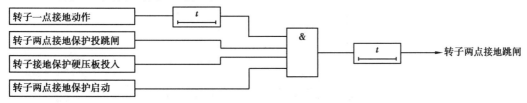

图 3.18　注入式转子两点接地保护逻辑图

注意:乒乓式转子接地保护或注入式转子接地保护双重化配置时只允许投入其中一套,另一套作为备用。

3.2.8　发电机定子过负荷保护

发电机定子过负荷保护反应发电机定子绕组的平均发热状况。保护动作量的同时取发电机机端、中性点定子电流。

1)发电机定时限过负荷保护

定时限定子过负荷保护配置一段跳闸、一段信号,保护逻辑图如图 3.19 所示。

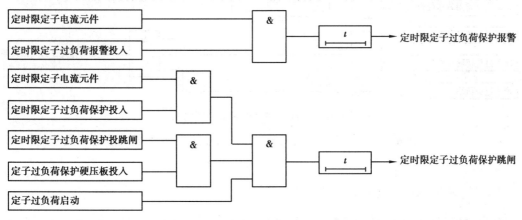

图 3.19　定时限过负荷保护逻辑图

2)发电机反时限过负荷保护

反时限定子过负荷保护由 3 部分组成:①下限启动;②反时限部分;③上限定时限部分。上限定时限部分设最小动作时间定值。

当定子电流超过下限整定值 I_{szd} 时,反时限部分启动,并进行累积。反时限保护热积累值大于热积累定值时保护发出跳闸信号,反时限保护模拟发电机的发热过程,并能模拟散热。当定子电流大于下限电流定值时,发电机开始热积累,如定子电流小于下限电流定值时,热积累值通过散热过程慢慢回复到 0。

反时限定子过负荷动作曲线如图 3.20 所示。

反时限定子过负荷保护动作方程如下:

$$\left[(I/I_{ef})^2 - (K_{srzd})^2\right] \times t \geq K_{szd} \tag{3.14}$$

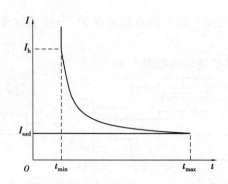

图 3.20　反时限过负荷保护动作曲线图

t_{min}—反时限上限延时定值;t_{max}—反时限下限延时定值;

I_{szd}—反时限启动定值;I_h—上限电流值

式中　K_{szd}——发电机发热时间常数;

　　　　K_{srzd}——发电机散热效应系数;

　　　　I_{ef}——发电机额定电流二次值。

反时限定子过负荷保护逻辑图如图 3.21 所示。

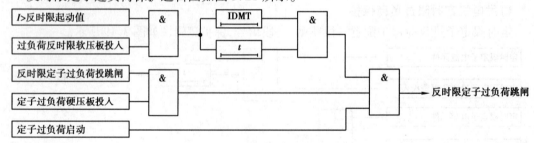

图 3.21　反时限过负荷保护逻辑图

注意:为防止区外故障后热累积不能散掉,发电机散热效应系数一般建议整定为 1.02 ~ 1.05。

3.2.9　发电机负序过负荷保护

负序过负荷反应发电机转子表层过热状况,也可反应负序电流引起的其他异常。保护动作量取发电机机端和中性点的负序电流。

1)定时限负序过负荷保护

定时限负序过负荷保护配置二段跳闸、一段信号。定时限负序过负荷保护逻辑图如图 3.22 所示。

2)反时限负序过负荷保护

反时限保护由 3 部分组成:①下限启动;②反时限部分;③上限定时限部分。

上限定时限部分设最小动作时间定值。

当负序电流超过下限整定值 I_{2szd} 时,反时限部分启动,并进行累积。反时限保护热积累值大于热积累定值时保护发出跳闸信号。负序反时限保护能模拟转子的热积累过程,并能模拟散热。发电机发热后,若负序电流小于 I_{2l},发电机的热积累通过散热过程,慢慢减少;负序电流增大,超过 I_{2l} 时,从现在的热积累值开始,重新热积累的过程。

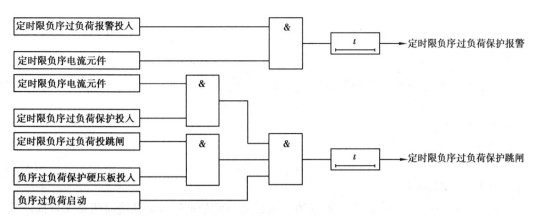

图 3.22　定时限负序过负荷保护逻辑图

反时限负序过负荷保护动作曲线如图 3.23 所示。

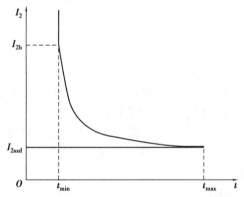

图 3.23　反时限负序过负荷保护动作曲线图

反时限负序过负荷保护动作方程如下：

$$\left[\left(\frac{I_2}{I_{ezd}}\right)^2 - I_{21}^2\right] \times t \geqslant A \tag{3.15}$$

式中　I_2——发电机负序电流；

　　　I_{ezd}——发电机额定电流；

　　　I_{21}——发电机长期运行允许负序电流(标幺值)；

　　　A——转子负序发热常数。

反时限负序过负荷保护可选择跳闸或报警,跳闸方式为解列灭磁。反时限负序过负荷保护逻辑图如图 3.24 所示。

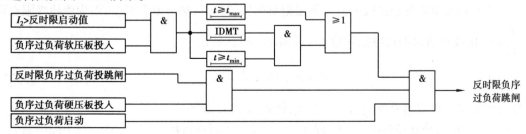

图 3.24　反时限负序过负荷保护逻辑图

3.2.10 发电机失磁保护

1）失磁保护原理

失磁保护反应发电机励磁回路故障引起的发电机异常运行。失磁保护由以下4个判据组合完成需要的失磁保护方案。

（1）母线（机端）低电压判据

三相同时低电压判据如下：

$$U_{pp} < U_{lezd} \tag{3.16}$$

式中　U_{pp}——相间电压；

　　　U_{lezd}——为相间低电压定值，对于取自母线或机端的电压，TV断线时闭锁本判据。

（2）定子阻抗判据

阻抗圆：异步阻抗圆或静稳边界圆，阻抗电压量取发电机机端正序电压，电流量取发电机机端正序电流。

动作方程为：

$$270° \geqslant \text{Arg}\left(\frac{Z + jX_B}{Z - jX_B}\right) \geqslant 90° \tag{3.17}$$

式中　X_A——静稳边界圆，可按系统阻抗整定，异步阻抗圆，$X_A = 0.5X'_d$；

　　　X_B——凸极机一般取 $0.5(X_d + X_q) + 0.5X'_d$。

对于阻抗判据，可以选择与无功反向判据结合。无功反向判据如下：

$$Q < - Q_{zd} \tag{3.18}$$

式中　Q——发电机无功功率；

　　　Q_{zd}——无功功率反向定值。

无功功率计算与逆功率计算采用同样的电流、电压。

对静稳阻抗继电器（滴状曲线特性）的概述如下。

由输入系统的有功、无功和静稳极限边界条件求出机端测量阻抗，它的变化轨迹就是静稳极限阻抗圆；根据发电机机端正序电压和机端正序电流计算机端阻抗，当阻抗进入静稳极限阻抗圆，阻抗保护启动。

水轮发电机的 $X_d \neq X_q$，其有功、无功的表达式如下：

$$P_s = \frac{E_q U_s}{x_{d\Sigma}}\sin \delta + \frac{U_s^2}{2}\left(\frac{1}{x_{q\Sigma}} - \frac{1}{x_{d\Sigma}}\right)\sin 2\delta \tag{3.19}$$

$$Q_s = \frac{E_q U_s}{x_{d\Sigma}}\cos \delta - \frac{U_s^2}{x_{d\Sigma}} - U_s^2\left(\frac{1}{x_{q\Sigma}} - \frac{1}{x_{d\Sigma}}\right)\sin 2\delta \tag{3.20}$$

为求水轮发电机静稳极限的机端测量阻抗轨迹，可以从物理概念出发，因为静稳极限点存在 $\frac{dP_s}{d\delta} = 0$，由此可求出静稳极限功角 δ_{sb}，进而求得阻抗轨迹：

$$Z = R + jX = \frac{1}{Y_s} + jx_s \tag{3.21}$$

最终得到的静稳极限边界曲线为滴状曲线，特性如图3.25所示。

图中 X_A 取系统联系阻抗 X_s，X_B 取 $X_q * K_{rel}$，K_{rel} 为可靠系数，可取1.05。图中阴影部分为动作区，虚线为无功反向动作边界。

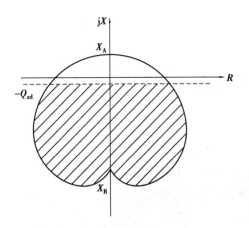

图 3.25　失磁保护滴状静稳阻抗圆

异步阻抗继电器的动作特性如图 3.26 所示。

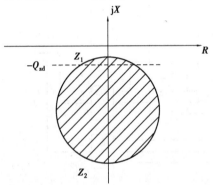

图 3.26　失磁保护异步阻抗圆

失磁保护阻抗判据采用如下辅助判据：

①正序电压 $U_1 \geqslant 6$ V。

②负序电压 $U_2 < 0.1$ 倍发电机额定电压。

③发电机电流 $I \geqslant 0.1$ 倍发电机额定电流。

（3）转子侧判据

①转子低电压判据：

$$U_r < U_{r1zd} \tag{3.22}$$

式中　U_r——发电机转子电压；

　　　U_{r1zd}——转子低电压定值。

②发电机的变励磁电压判据：

$$U_r < K_{rel} * X_{dz} * (P - P_t) * U_{f0} \tag{3.23}$$

式中　X_{dz}——$X_{dz} = X_d + X_s$，X_d 为发电机同步电抗标幺值，X_s 为系统联系电抗标幺值；

　　　P——发电机输出功率标幺值；

　　　P_t——发电机凸极功率标幺值，水轮发电机 $P_t = 0.5 * (1/X_{q\Sigma} - 1/X_{d\Sigma})$；

　　　U_{f0}——发电机励磁空载额定电压有名值；

　　　K_{rel}——可靠系数。

失磁故障时,如 U_r 突然下降到零或负值,励磁低电压判据迅速动作(在发电机实际抵达静稳极限之前),失磁或低励故障时,如 U_r 逐渐下降到零或减至某一值,变励磁低电压判据动作。低励、失磁故障将导致机组失步,失步后 U_r 和发电机输出功率作大幅度波动,通常会使励磁电压判据、变励磁电压判据周期性地动作与返回,因此低励、失磁故障的励磁电压元件在失步后(进入静稳边界圆)延时返回。

2) 失磁保护逻辑图

装置设有三段失磁保护功能,失磁保护 Ⅰ 段经母线电压低动作于跳闸;Ⅱ 段经机端电压低动作于跳闸;Ⅲ 段经较长延时动作于跳闸或发信。

失磁保护 Ⅰ 段逻辑框图如图 3.27 所示。

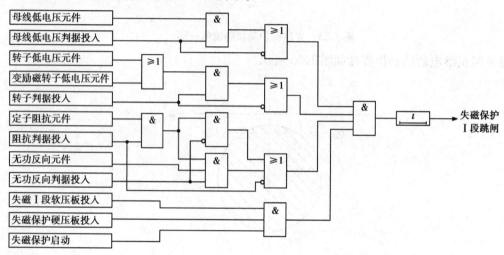

图 3.27 失磁保护 Ⅰ 段逻辑图

失磁保护 Ⅱ 段逻辑框图如图 3.28 所示。

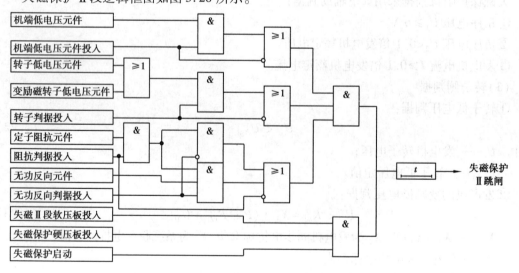

图 3.28 失磁保护 Ⅱ 段逻辑图

失磁保护 Ⅱ 段投入,发电机失磁时,机端电压低于整定值,保护延时动作于跳闸。失磁 Ⅱ 段判据选择时,除了机端低电压判据外,定子阻抗判据建议投入。

失磁保护Ⅲ段为长延时段,其出口逻辑如图 3.29 所示。

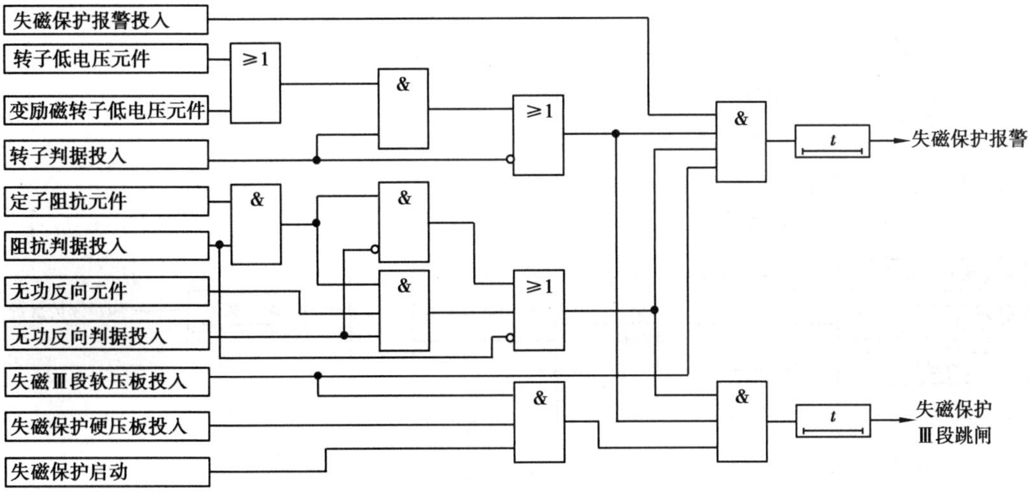

图 3.29　失磁保护Ⅲ段逻辑图

注意:不推荐只投母线(或机端)低电压判据和转子电压判据的方式。

3.2.11　发电机失步保护

1)失步保护原理

失步保护反映发电机失步振荡引起的异步运行。

失步保护阻抗元件计算采用发电机正序电压、正序电流,阻抗轨迹在各种故障下均能正确反映。

保护采用三元件失步继电器动作特性如图 3.30 所示。

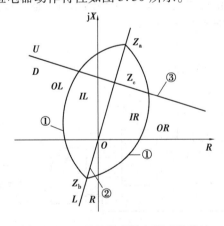

图 3.30　三元件失步继电器动作特性

第一部分是透镜特性,图中①,它把阻抗平面分成透镜内的部分 I 和透镜外的部分 O。第二部分是遮挡器特性,图中②,它把阻抗平面分成左半部分 L 和右半部分 R。

两种特性的结合,把阻抗平面分成 4 个区 OL、IL、IR、OR,阻抗轨迹顺序穿过 4 个区($OL \to IL \to IR \to OR$ 或 $OR \to IR \to IL \to OL$),并在每个区停留时间大于一时限,则保护判为发电机失步振荡。每顺序穿过一次,保护的滑极计数加 1,到达整定次数,保护动作。

第三部分特性是电抗线,图中③,它把动作区一分为二,电抗线以上为Ⅰ段(U),电抗线以下为Ⅱ段(D)。阻抗轨迹顺序穿过4个区时位于电抗线以下,则认为振荡中心位于发变组内,位于电抗线以上,则认为振荡中心位于发变组外,两种情况下滑极次数可分别整定。

保护可动作于报警信号,也可动作于跳闸。

失步保护可以识别的最小振荡周期为120 ms。

2)失步保护逻辑图

失步保护逻辑图如图3.31所示。

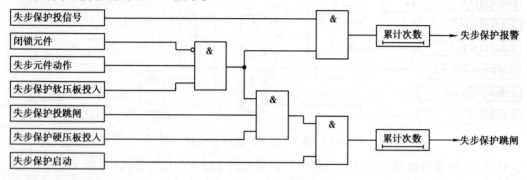

图3.31 失步保护逻辑图

3.2.12 发电机电压保护

1)过电压保护

过电压保护用于保护发电机各种运行情况下引起的定子过电压。发电机电压保护所用电压量的计算不受频率变化影响。

过电压保护反应机端三相相间电压,动作于跳闸出口。设两段过电压保护跳闸段。

其中过电压2段可经并网状态闭锁。

2)过电压保护出口逻辑

过电压保护逻辑图如图3.32所示。

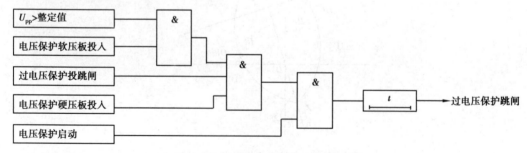

图3.32 发电机过电压保护逻辑图

3)低电压保护(调相失压保护)

低电压保护由经外部控制接点(调相运行控制接点)闭锁的低电压判据构成,低电压保护反映三相相间电压的降低。低电压保护设一段跳闸段,延时可整定。

4)低电压保护出口逻辑

发电机低电压保护逻辑图如图 3.33 所示。

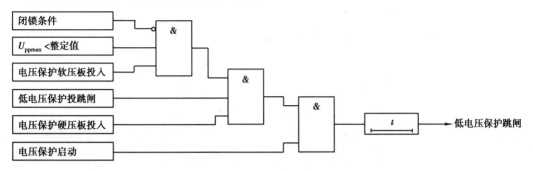

图 3.33 低电压保护逻辑图

其中,U_{ppmax} 为相间电压最大值。

3.2.13 过励磁保护

过励磁保护用于防止发电机、变压器因过励磁引起的危害。

装置设有发电机过励磁保护。发电机过励磁保护取机端电压计算。

1)定时限过励磁保护

定时限过励磁保护设有跳闸段和信号段,两段延时均可整定。定时限过励磁保护逻辑框图如图 3.34 所示。

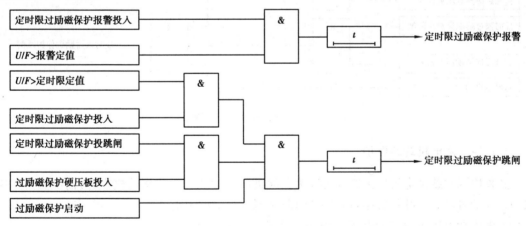

图 3.34 定时限过励磁保护逻辑图

过励磁倍数可表示为如下表达式:

$$n = \frac{U_*}{f_*} \tag{3.24}$$

式中　U_*——电压的标幺值;

　　f_*——频率的标幺值。

2)反时限过励磁保护

反时限过励磁通过对给定的反时限动作特性曲线进行线性化处理,在计算得到过励磁倍数后,采用分段线性插值求出对应的动作时间,实现反时限。反时限过励磁保护具有累积和散热功能。

给定的反时限动作特性曲线由输入的八组定值得到。过励磁倍数整定值一般为 $1.0 \sim 1.5$，时间延时考虑最大到 $3\,000$ s。

反时限过励磁动作特性曲线如图 3.35 所示。

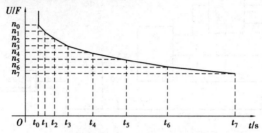

图 3.35　反时限过励磁动作特性曲线示意图

反时限动作特性曲线的 8 组输入定值满足以下条件：

①反时限过励磁上限倍数整定值 $n_0 \geqslant$ 反时限过励磁倍数整定值 n_1。

②反时限过励磁上限时限整定值 $t_0 \leqslant$ 反时限过励磁时限整定值 t_1。

依此类推到反时限过励磁倍数下限整定值。

反时限过励磁保护逻辑图如图 3.36 所示。

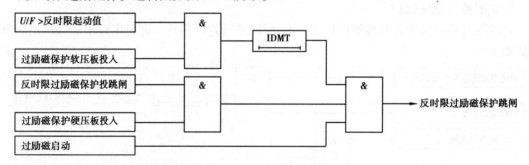

图 3.36　反时限过励磁保护逻辑图

3.2.14　发电机功率保护

各种原因导致发电机失去原动力变为电动机运行,此时,为防水轮机损坏,需配置逆功率保护。保护可经导水叶位置接点和发变组断路器位置接点闭锁。

发电机功率用机端三相电压、发电机三相电流计算得到。

逆功率保护动作判据：

$$P < -P_{zd} \tag{3.25}$$

式中　P——发电机有功功率;

　　　P_{zd}——逆功率继电器的动作值。

逆功率保护设两段时限,Ⅰ段发信号,Ⅱ段动作于停机出口。

逆功率保护定值范围 $0.5\% \sim 50\% P_n$,P_n 发电机额定有功功率;延时范围信号 $0.1 \sim 25$ s,跳闸 $0.1 \sim 600$ s。

逆功率保护逻辑图如图 3.37 所示。

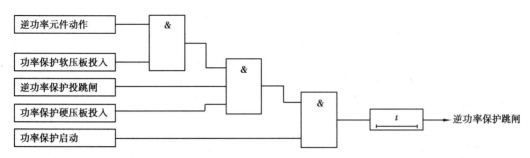

图 3.37　发电机逆功率保护逻辑图

3.2.15　发电机频率保护

1）发电机低频保护

大型水轮发电机运行中允许其频率变化的范围为 48.5 ~ 50.5 Hz,低于 48.5 Hz 时,累计运行时间和每次持续运行时间达到定值,保护动作于信号或跳闸。

低频保护设 2 段定值,其中Ⅰ段、Ⅱ段为持续运行低频保护。低频保护受断路器位置接点、无流标志闭锁。

2）发电机过频保护

过频保护设 1 段定值,均可动作于信号或跳闸。

3）发电机频率保护逻辑图

发电机频率保护逻辑图如图 3.38 所示。

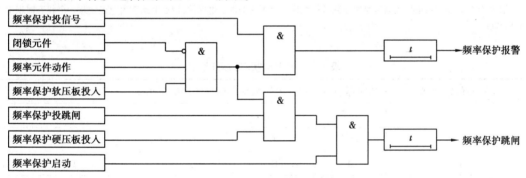

图 3.38　发电机频率保护逻辑图

3.2.16　发电机误上电保护

误上电保护又称为突加电压保护,考虑以下 3 种情况:

①发电机盘车时,未加励磁,断路器误合,造成发电机异步启动。

采用 TV 低电压延时 t_1 投入,电压恢复,延时 t_2(与低频闭锁判据配合)退出。

②发电机起停过程中,已加励磁,但频率低于定值,断路器误合。

采用低频判据延时 t_3 投入,频率判据延时 t_4 返回,其时间应保证跳闸过程的完成。

③发电机起停过程中,已加励磁,但频率大于定值,断路器误合或非同期。

采用断路器位置接点,经控制字可以投退。判据延时 t_3 投入(考虑断路器分闸时间),延时 t_4 退出,其时间应保证跳闸过程的完成。

误上电保护同时取发电机机端、中性点电流。

对于全国版,误上电保护的低压判据,低频判据和断路器位置接点判据为"或"门关系,任意一个判据满足时,误上电状态变为"非0"状态;对于浙江版,误上电保护的断路器位置接点判据与低压判据、低频判据是"与"门关系。误上电状态显示可以在保护装置"模拟量→启动测量→保护状态量→发电机保护→误上电保护"中查看,不同判据满足时,显示的误上电状态对应表3.1或表3.2。

表3.1　误上电状态(全国版)

断路器位置判据	断路器位置	输入电压频率	输入正序电压	误上电状态
0	无关	无关	1	1
0	无关	1	0	2
1	0	无关	1	1
1	0	1	0	2
1	1	0	0	4
1	1	无关	1	5
1	1	1	0	6

注:断路器位置判据:0:退出,1:投入;

　　断路器位置:0:机端断路器在合位,1:机端断路器在分位且机端无电流;

　　输入电压频率:0:$f>f_{set}$,1:$f<f_{set}$;

　　正序电压:0:$U_1>U_{set}$,1:$U_1<U_{set}$;

　　误上电保护在正序低电压判据满足时不判低频判据。全国版的误上电保护,误上电状态为上述任意一个状态时误上电保护均开放。

表3.2　误上电状态(浙江版)

断路器位置判据	断路器位置	输入电压频率	输入正序电压	误上电状态
0	无关	无关	1	1
0	无关	1	0	2
1	0	0	0	0
1	0	无关	1	1
1	0	1	0	2
1	1	0	0	5
1	1	无关	1	5
1	1	1	0	6

注:断路器位置判据:0:退出,1:投入;

　　断路器位置:0:机端断路器在合位,1:机端断路器在分位且机端无电流;

　　输入电压频率:0:$f>f_{set}$,1:$f<f_{set}$;

　　正序电压:0:$U_1>U_{set}$,1:$U_1<U_{set}$;

　　对于浙江版本误上电保护,误上电保护的断路器位置接点判据与低压判据、低频判据是"与"门关系,即断路器位置接点判据与低压同时满足或者断路器位置接点判据与低频判据同时满足时,误上电保护才开放,所以误上电状态只有在5,6两种状态下才能开放。

注意:浙江版的"误上电断路器位置判据投入"控制字退出时,误上电保护就相当于退出了,所以当选择为浙江版时,一定要投入"误上电断路器位置判据投入"。

发电机误上电保护逻辑图如图 3.39、图 3.40 所示。

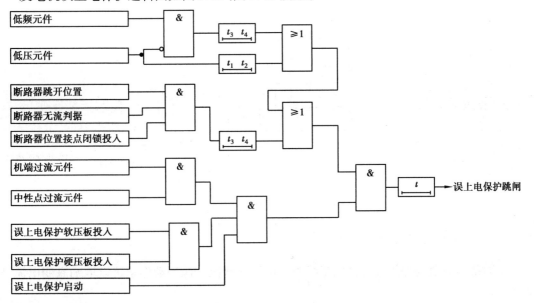

图 3.39　发电机误上电保护逻辑图(全国版)

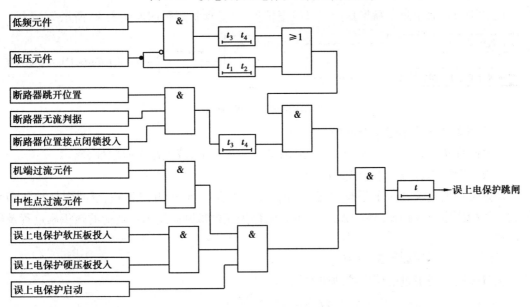

图 3.40　发电机误上电保护逻辑图(浙江版)

3.2.17　启停机保护

1)启停机保护配置
发电机启动或停机过程中,配置反应相间故障的保护和定子接地故障的保护。

对发电机定子接地故障,配置一套零序过电压启停机保护。

对发电机相间故障,根据需要配置一组差回路过流保护或发电机低频过流保护。

由于启停机过程中,定子电压频率很低,因此保护采用了不受频率影响的算法,保证了启停机过程对发电机的保护。启停机保护经控制字整定,需选择低频元件闭锁投入。

2) 启停机保护逻辑图

发电机启停机保护逻辑图如图 3.41 所示。

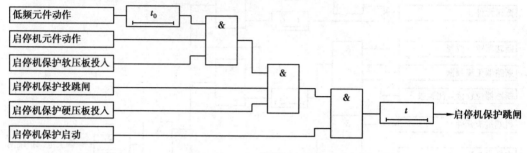

图 3.41　启停机保护逻辑图

3.2.18　励磁绕组过负荷保护

励磁绕组过负荷保护反应励磁绕组的平均发热状况。保护动作量可以取励磁变电流、励磁机电流。

1) 定时限励磁绕组过负荷保护

励磁绕组定时限过负荷保护配置一段报警信号,其保护逻辑图如图 3.42 所示。

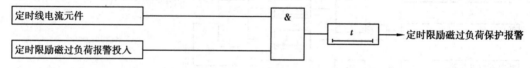

图 3.42　定时限励磁绕组过负荷保护逻辑图

2) 反时限励磁绕组过负荷保护

反时限保护由 3 部分组成:①下限启动;②反时限部分;③上限定时限部分。

上限定时限部分设最小动作时间定值。

当励磁回路电流超过下限整定值 I_{lszd} 时,反时限保护启动,开时累积,反时限保护热积累值大于热积累定值保护发出跳闸信号。反时限保护能模拟励磁绕组过负荷的热积累过程及散热过程。

反时限动作曲线如图 3.43 所示。

反时限励磁绕组过负荷保护动作方程:

$$\left[\left(\frac{I_1}{I_{jzzd}}\right)^2 - 1\right] \times t \geq K_{lzd} \qquad (3.26)$$

式中　I_1——励磁回路电流;

　　　I_{jzzd}——励磁回路反时限基准电流;

　　　K_{lzd}——励磁绕组热容量系数定值。

反时限励磁绕组过负荷保护逻辑图如图 3.44 所示。

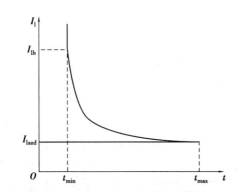

图 3.43 反时限励磁绕组过负荷曲线示意图

t_{min}—反时限上限延时定值;t_{max}—反时限下限延时;

I_{1szd}—反时限启动定值;I_{1h}—上限电流值

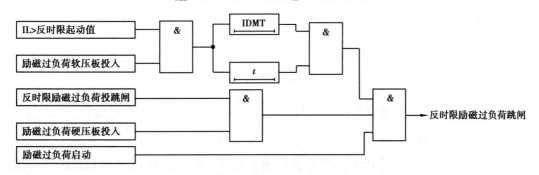

图 3.44 反时限励磁绕组过负荷保护逻辑图

3.2.19 励磁变过流保护

设两段励磁变过流保护,作为励磁变后备保护。各设一段延时,动作于跳闸。

励磁变过流保护逻辑框图如图 3.45 所示。

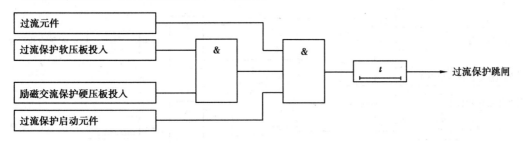

图 3.45 励磁变过流保护逻辑图

3.2.20 机端断路器失灵保护

1)机端断路器失灵保护原理

发电机内部故障保护跳闸时,如果发电机出口开关(或主变高压侧开关)失灵,需要及时跳开相邻开关,并启动机端开关失灵。失灵保护取开关电流作为判据。

失灵电流启动为一个过流判别元件,可以是相电流或负序电流,经保护动作接点、断路器合闸位置接点闭锁。

2) 机端断路器失灵保护逻辑图

机端断路器失灵保护逻辑图如图 3.46 所示。

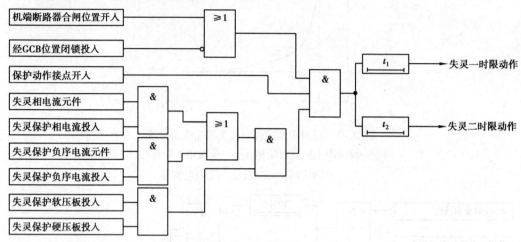

图 3.46　机端断路器失灵保护逻辑图

3.2.21　发电机轴电流保护

1) 轴电流保护原理

发电机轴电流密度超过允许值,发电机转轴轴颈的滑动表面和轴瓦就会被损坏,为此需装设发电机轴电流保护。发电机轴电流保护,一般选择反应基波分量的轴电流保护,也可经控制字选择反应三次谐波分量的轴电流。

轴电流保护一般动作于信号。

2) 轴电流保护逻辑图

轴电流保护逻辑图如图 3.47 所示。

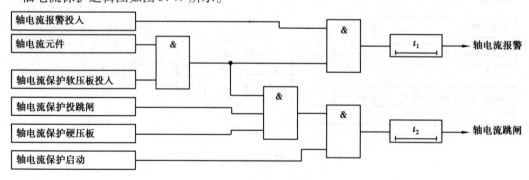

图 3.47　轴电流保护逻辑图

3.2.22　非电量保护接口

从发变组单元本体保护及其他外部来的接点经装置重动后,装置进行事件记录、报警,并可经保护装置延时由 CPU 发出跳闸命令。保护装置配置了外部重动 1、外部重动 2、外部重动 3、外部重动 4。

每种非电量保护均通过压板控制投入跳闸,跳闸方式由跳闸矩阵整定。

外部重动 1 跳闸延时,定值范围为 0 ~ 300.00 s。

外部重动 2 跳闸延时,定值范围为 0 ~ 300.00 s。

外部重动 3 跳闸延时,定值范围为 0 ~ 300.00 s。

外部重动 4 跳闸延时,定值范围为 0 ~ 600.00 s。

注意:四路外部重动量的名称可通过专用调试软件进行整定。

3.2.23　装置闭锁与报警

①当 CPU(CPU 板或 MON 板)检测到装置本身硬件故障时,发出装置闭锁信号(BSJ 继电器返回),闭锁整套保护。硬件故障包括内存出错、程序区出错、定值区出错、该区定值无效、光耦失电、DSP 出错和跳闸出口报警等。

②当 CPU 检测到下列故障:装置长期启动、不对应启动、装置内部通信出错、TA 断线或异常、TV 断线或异常、保护报警,发出装置报警信号(BJJ 继电器动作)。

3.2.24　TA 断线报警功能

同 2.2.3 节。

3.2.25　TV 断线报警功能

同 2.2.4 节。

3.3　检验流程

检验流程同 1.1.2 节。

3.4　保护性能检验

3.4.1　发电机纵差保护检验

发电机纵差保护取发电机机端和中性点电流做差,差动各侧电流均以标幺值(I_e)计入差动保护计算,采用 0 度接线方式。

1)定值整定

①保护投入总控制字"发电机差动保护投入"置 1。

②投入屏上"投发电机差动保护"硬压板。

③比率差动启动定值:$0.3I_e$,差流速断定值:$4I_e$,差流报警定值:$0.1I_e$,比率差动起始斜率:0.1,比率差动最大斜率:0.5。

④整定"差动保护跳闸控制字"。

⑤按照试验要求整定"差动速断投入""比率差动投入""工频变化量差动投入""TA 断线

103

闭锁比率差动"控制字。

2）发电机完全纵差保护的试验内容

由于大部分的试验仪最多只能支持 6 路电流输入，所以做完全纵差保护时，一般采用机端对中性点一分支或机端对中性点二分支分别做差动，不用三侧同时加电流测量。另外，由于中性点分支有分支系数，所以中性点分支实际加的电流量应该为计算值除以对应的分支系数。如果将中性点一、二分支串联对机端做差动，中性点加的电流量应该为实际计算值。

（1）完全纵差保护启动值测试试验

试验方法：将"比率差动投入"控制字置"1"，"工频变化量差动保护"控制字置"0"。在单侧分相加电流直到完全纵差比率差动保护动作，分别测试发电机机端，中性点一分支，中性点二分支 ABC 三相的启动电流动作值。

比率差动启动电流定值 $0.3I_e$，试验值：发电机机端＿＿＿ A，延时＿＿＿ ms；中性点一分支＿＿＿ A，延时＿＿＿ ms；中性点二分支＿＿＿ A，延时＿＿＿ ms。

注意：

①由于 PCS-985 系列差动保护采用的是变斜率差动保护，做启动值测试时，由于存在制动电流不为 0，所以坐标轴的纵轴上对应的动作电流会比启动定值略大，所以在做差动保护启动值测试时会发现实际动作值比定值略大一点。

②由于中性点分支有分支系数，所以中性点分支实际加的电流量应该为计算值除以对应的分支系数。中性点一分支和二分支分支系数均为 50%，所以中性点一分支和中性点二分支加的量是机端的 2 倍。

（2）完全纵差保护比率制动试验

试验方法：以博电试验仪 6 相电流输出菜单为例，I_a、I_b、I_c 分别接在发电机机端电流的 A、B、C 上，I_a'、I_b'、I_c' 分别接在中性点一分支或者中性点二分支的 A、B、C 上。固定机端某相电流，缓慢增加中性点分支的对应相电流直到发电机比率差动保护动作，将数据记录至表 3.3 中。发电机差动保护采用的是 0 度接线方式，所以机端与中性点一分支或者机端与中性点二分支做比率制动试验时，两侧的电流角度应该加 0 度，如图 3.48 所示。

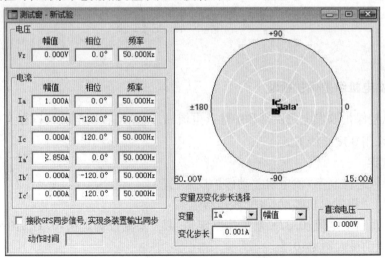

图 3.48　发电机差动保护实验加量测试图

表 3.3　完全纵差保护比率制动测试

（制动特性试验:发电机机端电流 $I_e=0.64$ A,一分支额定电流 $I_e=0.64$ A,二分支额定电流 $I_e=0.64$ A）

序号	机端电流/A	一/二分支电流/A	实际动作值/A	制动电流/A	差动电流（A）
1	0	0.203/0.5			
2	0.3	0.548/0.5			
3	0.6	0.912/0.5			
4	1	1.428/0.5			
5	2	2.908/0.5			
6	2.75	4.156/0.5			

　　注意:发电机完全纵差保护只能保护发电机相间故障,所以在测试比率差动保护时间时,必须模拟相间故障测量时间,只加单相电流的话,测出的实际动作时间会多 40 ms 左右,即判断 TA 瞬时断线的时间。

　　对于比率制动测试,可以采用公司的调试软件 985 Calculation 来计算动作值。985 Calculation 发电机差动保护计算界面如图 3.49 所示,其中"比率差动启动值""差动起始斜率""差动最大斜率"按照定值整定,"一侧额定电流""二测额定电流"分别是指机端二次额定电流和中性点二次额定电流,按照上面计算公式计算出各侧二次额定电流整定进去就可以了。软件默认的固定"一侧电流",可以手动输入固定侧电流值,在软件右边看另外一侧的动作值,差动电流和制动电流,也可以采用软件中间推荐的测试值来进行比率制动的测试。

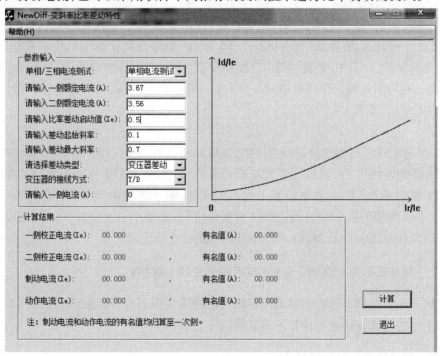

图 3.49　发电机差动保护计算界面

（3）差动速断保护测试试验

试验方法：将"速断保护投入"控制字置"1"，将"比率差动投入""工频变化量差动投入"控制字置"0"，在一侧加电流直到完全纵差差动速断保护动作，分别测试发电机机端、中性点一分支、中性点二分支速断电流动作值。

定值：$4.0I_e$；试验值：发电机机端＿＿＿A，延时＿＿＿ms；中性点一分支＿＿＿A，延时＿＿＿ms；中性点二分支＿＿＿A，延时＿＿＿ms。

（4）工频变化量比率差动试验

试验方法：将"工频变化量差动投入"控制字置"1"，将"比率差动投入"控制字置"0"，在单侧突加电流，直到工频变化量比率差动保护动作，分别测试发电机机端、中性点一分支、中性点二分支工频变化量比率差动电流动作值和动作时间。

比率差动启动电流定值$0.3I_e$；试验值：发电机机端＿＿＿A，延时＿＿＿ms；中性点一分支＿＿＿A，延时＿＿＿ms；中性点二分支＿＿＿A，延时＿＿＿ms。

（5）差动保护差流报警

试验方法：参照 PCS-985GW 装置技术说明书可知：差流报警的逻辑是当某一相差流大于差流告警定值后，装置延时 300 ms 发差流告警信号并点亮装置面板的 TA 断线灯。TA 异常的逻辑是满足 TA 异常判据 10 s 后发 TA 异常信号并点亮装置面板的 TA 断线灯。所以在测试发电机分相差流告警时，需要加快一点，在 10 s 内做出来，防止 TA 异常告警干扰。具体步骤为：在定值附近快速加电流，直到装置 TA 断线灯亮，查看报文是否为差流报警报文。

定值：$0.1I_e$；试验值：发电机＿＿＿A，中性点一分支＿＿＿A，中性点二分支＿＿＿A。

（6）TA 断线闭锁试验

将"比率差动投入""TA 断线闭锁比率差动"控制字置"1"。两侧三相均加入额定平衡电流，断开任意一相电流，装置发"发电机差动 TA 断线"信号并闭锁发电机比率差动保护，但不闭锁差动速断保护。将"比率差动投入"控制字置"1"，"TA 断线闭锁比率差动"控制字置"0"。两侧三相均加入额定平衡电流，断开任意一相电流，发电机比率差动保护动作并发"发电机差动 TA 断线"信号。

注意：

①TA 瞬时断线经机端断路器分位闭锁，当机端断路器在分位时，不判 TA 瞬时断线。

②"TA 瞬时断线""TA 异常"和"发电机差流告警"均要点亮装置面板的"TA 断线灯"，不同的是"TA 瞬时断线"需手动复归屏上的"复归"按钮才能解除闭锁，否则闭锁一直存在。"TA 异常"在异常消失后 10 s 自动返回，"差流告警"在差流小于定值后 300 ms 自动返回。

③当最大相电流大于 $1.2I_e$ 时，"TA 断线"不闭锁比率差动。

3.4.2　发电机不完全差动 2 保护（或不完全差动 1 保护）

发电机不完全差动 2 保护的试验内容同发电机完全纵差保护，试验时需要注意的地方是中性点分支加的电流直接进行计算不需要乘以分支系数。

3.4.3　发电机裂相横差保护检验

裂相横差保护的试验方法同发电机纵差保护。

3.4.4　发电机相间后备保护

发电机相间后备保护包括了复压过流保护和阻抗保护,其中阻抗保护现在基本上不投。发电机复压过流保护可作为发电机、变压器、高压母线和相邻线路的后备,保护的范围根据整定的定值大小而不同。

1)定值整定

①保护投入总控制字"发电机相间后备保护投入"置"1"。

②投入屏上"投发电机相间后备保护"硬压板。

③发电机负序电压定值:4 V,相间低电压定值:70 V,过流Ⅰ段定值0.92 A,过流Ⅰ段延时:3.7 s,过流Ⅱ段定值0.8 A,过流Ⅱ段延时:4.5 s。

④阻抗Ⅰ段正向定值:13.9 Ω,阻抗Ⅰ段反向定值:18 Ω,阻抗Ⅰ段延时:4.5 s,阻抗Ⅱ段正向定值:13.9 Ω,阻抗Ⅱ段反向定值:18 Ω,阻抗Ⅱ段延时:5 s。

⑤整定过流Ⅰ段跳闸控制字,过流Ⅱ段跳闸控制字,阻抗Ⅰ段跳闸控制字,阻抗Ⅱ段跳闸控制字。

⑥根据需要整定"Ⅰ段经复合电压闭锁""Ⅱ段经复合电压闭锁""经高压侧复合电压闭锁""TV断线保护投退原则""电流记忆功能投入""后备Ⅰ段经并网状态闭锁"控制字。

2)复压过流保护试验

(1)过流Ⅰ段判据试验

试验方法:将"过流Ⅰ段经复合电压闭锁""过流Ⅱ段经复合电压闭锁""经高压侧复合电压闭锁""TV断线保护投退原则""后备Ⅰ段经并网状态闭锁"控制字置"0",将过流保护Ⅱ段跳闸控制字整定为"0000"。将试验仪的三相电流接到发电机后备TA通道上,缓慢增加电流直到过流Ⅰ段保护动作(过流Ⅱ段保护方法一样),记录电流动作值和动作时间。

过流Ⅰ段定值:1.20 A;试验值:＿＿＿ A;

过流Ⅰ段延时:4.10 s;试验值:＿＿＿ s。

注意:

①对多分支的机组(大于两分支),如果只将其中两个分支引入到了发电机中性点(即中性点分支没有全部引入保护装置),此时发电机后备保护TA定义不能够选择中性点和电流,只能够选择机端TA作为后备。必须在中性点分支全部引入的情况下才能选择中性点和电流。

②当后备TA定义为中性点和电流时,如果只在其中一个分支上加量测试过流Ⅰ(Ⅱ)段动作值时,实际加的电流应该大于定值除以分支系数才会动作。

(2)复合电压闭锁判据试验(以过流Ⅰ段经复压闭锁为例)

复压判据的相间低电压判据、负序电压判据是"或"门的关系,任意一个判据满足时复压判据开放。

试验方法:将"Ⅰ段经复合电压闭锁"控制字置"1",将"经高压侧复合电压闭锁""TA断线保护投退原则"控制字置"0"。

做相间低电压判据时,在发电机后备TA通道上加入大于过流Ⅰ段定值的电流,发电机机端加入大于低电压定值(70/1.732＝40.41 V)的三相正序电压,慢慢减小三相电压,直到过流Ⅰ段保护动作,记录此时相间低电压试验值:＿＿＿ V。

做负序电压定值时,先修改相间低电压定值为最小值2 V(小于负序电压定值,防止做负序电压定值时相间低电压判据先开放,造成干扰),在发电机后备 TA 通道上加入大于过流 Ⅰ 段定值的电流,发电机机端加入小于定值 4 V 的三相负序电压,慢慢增加三相电压,直到过流 Ⅰ 段保护动作,记录此时负序电压试验值:____ V。

注意:

①如果投入了"经主变高压侧复合电压闭锁"控制字,则发电机复压过流保护不但经过发电机机端复合电压闭锁,还经过主变高压侧复合电压闭锁,任何一侧复压条件满足就开放复压判据。

②"TV 断线保护投退原则"控制字对复压过流保护的影响:当"TV 断线保护投退原则"置"0"时,无论 TV 是否有断线信号,只要电压满足复压定值即认为复压条件满足;当"TV 断线保护投退原则"置"1"时,若某一侧 TV 断线为 1,则闭锁该侧复压判据,但是不闭锁其他侧的复压判据。

③发电机机端 TV 断线的判据为:

a. 正序电压小于 18 V,且任一相电流大于 $0.04I_N$,机端 TV 断线的电流判据取发电机中性点。

b. 负序电压 $3U_2$ 大于 8 V。

发电机机端 TV 满足以上任一条件且阻抗保护出口矩阵都为"0"延时 10 s 发机端 TV 断线报警信号,异常消失,延时 10 s 后报警信号自动返回。若阻抗保护出口矩阵不为 0 则延时 1.2 s 报警,异常消失,延时 1.25 s 后报警信号自动返回。

(3)发电机电流记忆功能试验

对自并励发电机,当发电机本体发生故障时机端电压降低,由于自并励发电机励磁变并接在机端,励磁变高压侧电压降低,从而励磁系统输出的励磁电压降低,当励磁电压降低后,发电机提供给故障点的故障电流减小,导致发电机机端电压更低,这样的一个反馈过程使得故障后流过后备 TA 的电流衰减很快,可能还没有达到过流保护的延时就已经小于过流保护的定值了,从而失去后备的作用。所以对自并励发电机需投入"电流记忆功能投入"控制字,记录最大的故障电流,记忆的时间由系统参数"内部配置"定值中的"电流记忆时间"整定。对于投入了"电流记忆功能投入"控制字的机组,过流保护必须投经复压闭锁,防止区外故障时复压记忆过流保护误动。当后备 TA 通道的电流小于 $0.1I_e$ 或者复合电压不满足条件时,记忆功能返回。

试验方法:将"Ⅰ段经复合电压闭锁""电流记忆功能投入"控制字置"1",将"Ⅱ段经复合电压闭锁""TV 断线保护投退原则""后备 Ⅰ 段经并网状态闭锁"控制字置"0",将过流保护 Ⅱ 段跳闸控制字整定为"0000"。

记忆功能时间测试:用博电试验仪手动菜单,将过流保护 Ⅰ 段的动作节点引入试验仪的开入 A 通道上,在后备 TA 通道加入大于过流 Ⅰ 段定值的电流 2 A,机端不加电压使其满足相间低电压判据,然后试验仪输出并锁住保持,直到过流 Ⅰ 段保护动作。然后将电流由 2 A 修改为 0.5 A,使其小于过流 Ⅰ 段电流定值但是大于 $0.1I_e$,依然不加电压然后再解锁,等到保护动作返回(采用的原理是博电试验仪接点翻转测时间,接点反转后试验仪自动停止输出),此时测得的时间就是复压记忆过流的记忆时间。

(4)后备 Ⅰ 段经并网状态闭锁逻辑试验

"后备 Ⅰ 段经并网状闭锁"是指过流 Ⅰ 段经过机端断路器位置分位闭锁,主要用于过流 Ⅰ

段保护动作跳主变高压侧开关或者母联开关时投入。因为发电机继电保护相关规程规定:发电机相间后备一般设两段,以较短时限动作于缩小故障范围,较长时限动作于停机,所以有的电厂习惯于将过流Ⅰ段出口动作于跳主变高压侧开关或者母联,过流Ⅱ段动作于停机。由于水轮发电机均为自并励机组,投入了电流记忆功能,记忆时间一般选择为 10 s。当发电机本体故障时,第一时间发电机的主保护即差动保护会立即动作于停机,但是由于电流具有记忆功能,并且灭磁后由于剩磁的存在电流衰减很慢可能大于 $0.1I_e$,复压条件也满足,导致复压记忆过流Ⅰ段保护达到过流Ⅰ段保护延时后再次动作误跳主变高压侧开关或者母联开关,所以增加“后备Ⅰ段经并网状态闭锁”控制字,当主保护动作跳开发电机机端断路器时,后备Ⅰ段不再动作。

试验方法:在屏柜端子排上用短接线短接机端断路器位置开入,在发电机后备 TA 通道上加入大于过流Ⅰ段定值的电流 2 A,满足复压条件,过流Ⅰ段不动作。解开机端断路器位置后,重复上述加量过程,过流Ⅰ段动作。

3.4.5 发电机失磁保护检验

1)定值整定

①保护总控制字“发电机失磁保护投入”置“1”。

②投入屏上“投发电机失磁保护”硬压板。

③发电机电抗 X_d:0.977;发电机电抗 X_q:0.666;系统联系电抗 X_s:0.202;发电机暂态电抗 X'_d:0.323;无功反向定值:10%;凸极功率定值:15.9%;阻抗圆选择:0(1:异步阻抗圆,0:静稳阻抗圆)。

④转子电压定值:转子低电压 U_{rlzd}:146.4 V,转子空载电压 U_{f0}:183 V,转子低电压判据系数 K_{rel}:0.96。

⑤低电压定值:母线低电压定值:90 V;机端低电压定值:85 V(如果投入了母线低电压定值,需核实 PCS-985GW 装置是否接入了主变高压侧电压)。

⑥失磁保护Ⅰ段延时:0.5 s,整定失磁保护Ⅰ段跳闸控制字,根据需要整定“Ⅰ段阻抗判据投入”“Ⅰ段转子电压判据投入”“Ⅰ段母线低电压判据投入”控制字。

⑦失磁保护Ⅱ段延时:0.7 s;整定失磁保护Ⅱ段跳闸控制字,根据需要整定“Ⅱ段机端低电压判据投入”“Ⅱ段阻抗判据投入”“Ⅱ段转子电压判据投入”控制字。

⑧失磁保护Ⅲ段延时:1 s;整定失磁保护Ⅲ段跳闸控制字,根据需要整定“Ⅲ段阻抗判据投入”“Ⅲ段转子电压判据投入”“Ⅲ段信号投入”。

⑨根据需要整定“无功反向判据投入”控制字。

⑩根据现场实际整定“转子电压 4~20 mA 输入方式”,整定为“0”时,表示转子电压采用常规方式输入,整定为“1”时表示转子电压采用 4~20 mA 模拟量输入,其 20 mA 量程对应发电机系统参数定值中的“20 mA 对应励磁电压值”。

2)失磁保护阻抗判据手动试验

试验方法:将“Ⅰ段阻抗判据投入”控制字置“1”,“Ⅰ段转子电压判据”“Ⅰ段母线低电压判据”“无功反向判据”控制字置“0”,将失磁保护Ⅱ段和失磁保护Ⅲ段跳闸控制字整定为“0000”。将试验仪的三相电压接到保护屏的机端电压通道上,三相电流接到保护屏的机端电流通道上。

（1）静稳圆上边界 Z_A 校验

静稳圆上边界 Z_A 位于纵轴的正半轴,试验仪加量如下:三相电流固定加 1 A,角度为 0°,电压相角超前于电流 90°,幅值大于 $U=18.2\ \Omega \times 1\ A=18.2\ V$,三相电压联动缓慢减小,使阻抗轨迹从静稳圆上端往下缓慢落到动作圆内失磁保护 I 段动作,实测动作值 $Z_A=$ _____,如图 3.50 所示。

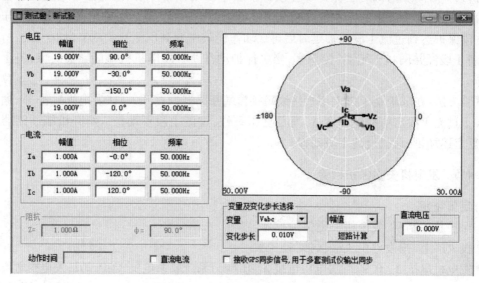

图 3.50 静稳圆上边界 Z_A 校验图

（2）静稳圆下边界 Z_B 校验

静稳圆下边界 Z_B 位于纵轴的负半轴,试验仪加量如下:三相电流固定加 1 A,角度为 0°,电压相角滞后于电流 90°,幅值大于 $U=56.87\ \Omega \times 1\ A=56.87\ V$,三相电压联动缓慢减小,使阻抗轨迹从静稳圆下端往上缓慢落到动作圆内失磁保护 I 段动作,实测动作值 $Z_B=$ _____,如图 3.51 所示。

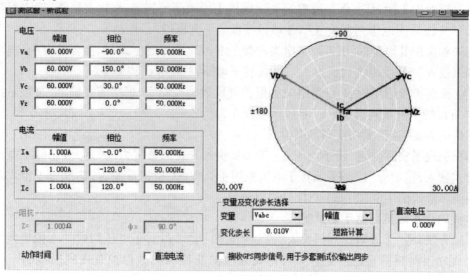

图 3.51 静稳圆下边界 Z_B 校验图

3) 失磁保护无功反向判据试验(以失磁保护Ⅰ段为例)

试验方法:将"Ⅰ段阻抗判据投入""无功反向判据投入"置"1",将"Ⅰ段转子电压判据""Ⅰ段母线低电压判据投入"置"0",将失磁保护Ⅱ段和失磁保护Ⅲ段跳闸控制字整定为"0000",只投入失磁保护Ⅰ段跳闸控制字。将试验仪的三相电压接到保护屏的机端电压通道上,三相电流接到保护屏的机端电流通道上。

无功反向判据测试时,首先要保证阻抗圆落到静稳圆内,其次无功需要满足无功反向判据。装置显示的无功功率为百分数(即实际二次无功功率与二次额定有功功率的百分比,$P\% = \dfrac{3U_1I_1\cos\theta}{3U_{ef}I_{ef}\cos\varphi_e}\times100\%$,其中 U_{ef}:发电机二次额定电压;I_{ef}:发电机二次额定电流;$\cos\varphi_e$:发电机额定功率因数),可在"模拟量→保护测量→发电机采样→发电机综合量"中查看发电机无功功率的百分比。

计算实例:

$Q_{set}\% = 10\%$,$I_{ef} = 0.64$ A,$U_{ef} = 57.74$,$\cos\varphi_e = 0.9$,固定电压幅值为 $U_1 = 10$ V,电压滞后电流90°,即 $\sin\theta = -1$,由上述公式计算出此时的电流为:

$$I_1 = \frac{3U_{ef}I_{ef}\cos\varphi_e Q\%}{3U_1\sin\theta} = \frac{3\times57.74\times0.64\times0.9\times10\%}{3\times10\times(-1)} = 0.332(\text{A})$$

由于此时 $Z = \dfrac{U_1}{I_1} = \dfrac{10}{0.332} = 30.12$ Ω,$Z_A < Z < Z_B$,正好在静稳圆内。

根据以上计算,在三相电压通道上加10 V的正序电压,角度为-90°,固定三相电流的角度为0,幅值从0.3 A缓慢增加直到失磁保护Ⅰ段动作。记录此时的动作电流,并根据动作电流电压计算动作无功功率或在装置上查看无功功率。

4) 低电压判据试验

(1)母线低电压判据试验

试验方法:将"Ⅰ段阻抗判据投入""Ⅰ段母线低电压判据投入"控制字置"1",将其他闭锁判据控制字退出,将失磁保护Ⅱ段和失磁保护Ⅲ段跳闸控制字整定为"0000",只投入失磁保护Ⅰ段。将试验仪的三相电压接到发电机机端电压通道上,将机端电压并接到母线电压TV上,电压幅值加53 V(大于定值 $U = 90/\sqrt{3} = 51.96$ V,取三相最小线电压还是最大电压需要测试),将试验仪三相电流接到机端电流通道上,固定加2 A,电压相角滞后于电流90°,此时阻抗 $Z = U_1/I_1 = 53/2 = 26.5$ Ω在静稳圆内,如图3.52所示,缓慢减小三相电压直至失磁保护Ⅰ段动作,记录此时母线低电压动作值:____ V。

(2)机端低电压判据试验

试验方法:将"Ⅱ段阻抗判据投入""Ⅱ段机端低电压判据投入"控制字置"1",将其他闭锁判据控制字退出,将失磁保护Ⅰ段和失磁保护Ⅲ段跳闸控制字整定为"0000",只投入失磁保护Ⅱ段。将试验仪的三相电压接到发电机机端电压通道上,将机端电压并接到母线电压TV上,电压幅值加51 V(大于定值49.07 V,$U = 85/\sqrt{3} = 49.07$ V),将试验仪三相电流接到机端电流通道上,电流固定加2 A,电压相角滞后于电流90°,此时阻抗 $Z = U_1/I_1 = 51/2 = 25.5$ Ω,在静稳圆内,缓慢减小三相电压直至失磁保护Ⅱ段动作,记录此时机端低电压动作值:____ V。

(3)转子低电压判据试验

以失磁保护Ⅰ段为例,将"Ⅰ段阻抗判据投入""Ⅰ段转子低电压判据投入"置"1",将其他闭锁判据控制字置"0",将失磁保护Ⅱ段和失磁保护Ⅲ段跳闸控制字整定为"0000",只投入失磁保护Ⅰ段。

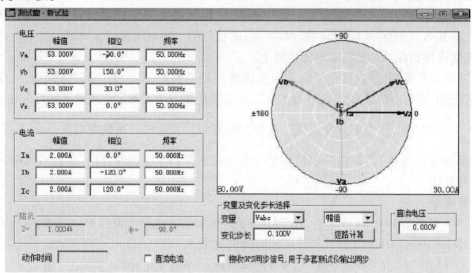

图3.52　母线低电压判据试验图

（4）励磁低电压判据

将试验仪的三相电压接到机端电压通道上,固定加电压50 V,三相电流接到机端电流通道上,固定加电流2 A,电压滞后电流90°,此时阻抗 $Z = U_1/I_1 = 50/2 = 25\ \Omega$。

在静稳圆内,缓慢减小三相电压直至失磁保护Ⅱ段动作,记录此时机端低电压动作值:
_____ V。

5）失磁保护动作时间测试

定值投退:仅投入失磁保护Ⅰ,Ⅱ,Ⅲ阻抗判据,其他闭锁判据均退出,测试哪段就投入那段的跳闸控制字。

试验方法:在机端输入电流超前电压90°（此时阻抗轨迹位于纵轴负端）的正序电压电流且满足正序电压 $U_1 > 6$ V,负序电压 $U_2 < 6$ V,机端电流大于 $0.1 I_e$,利用输入的正序电压电流计算出的阻抗值落在圆内（$Z_A < Z_{输入} = U_{1输入}/I_{1输入} < Z_B$）,记录相应保护动作返回时间。

注意:

①失磁保护转子电压接入方式有3种方式,第一种全电压引入保护装置,第二种经分压电阻分压后接入到保护装置,第三种用4～20 mA模拟量接入保护装置。对第一种方式,需将发电机系统参数定值中"转子电压校正系数"整定为"1",将失磁保护定值里面的"4～20 mA转子电压输入方式"整定为"0";对第二种方式,需将"转子电压校正系数"根据实际的分压变比整定,"4～20 mA转子电压输入方式"整定为"0";对第三种方式,需要将定值(20 mA对应励磁电压值)按照对应的量程设置为20 mA对应励磁电压,同时将失磁保护定值中的"4～20 mA转子电压输入方式"整定为"1"。

②对大型的水电机组,失磁保护阻抗圆必须选择为静稳圆。因为大型水电机组的有功功率一般较大,所以失磁初期的等有功圆半径比较小,又由于距离负荷中心较远,与系统联系不紧密(即系统联系电抗 X_s 偏大),所以失磁初期位于阻抗平面下半区域的部分较少,如果阻抗圆选择为异步圆(都在下半区域三、四象限),则发电机失磁初期与异步阻抗圆相交区域较小,

进入不到异步阻抗圆内,造成失磁保护拒动。

③在做失磁保护时间测试时需注意:如果投入"转子电压"判据,需要使并网开关在合位测试,否则延时会长1 s。这是因为转子电压需要在装置确认并网1 s后才投入,即检查并网开关合位或者并网开关有流1 s后转子电压判据才投入。

④在转子低电压判据投入时,当机端电压高于83%额定电压,转子电压低于转子空载电压的一般延时10 s后报"失磁保护转子电压断线"。

3.4.6　失步保护检验

1)定值整定

①保护总控制字"发电机失步保护投入"置"1"。

②投入屏上"投发电机失步保护"硬压板。

③失步保护阻抗定值 Z_A:13.83 Ω,失步保护阻抗定值 Z_B:17.16 Ω,失步保护阻抗定值 Z_C:9.72 Ω,灵敏角定值:85°,透镜内角定值:120°;区外时滑极定值:5,区内时滑极定值:1,跳闸允许电流定值:2 A。

④根据实际整定失步保护跳闸控制字。

⑤根据需要投入"区外失步动作于信号""区外失步动作于跳闸""区内失步动作于信号""区内失步动作于跳闸"控制字。

2)发电机失步保护试验内容

发电机失步保护试验接线如图3.53所示。

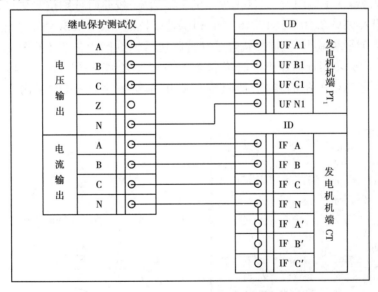

图 3.53　发电机失步保护接线示意图

(1)失步保护上端阻抗 Z_A 校验

Z_A 为阻抗透镜的上端阻抗,是区外失步的上端边界,校验时分别按照95% Z_A 和105% Z_A 校验阻抗值。将试验仪的三相电压接入到发电机机端 TV 上,试验仪的三相电流输入发电机机端电流通道,输入95% Z_A(0.95×13.83 = 13.14)保持阻抗值不变(图3.54),变化三相电压的相位,使阻抗角从0°平缓增加,阻抗按轨迹Ⅰ穿越阻抗透镜则区外积累1次(在模拟量→启动测量→保护状态量→发电机保护→失步保护中查看区内区外积累次数),随即反方向变化阻抗角,直到区外失步累计值达到定值动作或发信;输入 $105\%Z_A$ 保持阻抗值不变($1.05\times13.83=14.52$),变化三相电压的相位,使阻抗角从 $0°$ 平缓增加至 $180°$ 区外震荡次数应该不积累。

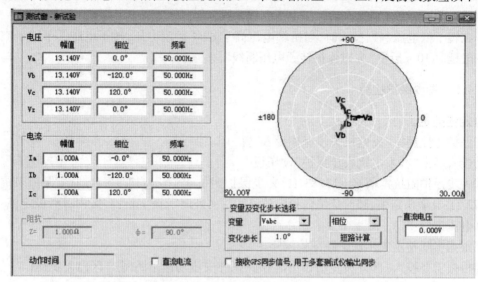

图 3.54 失步保护上端阻抗 $95\%Z_A$ 时测试加量示意图

(2)失步保护下端阻抗 Z_B 校验

Z_B 为阻抗透镜的下端阻抗,是区内失步的下端边界,校验时分别按照 $95\%Z_B$ 和 $105\%Z_B$ 校验阻抗值,输入 $95\%Z_B$($0.95\times17.16=16.3$)保持阻抗值不变(图 3.55),变化三相电压的相位,使阻抗角从 $0°$ 平缓减小,阻抗按轨迹Ⅲ穿越阻抗透镜则区内积累 1 次后随即反方向变化阻抗角,直到区内失步累计值达到定值动作或发信;输入 $105\%Z_B$($1.05\times24.48=25.71$)保持阻抗值不变,变化三相电压的相位,使阻抗角从 $0°$ 平缓减小至 $-180°$ 区内振荡次数应该不积累。

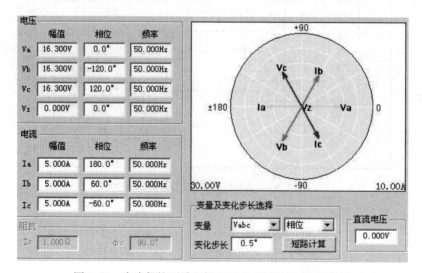

图 3.55 失步保护下端阻抗 $95\%Z_B$ 时测试加量示意图

（3）跳闸允许电流校验

加入 $95\%I_{set}$ 且加入电压使得阻抗能满足震荡条件，待振荡累计次数满足时保护跳闸；加入 $105\%I_{set}$ 且加入电压使得阻抗能满足震荡条件，待振荡累计次数满足时保护不跳闸，但是故障量退出一瞬间，失步保护动作。记录跳闸允许过流试验值：＿＿＿ A。

注意：此项试验如果需要准确测试跳闸允许电流定值，则需要在滑极次数达到定值后再修改过流定值，操作较麻烦，容易超时，且过流允许定值一般较大，不易长时间给装置通入过大的电流，故此定值可不详细测试，如果要测试最好改小定值测试。

3）注意事项

①Z_A、Z_B 和 Z_C 的边界值不一定都能够测出来，这是因为失步判别的是整个的一个滑极过程，而失步的滑极区域根据定值的不同有很大的不同，各个区域的大小以及相互关系也不同，这种情况下一般可以不测试准确的边界值，只要测试区内和区外的动作特性正确就可以了。

②PCS-985GW 装置失步保护的跳闸允许电流取发电机机端 TA，对于 PCS-985AW 装置，失步保护的跳闸允许电流与内部配置定值里面的"保护配置原则"有关系，如果选择发变组一体化的话，该电流取主变高压侧电流，如果选择"发电机+变压器"，该电流取发电机机端 TA。

3.4.7　定子过负荷保护

1）定值整定

①保护总控制字"定子过负荷保护投入"置"1"。

②投入屏上"投定子过负荷保护"硬压板。

③定时限定子过负荷保护定值：定时限电流定值：3.08 A，定时限延时定值：0.5 s，定时限报警电流定值：0.71 A，定时限报警信号延时：6 s。

④反时限定子过负荷保护定值：反时限启动电流定值：0.75 A，反时限上限时间定值：0.5 s，定子绕组热容量：100，散热效应系数：1.02（一般大于 1.02）。

⑤根据实际整定定时限跳闸控制字和反时限跳闸控制字。

2）定子过负荷保护试验内容

定子过负荷保护试验接线如图 3.56 所示。

（1）定时限定子过负荷保护试验

①定时限定子过负荷保护原理。

a. 定时限定子过负荷保护电流取发电机机端、中性点最大相电流（中性点加单分支的时候测试电流需要大于定值除以其分支系数）。

b. 当测试电流大于定值时保护启动延时告警或跳闸。

②定时限定子过负荷保护实验。

定时限报警电流试验值：＿＿＿ A，定时限报警信号延时试验值：＿＿＿ s；

定时限电流跳闸试验值：＿＿＿ A，定时限跳闸延时试验值：＿＿＿ s。

试验方法：给机端或者中性点任何一相电流通道加入达到定值的电流，经过延时后保护动作。为了防止反时限过负荷抢先动作，可以先将反时限过负荷保护退出再测试定时限功能。

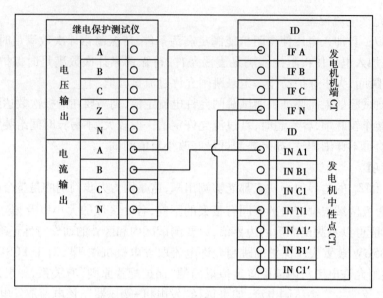

图 3.56　定子过负荷保护接线示意图

（2）反时限定子过负荷保护试验内容

①反时限定子过负荷保护原理。

a. 测试电流取发电机机端、中性点最大相电流（中性点加单分支时测试电流为需要的值除以其分支系数），故只需在机端或中性点加单相电流即可。

b. 当测试电流大于反时限启动电流定值 I_{szd} 时，可以看到定子过负荷热积累开始缓慢增加（在"模拟量→保护测量→发电机采样→发电机综合量"中查看发电机反时限定子过负荷热积累），电流越大热积累的越快，当百分数增至 100% 时，反时限保护动作。

②反时限定子过负荷保护试验。

当机端或中性点的最大相电流大于反时限启动电流定值 $I_{szd}=0.75$ A 时，可以看到定子过负荷热积累开始缓慢增加（在"模拟量→保护测量→发电机采样→发电机综合量"中查看发电机反时限定子过负荷热积累），电流越大热积累得越快，当百分数增至 100% 时，反时限保护动作。将实验数据记录至表 3.4。

表 3.4　反时限定子过负荷试验数据表

序号	启动电流/A	软件计算时间/s	实际动作时间/s
1	1.07	233.297	
2	4.0	6.535	
3	8.0	1.579	
4	12.0	0.697	
5	14.0	0.511	
6	14.159	0.5	

动作时间可由"反时限过负荷专用计算软件"计算得出（图 3.57），以 5 A 为例，输入定值，单击"计算"按钮，可得时间 $t=12.945$ s。

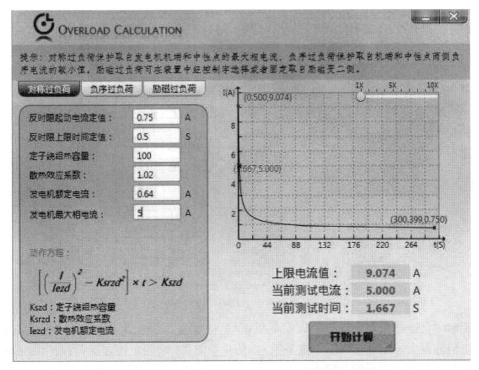

图3.57　反时限过负荷专用计算软件

注意:

①测试哪个保护就只投入此保护退出其他保护(可以通过改变跳闸控制字实现)。

②每次反时限测试前需要清零热积累,可通过投退定子过负荷保护硬压板来清零。如不清零进行测试测得误差会很大。

3.4.8　负序过负荷保护

1)定值整定

①保护总控制字"定子负序过负荷保护投入"置"1"。

②投入屏上"投定子负序过负荷保护"硬压板。

③定时限负序过负荷保护定值:负序过流Ⅰ段定值:0.86 A;Ⅰ段动作延时:0.5 s;负序过流Ⅱ段定值:0.86 A;Ⅱ段动作延时:0.5 s;定时限报警电流定值:0.07 A;报警延时:5 s。

④反时限负序过负荷保护定值:反时限启动负序电流定值:0.08 A;长期允许负序电流为:0.06 A;反时限上限时间定值:0.5 s;负序转子发热常数:40。

⑤根据需要整定负序过流Ⅰ段跳闸控制字、负序过流Ⅱ段跳闸控制字和反时限跳闸控制字。

2)负序过负荷保护试验内容

负序过负荷保护试验接线如图3.58所示。

(1)定时限负序过负荷保护试验内容

①定时限负序过负荷保护原理。

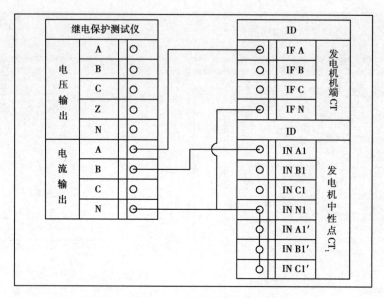

图 3.58　负序过负荷保护接线示意图

a. 定时限负序过负荷保护电流取发电机机端、中性点负序电流较小值(中性点加单分支时测试电流需要大于定值除以其分支系数)以防止一侧 TA 断线负序过负荷保护误动,故试验时在机端和中性点均需要加负序电流。

b. 测试电流大于定值保护启动值时延时告警或跳闸。

c. 如果用单相输入测试时输入值应为 3 倍。例如:要得到 1 A 负序电流则需单相输入 3 A 电流。

②定时限负序过负荷保护试验。

负序过流 Ⅰ 段试验值:_____ A,负序过流 Ⅰ 段延时试验值:_____ s;

负序过流 Ⅱ 段试验值:_____ A,负序过流 Ⅱ 段延时试验值:_____ s;

定时限报警电流试验值:_____ A,定时限报警信号延时试验值:_____ s。

(2)反时限负序过负荷保护试验内容

①反时限负序过负荷保护原理。

a. 测试电流取发电机机端、中性点负序电流较小值(中性点加单分支时测试电流为需要的值除以其分支系数),以防止一侧 TA 断线负序过负荷保护误动,故试验时在机端和中性点均需要加负序电流。

b. 当测试电流大于反时限启动电流定值 I_{szd} 时,可以看到负序过负荷反时限热积累开始缓慢增加(在"模拟量→保护测量→发电机采样→发电机综合量"中查看反时限负序过负荷热积累),电流越大热积累得越快,当百分数增至 100% 时,反时限保护动作。

②反时限负序过负荷保护试验。在机端和中性点同时加负序电流,测出反时限负序过负荷的动作时间,并将试验数据记录至表 3.5 中。

表 3.5　反时限负序过负荷试验数据表

序号	启动电流/A	软件计算时间/s	实际动作时间/s
1	0.2	691.060	
2	0.5	90.132	
3	1.0	22.225	
4	3.0	2.452	
5	5.0	0.882	
6	7.0	0.5	
7	7.424	0.5	

注意：

①测试哪个保护就只投入此保护,退出其他保护(可以通过改变跳闸控制字实现)。

②每次反时限负序过负荷测试前需要清零热积累,可通过投退定值负序过负荷保护硬压板来清零。如不清零进行测试测得误差会很大。

3.4.9　发电机定子接地保护

1)基波零序电压保护试验(即 95% 定子接地保护)

(1)定值整定

①保护投入总控制字"发电机定子接地保护投入"置"1"。

②投入屏上"投发电机 95% 定子接地保护"硬压板。

③主变零序电压闭锁定值:40 V,零序电压定值:10 V,零序电压高定值:20 V,零序电压保护延时:1 s,零序电压高定值延时:0.5 s。

④整定"定子接地跳闸控制字"。

⑤按照试验要求整定"零序电压保护报警投入""零序电压保护跳闸投入""零序电压高值段跳闸投入"控制字。

(2)基波零序电压保护试验内容

①基波零序电压保护报警试验。

报警段动作判据:中性点零序电压 $U_{n0} > U_{0zd}$。

基波零序电压定子接地保护动作于报警时,报警定值为"基波零序电压"定值,延时为"零序电压保护"延时,不需通过硬压板控制,也不需经机端零序电压和主变高压侧零序电压闭锁。

在发电机中性点零序电压输入端子上加入单相电压,实测报警动作值:＿＿＿ V,报警延时:＿＿＿ s。

②基波零序电压保护跳闸试验。

基波零序电压灵敏跳闸段动作判据:

中性点零序电压 $U_{n0} > U_{0zd}$;

主变高压侧零序 $U_{h0} < 40$ V,防止区外故障时定子接地基波零序电压灵敏段误动;

机端零序电压 $U_{t0}>U'_{0zd}$ ，闭锁定值 U'_{0zd} 不需整定，保护装置根据系统参数中机端、中性点 TV 的变比自动计算出"中性点机端零序电压相关系数 K"（中性点机端零序电压相关系数 $K=$ 机端零序 TV 变比/3×中性点 TV 变比），自动转换出实时工况下的闭锁定值 $U'_{0zd}=U_{0zd}/K$ 。

试验方法：将"零序电压保护跳闸投入"控制字置"1"，退出"零序电压高值段跳闸投入"控制字。将试验仪的 U_A 相接主变高压侧开口三角零序电压， U_B 相接发电机机端开口三角零序电压， U_C 接发电机中性点零序电压，然后再将 N 线全部并起来回到装置的 N 线上（如图 3.59 所示）。在测试某个动作值时，需要保证其他两个判据开放。

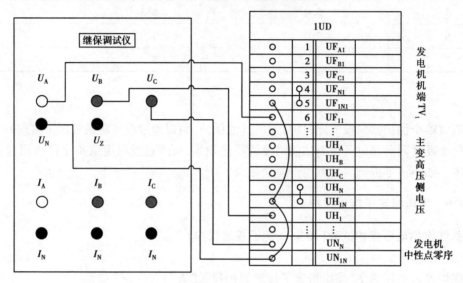

图 3.59　发电机定子接地基波零序电压保护调试示意图

实测零序电压动作试验值：＿＿＿ V，机端零序电压闭锁试验值：＿＿＿ V，零序电压保护延时：＿＿＿ s。

③基波零序电压高定值。

零序电压高定值段动作判据：发电机中性点零序电压 $U_{n0}>$ 零序电压高定值 U_{0zd_h} 。

试验方法：将"零序电压高值段跳闸投入"置"1"，因为零序电压高定值段不经机端零序电压和主变高压侧零序电压闭锁。因此，只需在发电机中性点零序电压输入端子上加入试验仪的一相电压即可。

实测零序电压高定值段试验值：＿＿＿ V，零序电压高值段动作延时试验值：＿＿＿ s。

注意：发电机基波定子接地保护动作电压取的是发电机中性点，如果现场发电机中性点不接地，则只有将机端开口三角零序电压并接到发电机中性点零序电压通道上，可以选择投报警或跳闸，但是投跳闸的话存在 TV 一次断线误跳闸的风险。

2）三次谐波电压保护试验（100% 定子接地保护）

（1）定值整定

①保护投入总控制字"发电机定子接地保护投入"置"1"。

②投入屏上"投发电机 100% 定子接地保护"硬压板。

③并网前三次谐波比率定值：2.5，并网后三次谐波比率定值：2，三次谐波差动定值：0.3，三次谐波保护延时：5 s。

④整定跳闸矩阵定值。

⑤按照实验要求整定"三次谐波比率判据投入""三次谐波差动判据投入""三次谐波保护报警投入""三次谐波保护跳闸投入"控制字。

（2）三次谐波电压保护试验内容

辅助判据：机端正序电压大于$0.5U_n$，机端三次谐波电压值大于0.3 V。动作判据：并网前三次谐波电压比率$K_{3w}>K_{3wpzd}$；并网后三次谐波电压比率$K_{3w}>K_{3wlzd}$（$K_{3w}=U_{t03}/U_{n03}$，即机端零序三次谐波与中性点零序三次谐波之比）。

该保护动作于告警时，只需投入定值中的"三次谐波保护报警投入"控制字；动作于跳闸时，需投入"三次谐波保护跳闸投入"控制字和屏上的"投发电机100%定子接地保护"硬压板。由于三次谐波比率保护的三次谐波比率随工况变化（比如进相实验时）而变化，比较灵敏，建议只投报警。

试验方法：将"零序电压保护报警投入""零序电压保护跳闸投入""零序电压高值段跳闸投入"控制字退出，将"三次谐波比率报警投入"或"三次谐波比率跳闸投入"控制字置"1"。

调试接线如图3.60所示，先将试验仪的U_a、U_b、U_c接到发电机机端TV1的A、B、C三相上，然后将试验仪的U_a相并接在发电机机端TV开口三角零序电压的L端子上，试验仪的U_z相接在发电机中性点零序电压端子的L端子上，最后将机端TV1的N线、机端开口三角的N线和中性点TV的N线短接起来接到试验仪的N线。

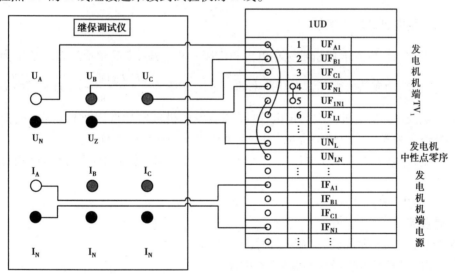

图3.60 发电机定子接地三次谐波电压保护调试示意图

采用博电试验仪的谐波菜单，其中三相电压U_a、U_b、U_c加大于30 V的基波正序电压，在U_a相上叠加三次谐波电压输出到机端开口三角零序电压通道上，在U_z上加一个三次谐波电压到中性点零序电压通道上，固定U_z的三次谐波电压值不变，缓慢增加U_a的三次谐波电压或者固定U_a的三次谐波电压值不变，缓慢减小U_z的三次谐波电压（图3.61），直到"三次谐波保护报警"或"三次谐波保护跳闸"动作，测得相应动作值。

并网前三次谐波比率定值:2.5;试验值:____;

并网后三次谐波比率定值:2.0;试验值:____。

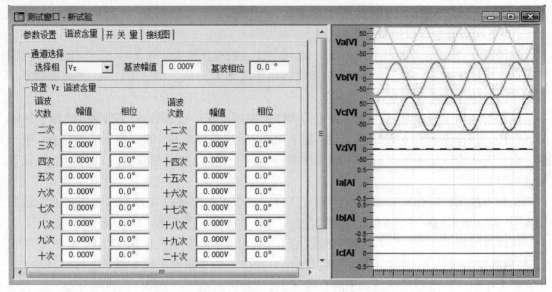

图3.61　发电机定子接地三次谐波电压保护调试加量图

3.4.10　发电机逆功率保护

逆功率保护固定取发电机机端三相电压和机端三相电流,装置显示的有功功率为百分数(为实际二次有功功率与二次额定有功功率的百分比,$P\% = \dfrac{3U_1 I_1 \cos\theta}{3U_{ef} I_{ef} \cos\varphi_e} \times 100\%$　其中 U_{ef}:发电机二次额定电压;I_{ef}:发电机二次额定电流;$\cos\varphi_e$:发电机额定功率因数),可在"模拟量→保护测量→发电机采样→发电机综合量"中查看发电机有功功率的百分比。

辅助判据:发电机机端正序电压大于12 V,经机端断路器分位和导水叶位置(通过定值投退)闭锁。

动作判据:$P < -P_{set}$。

1)定值整定

①保护总控制字"发电机逆功率保护投入"置"1"。

②投入屏上"投发电机逆功率保护"硬压板。

③逆功率定值:1%,逆功率信号延时:2 s,逆功率跳闸延时:30 s。

④根据需要整定逆功率保护跳闸控制字。

⑤根据需要整定"经导水叶位置闭锁"控制字置"1"时,逆功率保护需经导水叶位置开入闭锁。

2)逆功率保护试验内容

实验方法:试验接线如图3.62所示,然后解掉屏上机端断路器位置开入的外部线,模拟机端断路器在合位,如果"经导叶位置闭锁"控制字整定为"1",则还需用短接线短接屏上的导水叶位置开入。在机端固定加幅值大于12 V的三相正序电压,在机端电流通道上加三相正序电流,同时电压电流的相角差应满足90°<θ<270°(图3.63),缓慢增加三相电流直至逆功率保护

发信号或跳闸动作,记录此时三相电压和三相电流的幅值,相角。逆功率试验值:____%,逆功率延时____ s。

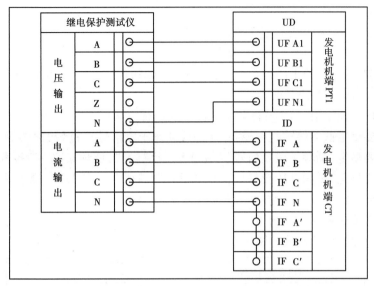

图 3.62　逆功率保护接线示意图

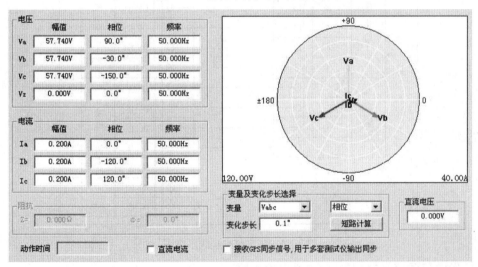

图 3.63　逆功率保护试验图

注意:

①在整定发电机系统参数定值时,"机端 TV 原边"与"机端 TV 副边"应同为线电压或者同为相电压,否则将造成保护装置功率显示与实际功率相差 1.732 倍。整定逆功率时请输入正值,如要整定"-1%"的逆功率,只需输入定值"1%"即可。

②逆功率保护不经"导叶位置闭锁"时,跳闸延时一般整定较长(比如 60 s),如果选择了经"导叶位置闭锁"时,跳闸延时一般整定较短(0.5 s)。

3.4.11　发电机频率保护

1）定值整定

①保护总控制字"发电机频率保护投入"置"1"。

②投入屏上"投发电机频率保护"硬压板。

③低频保护定值：低频Ⅰ段频率定值：49.5 Hz；低频保护Ⅰ段延时：6 s；低频Ⅱ段频率定值：48.75 Hz；低频保护Ⅱ段延时：2 s。

④过频保护Ⅰ段定值：55 Hz；过频率保护Ⅰ段延时：2 s。

⑤根据需要整定低频保护跳闸控制字（一般动作于发信号），过频保护跳闸控制字。

⑥根据需要整定"低频Ⅰ段投信号""低频Ⅰ段投跳闸"，低频保护一般投发信号。

⑦根据需要整定"低频Ⅱ段投信号""低频Ⅱ段投跳闸"，低频保护一般投发信号。

⑧根据需要整定"过频Ⅰ段投信号""过频Ⅰ段投跳闸"。

2）发电机频率保护试验内容

发电机频率保护试验接线如图 3.64 所示。

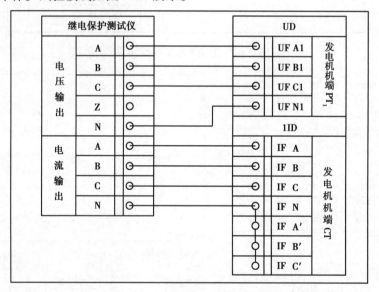

图 3.64　频率保护接线示意图

（1）发电机低频保护（以低频Ⅰ段保护为例）

低频保护的频率取发电机机端电压的频率，加单相电压和三相电压均可。

低频保护辅助判据：发电机处于并网状态，即发电机出口开关位置为合位且发电机机端最大相电流大于 $0.04I_n$。

试验方法：将"低频Ⅰ段投发信"或"低频Ⅰ段投跳闸"控制字置"1"。解掉屏上机端断路器位置开入的外部线，模拟机端断路器在合位，用试验仪在机端电流通道加大于 $0.04I_n$ 的电流，在机端电压通道加三相（或单相）额定幅值的电压，缓慢减小电压的频率直至低频保护发信或跳闸动作。通过更改控制字软压板，分别测试低频Ⅰ段和低频Ⅱ段的动作值和动作时间：

低频Ⅰ段频率试验值：____ Hz，低频保护Ⅰ段延时：____ s；

低频Ⅱ段频率试验值：____ Hz，低频保护Ⅱ段延时：____ s。

（2）发电机过频保护

过频保护的频率取发电机机端电压的频率,过频保护不受并网状态闭锁,即不判断机端断路器位置和机端电流。

试验方法:将"过频Ⅰ段投发信"或"过频Ⅰ段投跳闸"控制字置"1"。在机端电压通道加三相(或单相)额定幅值的电压,缓慢增加电压的频率直至过频保护发信或跳闸动作,测试过频保护Ⅰ段的动作值和动作时间:

过频保护Ⅰ段试验值:＿＿＿ Hz;过频率保护Ⅰ段延时:＿＿＿ s。

3.4.12 误上电保护

1）试验前的准备

①保护总控制字"发电机误上电保护投入"置"1"。

②投入屏上"投发电机误上电保护"硬压板。

③误上电频率闭锁定值:45 Hz,误上电电流定值:0.32 A,误上电延时定值:0.1 s。

④按试验要求整定"低频闭锁投入""断路器位置接点闭锁投入""断路器跳闸闭锁功能投入"控制字,并整定跳闸矩阵定值。

2）发电机误上电保护试验内容

PCS-985GW装置误上电保护同时取发电机机端与中性点电流,二者均大于定值时才动作,由于开关误合瞬间,电流是一个从无流到有流的过程,所以当误上电状态开放后,需要在机端和中性点突加电流(对于中性点多分支的情况,在中性点单分支加电流时,中性点分支加的电流需要大于定值除以分支系数。由系统参数可知:中性点加单分支时需要大于 0.32 A/0.5 = 0.64 A)。

将试验仪的三相电压接到机端电压通道上,试验仪的 I_a 相接到机端电流通道的 A 相上,将试验仪的 I_b 相接到发电机中性点 1 分支(或者 2 分支)电流通道的 a 相上(图 3.65)。

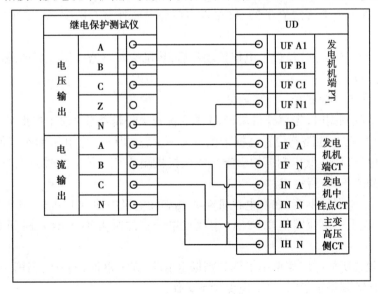

图 3.65 发电机误上电保护接线示意图

（1）误上电保护电流试验

电流动作值测试时，第一个状态满足断路器位置判据、低频判据或低压判据任意一个即可，使"误上电保护状态"为"1"，第二个状态机端和中性点同时突加电流（图3.66），测量误上电电流动作值：＿＿＿ A，误上电延时定值：＿＿＿ s。

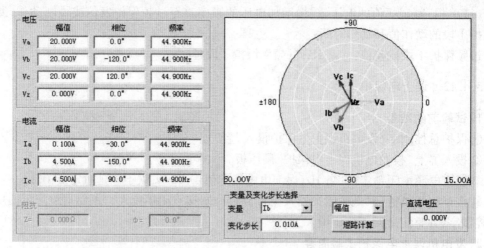

图3.66　误上电保护电流试验图

（2）误上电保护断路器位置判据试验

将"误上电断路器位置判据投入"控制字置"1"，用短接线短接屏上的机端断路器位置开入，模拟并网前状态，查看误上电状态应为非"0"状态。采用状态序列来输出两个状态：

第一状态，机端正序电压加额定值、频率额定的三相电压（避免低压判据或低频判据的影响），发电机机端A相电流和中性点a相电流为0，时间加2 s，如图3.67所示。

第二状态，电压保持不变，在发电机机端A相和发电机中性点1分支（或2分支）a相突加电流，且均大于误上电电流定值0.32 A（中性点单分支加时大于0.64 A），时间1 s，如图3.68所示。

测试完机端断路器在分位误上电保护动作后，将机端断路器短接线拆掉，模拟断路器在合位，测试误上电不动作。

（3）误上电低频判据试验

做误上电低频判据时，先解开机端断路器位置开入外部线将"误上电断路器位置判据投入"控制字置"0"，防止断路器位置判据干扰。第一状态，机端正序电压加额定值、频率小于低频定值的三相电压（防止低压判据的影响），发电机机端A相电流和中性点1分支a相电流为0，时间加2 s，如图3.69所示。

第二状态，电压保持不变，在发电机机端A相和发电机中性点1分支（或2分支）a相突加电流，且均大于误上电电流定值0.32 A（中性点单分支加时大于0.64），时间1 s，如图3.70所示。

当第一个状态所加电压频率小于低频判据定值时，误上电保护动作；当第一个状态所加的电压频率大于低频判据定值时，误上电保护不动作。

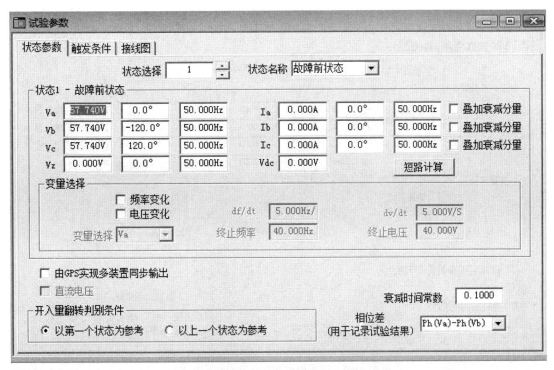

图 3.67　误上电断路器位置判据试验第一状态

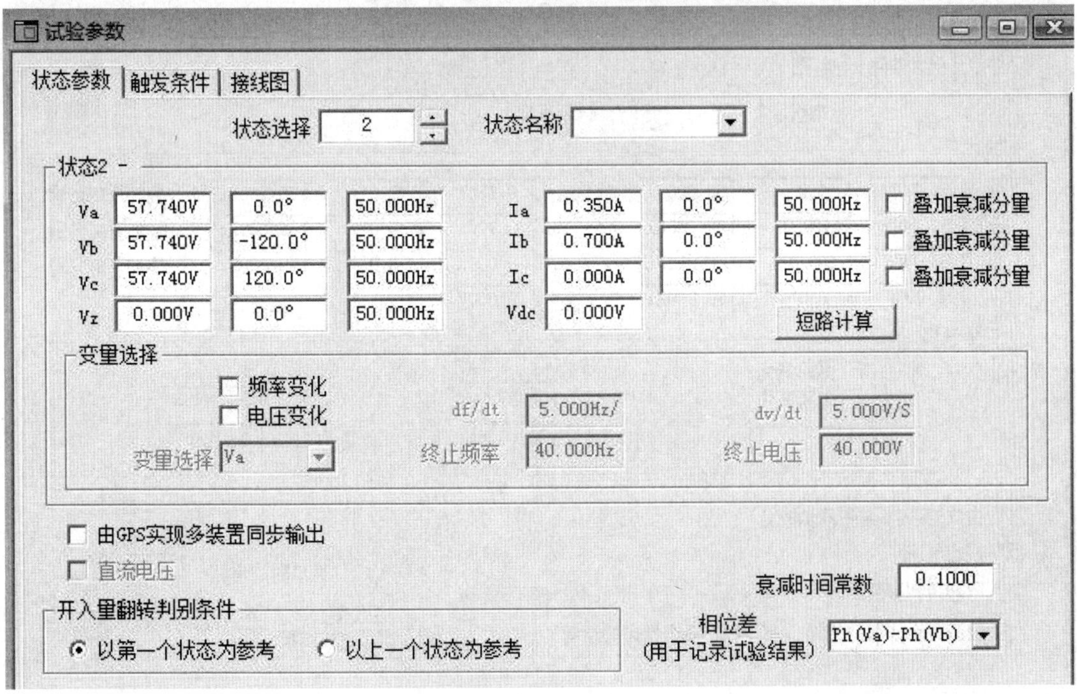

图 3.68　误上电断路器位置判据试验第二状态

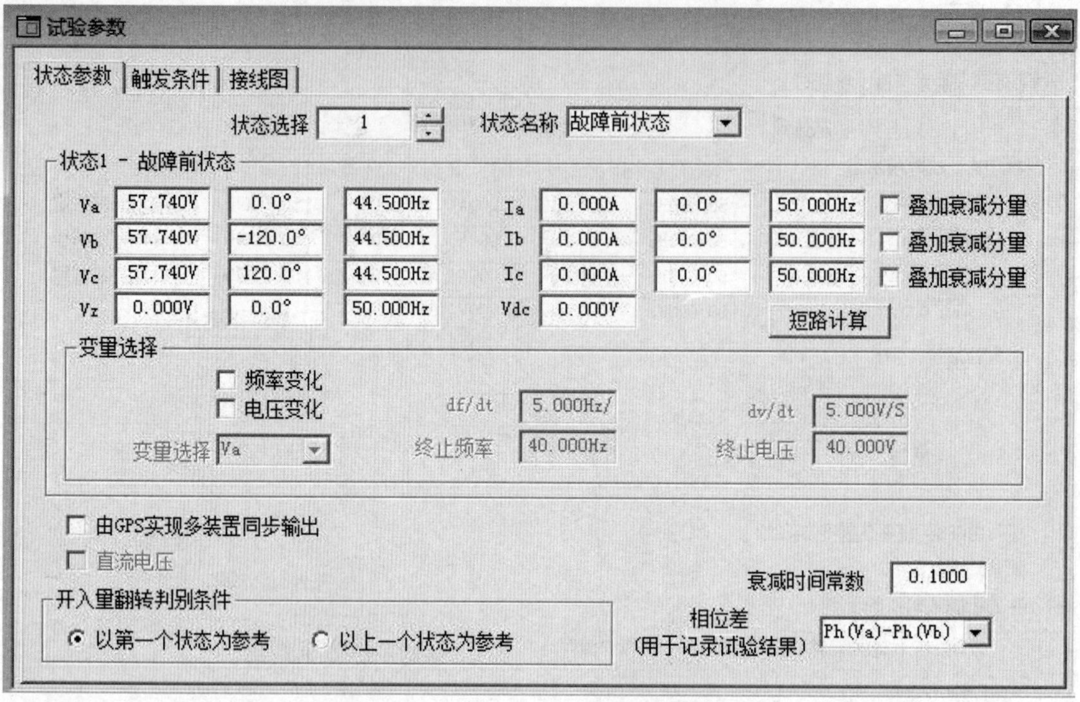

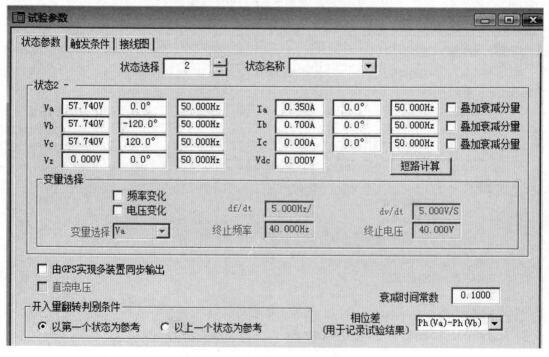

图 3.69　误上电低频判据试验第一状态

图 3.70　误上电低频判据试验第二状态

3.4.13　启停机保护

　　启停机保护的频率取发电机机端电压的频率,加单相电压或三相电压均可以。

辅助判据:机组处于并网前状态即机端断路器位置开入为"1",且机端电压频率低于频率闭锁定值。

1)定值整定

①保护总控制字"发电机启停机保护投入"置"1"。

②投入屏上"投发电机启停机保护"硬压板。

③频率闭锁定值:45 Hz。

④差流启停机定值:发电机差流定值:$0.2I_e$,整定差流启停机跳闸控制字。

⑤零序电压启停机定值:定子零序电压定值:8 V;零序电压延时:0.7 s,整定零压启停机跳闸控制字。

⑥低频过流启停机定值:发电机低频过流定值:0.81 A;发电机低频过流延时:2 s,整定低频过流跳闸控制字,低频过流保护的电流固定取发电机中性点电流。

⑦根据需要整定"发电机差流启停机投入""零序电压启停机投入""低频过流启停机投入"控制字。

2)发电机启停机保护试验内容

发电机启停机保护试验接线如图 3.71 所示。

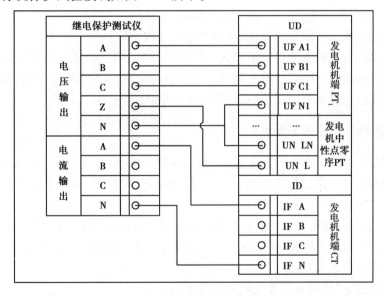

图 3.71 发电机启停机保护接线示意图

发电机启停机保护试验如下所述。

①发电机差流启停机试验。

试验方法:将"发电机差流启停机投入"控制字置"1",将"零序电压启停机投入""低频过流启停机投入"控制字置"0"。用短接线短接屏上的机端断路器位置接点,模拟并网前状态,在不加任何量的情况下此时"启停机状态"为"1"。用实验仪在机端电流或中性点分支加入电流,缓慢增加电流直至差流启停机保护动作,记录发电机差流启停机动作试验值:____ A。

注意:在中性点某个分支 TA 加电流测试差流启停机时,测试电流需要大于定值除以对应分支的分支系数。

②发电机电机零序电压启停机保护试验。

试验方法:将"零序电压启停机投入"控制字置"1",将"发电机差流启停机投入""低频过流启停机投入"控制字置"0"。用短接线短接屏上的发电机出口开关位置接点,模拟并网前状态,在不加任何量的情况下此时"启停机状态"为"1"。将试验仪的 U_a 相接到发电机中性点零序电压通道上,缓慢增加电压直至零序电压启停机保护动作,记录零序电压启停机保护试验值:____ V,零序电压动作延时试验值:____ s。

注意:对于 PCS-985GW/AW 装置,当定子接地保护采用的是基波+三次谐波定子接地保护时,零序电压启停机保护的零序电压需要从 1821~1822 端子输入,当定子接地采用的是注入式定子接地时,零序电压启停机保护的零序电压需要从 3109~3110 端子输入。

③发电机低频过流启停机保护试验。

试验方法:将"低频过流启停机投入"控制字置"1",将"发电机差流启停机投入""零序电压启停机投入"控制字置"0"。用短接线短接屏上的发电机出口开关位置接点,模拟并网前状态,在不加任何量的情况下此时"启停机状态"为"1"。用实验仪在发电机中性点分支加入电流,缓慢增加电流直至低频过流启停机保护动作,记录发电机低频过流试验值:____ A;发电机低频过流延时试验值:____ s。

注意:发电机低频过流启停机保护固定取发电机中性点电流,如果只在中性点某个分支加电流,测试电流需要大于定值除以该分支对应的分支系数。

④发电机启停机保护频率闭锁试验(以差流启停机为例)。

试验方法:将"发电机差流启停机投入"控制字置"1",用试验仪在机端电流通道加入大于 $0.2I_e$ 的电流,在机端电压加入三相或单相额定幅值的电压,将电压的频率从 46 Hz 缓慢减小直至发电机差流启停机保护动作,记录频率闭锁实验值:____ Hz。

3.4.14 机端断路器失灵保护

机端断路器失灵保护电流取失灵专用 TA 的电流,失灵专用 TA 通道定义在"系统定值→内部配置"中整定,当外部没有单独的失灵专用 TA 时,失灵专用 TA 一般定义来机端电流通道一致,如果有单独的失灵专用 TA 时,则按照实际整定。

辅助判据:机端断路器失灵保护要判保护动作节点开入(即启动失灵开入)和机端断路器位置(断路器需在合位,该判据可经"失灵经发电机出口开关闭锁"控制字投退)。

1)定值整定

①保护总控制字"机端断路器失灵保护投入"置"1"。

②投入屏上"投机端断路器失灵保护"硬压板。

③失灵相电流定值:0.77 A,失灵负序电流定值:0.1 A。

④失灵Ⅰ时限定值:0.13 s,根据实际整定失灵Ⅰ时限跳闸控制字。

⑤失灵Ⅱ时限定值:0.25 s,根据实际整定失灵Ⅱ时限跳闸控制字。

⑥根据需要整定"失灵经负序电流闭锁""失灵经相电流闭锁""失灵经发电机出口开关闭锁"控制字。

2)机端断路器失灵保护试验内容

试验方法:

①在屏上用短接线短接"保护动作接点"开入,若控制字"失灵经发电机出口开关闭锁"置"1",还需将"机端断路器位置"的外部线解开。

②将"经负序电流闭锁"控制字置"1""经相电流闭锁"控制字置"0",用实验仪在失灵专用 TA 通道上加入单相电流,单相电流达到 3 倍的负序电流定值,经整定延时,发电机断路器失灵保护动作。

③将"经负序电流闭锁"控制字置"0""经相电流闭锁"控制字置"1",用实验仪在失灵专用 TA 通道加入单相电流,单相电流达到相电流定值,经整定延时,发电机断路器失灵保护动作。

失灵负序电流试验值:＿＿ A,失灵相电流试验值:＿＿ A;

失灵Ⅰ时限延时:＿＿ s,失灵Ⅱ时限延时:＿＿ s。

注意:保护动作接点开入超过 20 s 后,装置报"保护动作接点位置报警",但不闭锁机端断路器失灵保护功能。

3.4.15 发电机轴电流保护

1)定值整定

①保护总控制字"轴电流保护投入"置"1"。

②投入"投轴电流保护"硬压板。

③轴电流报警定值:10 mA,轴电流报警延时:5 s;轴电流跳闸定值:20 mA,跳闸延时:2 s。

④根据实际整定轴电流跳闸矩阵定值。

⑤根据需要整定"基波分量投入""三次谐波分量投入""轴电流报警投入"控制字。

2)发电机轴电流保护试验内容

轴电流保护电流取自轴电流通道,用实验仪在轴电流通道上加小电流,缓慢增加直至轴电流保护动作于信号或跳闸。

轴电流报警定值:＿＿ mA,报警延时:＿＿ s。

轴电流跳闸定值:＿＿ mA,跳闸延时:＿＿ s。

注意:

①轴电流 TA 为小信号,其额定电流为 5 mA。为安全考虑,试验时电流不宜太大,最大不得超过 20 倍额定电流,即 100 mA,时间也不宜过长。

②发电机轴电流保护,一般选择反应基波分量的轴电流保护,也可以经控制字选择反应三次谐波分量的轴电流,轴电流保护一般动作于信号。

③发电机轴电流保护用 TA 默认定义在 B18 插槽的 5、6 端子(零序电流 3)。

3.4.16 励磁过流保护

1)定值整定

①保护总控制字"励磁过流保护投入"置"1"。

②投入屏上"投励磁变后备保护"硬压板。

③过流Ⅰ段定值:1.7 A,过流Ⅰ段延时:0.1 s;过流Ⅱ段定值:1.02 A,过Ⅱ段延时:0.5 s。

④过负荷报警定值:0.47 A,过负荷报警延时:10 s。

⑤根据实际整定过流Ⅰ段跳闸控制字,过流Ⅱ段跳闸控制字。

⑥根据需要整定"励磁过流 TA 选择"控制字,置"0"时为励磁变高压侧 TA,置"1"时为励磁变低压侧 TA。

2)励磁过流保护试验内容

根据定值"励磁过流 TA 选择"所选电流侧,从励磁相应侧电流回路加入电流进行试验(取相应侧最大相电流)。

过流Ⅰ段试验值:____ A,过流Ⅰ段延时:____ s;

过流Ⅱ段试验值:____ A,过流Ⅱ段延时:____ s;

过负荷报警试验值:____ A,过负荷报警延时:____ s。

注意:

①定值清单中励磁过流 TA 选择,可以选Ⅰ侧电流,也可以取Ⅱ侧电流,一般取Ⅰ侧电流。

②励磁过流保护与励磁过负荷保护共用一个硬压板,为"投励磁变后备保护"。

3.4.17 励磁过负荷保护

1)定值整定

①保护总控制字"励磁过负荷保护投入"置"1"。

②投入屏上"励磁变后备保护"硬压板。

③定时限电流报警定值:0.7 A,定时限报警信号延时:12 s。

④反时限启动电流定值:0.84 A,反时限上限时间定值:0.8 s,励磁绕组热容量:85.34,反时限基准电流:0.61 A。

⑤根据实际整定反时限跳闸控制字。

⑥根据需要整定"励磁过负荷 TA 选择"控制字,置"0"时选择励磁变高压侧,置"1"时选择励磁变低压侧。

2)励磁过负荷试验内容

①定时限励磁过负荷实验。根据定值所选电流侧,从励磁相应侧电流回路加入电流进行试验(取相应侧最大相电流)。

定时限报警电流试验值:____ A,定时限报警信号延时试验值:____ s。

②反时限励磁过负荷试验内容。

a. 反时限励磁过负荷保护原理

Ⅰ. 反时限励磁过负荷保护电流可根据"励磁过负荷 TA 选择"控制字选择励磁变高压侧 TA 或者励磁变低压侧 TA,取三相最大相电流。

Ⅱ. 当测试电流大于反时限启动电流定值 I_{szd} 时,可以看到励磁绕组过负荷热积累开始缓慢增加(在"模拟量→保护测量→发电机采样→发电机综合量"中查看励磁绕组过负荷热积累),电流越大热积累的越快,当百分数增至100%时,反时限保护动作。

b. 反时限励磁过负荷保护试验。根据定值所选电流侧,从励磁相应侧电流回路加入电流进行试验(取相应侧最大相电流),并将数据记录至表 3.6。

表 3.6 过励磁反时限保护试验数据记录

序号	启动电流/A	软件计算时间/s	实际动作时间/s
1	0.84	95.217	
2	1.5	16.91	
3	3.0	3.681	

续表

序号	启动电流/A	软件计算时间/s	实际动作时间/s
4	5.0	1.289	
5	8.149	0.800	

注意：

①定时限和反时限过励磁定值清单中励磁过负荷 TA 选择,可以选Ⅰ侧电流,也可以取Ⅱ侧电流,如果两侧 TA 都接入,则一般取Ⅱ侧电流。PCS-985GW/AW 已经取消励磁过负荷保护取转子电流。

②每项反时限试验做完后,需等热积累归零后,再做下一项,否则动作时间测量偏差会很大,快速将热积累清零只需短时退出屏上"投励磁过负荷"硬压板即可。

3.4.18　发电机转子绕组接地保护及其测试

1）定值整定

①保护总控制字"发电机转子接地保护投入"置"1"。

②投入屏上"投发电机转子接地保护"硬压板。

③一点接地灵敏段电阻定值:10 kΩ,一点接地电阻跳闸定值:1 kΩ,一点接地报警延时:5 s,一点接地跳闸延时:3 s,二次谐波负序电压定值:0.5 V,两点接地保护延时:0.5 s,切换周期定值:1 s,注入原理功率电阻值:47 kΩ。

④根据现场实际情况整定"转子接地保护原理选择"定值。

⑤根据需要整定"转子接地保护跳闸控制字"。

⑥"一点接地灵敏段信号投入"置"1",动作于报警。

⑦"一点接地信号投入"置"1",动作于报警。

⑧"一点接地投跳闸"置"1",按跳闸矩阵动作于出口。

⑨"转子两点接地投入"置"1",按照跳闸矩阵动作于出口。

⑩"两点接地二次谐波电压投入"置"1",转子两点接地跳闸需经过机端二次谐波负序电压闭锁。

2）注入式转子接地保护试验内容

（1）注入式转子一点接地保护试验

注入式转子接地保护通过注入一个低频方波电压到转子绕组上,根据注入的方式不同,又可以分为双端注入和单端注入。其中单端注入和双端注入均可以在静态不加励磁的情况下测量转子的接地电阻(不加励磁电压时只能测量接地电阻,不能测量接地位置),双端注入可在加励磁的情况下测量转子接地电阻和转子接地位置,单端注入原理只能测量接地电阻不能测量接地位置。

（2）双端注入式转子一点接地实验

双端注入式转子一点接地的做法可以分为两种:未加励磁电压和加励磁电压的两种情况。

①不加励磁电压时转子一点接地实验方法。将定值"转子接地原理选择"整定为1(1 为双端注入式),合上屏后面的转子接地用转子电压和失磁保护用转子电压黑色保险,在端子排

将电压正端和电压负端通过一个小阻值的滑线变阻器连接(或者直接用一根短接线连接)模拟转子绕组如图3.71所示,将试验端子(18 kΩ)与转子电压正端短接,测得试验值:____ kΩ,测得接地位置:____% ;将试验端子与转子电压负端短接,保护测量值:____ kΩ,测得接地位置:____%(由于没有励磁电压,装置计算不出接地位置,可以看到接地位置始终是显示的50%,电阻值显示为18 kΩ左右)。

②加励磁电压时转子一点接地试验方法。将定值"转子接地原理选择"整定为1(1 为双端注入式),合上屏后面的转子接地用转子电压和失磁保护用转子电压黑色保险,在端子排将电压正端和电压负端通过一个小阻值的滑线变阻器连接模拟转子绕组如图3.72所示,用实验仪在屏上转子电压正端和转子电压负端之间加直流电压100 V,再将试验端子(18 kΩ)与转子电压正端短接,测得试验值:____ kΩ,测得接地位置:____% 。

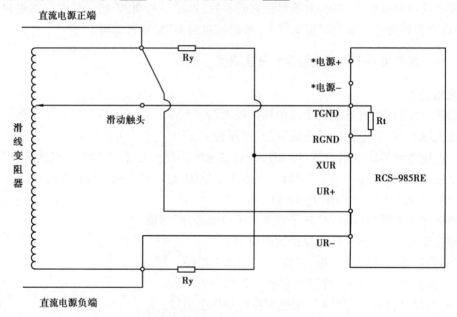

图3.72 试验接线示意图

将试验端子与转子电压负端短接,保护测量值:____ kΩ,测得接地位置:____% 。

将试验端子(18 kΩ)与滑线变阻器任一点短接,测得试验值:____ kΩ,测得接地位置:____% 。

整定"一点接地灵敏段电阻定值"或"一点接地电阻定值"为18 kΩ以上(如19 kΩ),如上在屏上转子电压正端和转子电压负端之间加直流电压100 V,将试验端子与电压正端(或负端)短接即可,相应的"一点接地灵敏段报警"或"一点接地报警"信号发出,无需外加电阻进行试验。如果需要跳闸,则需要将"一点接地跳闸"控制字置"1",并投入"发电机转子接地保护"硬压板。

若需要测试准确定值,可以在正端(或者负端)与大轴之间串接一个电阻箱,改变电阻箱的电阻值来测试保护的动作值。需注意所接电阻箱的过载能力。

(3)注入式转子两点接地保护

由于双端注入式转子一点接地保护不加励磁电压时以及单端注入式转子一点接地保护均不能测量转子接地位置,只能测量转子接地电阻,所以双端注入式转子接地在不加励磁电压时以及单端注入式均不能实现转子两点接地保护。转子两点接地保护只有在双端注入式加励磁后才能实现转子两点接地保护。

试验方法：将定值中"一点接地投跳闸"控制字整定为 0，"转子两点接地投入"控制字整定为 1，按照双端注入式转子一点接地实验加励磁时所述试验方法在"一点接地发信"发出延时 15 s，装置发出"转子两点接地保护投入"信号（在装置采样的"模拟量→启动测量→保护状态量→发电机保护→转子接地保护"里面观察"转子两点接地投入状态"由"0"→"1"），将大轴输入端与电压负端（或正端）短接（注：与"一点接地"试验时短接端相对）；若"两点接地二次谐波电压投入"控制字置 0，则"两点接地"保护跳闸出口；若"两点接地二次谐波电压投入"控制字置 1，则"两点接地"不出口跳闸，在机端 TV 加二次谐波负序电压，测量二次谐波负序电压实测值为：____ V，此时"两点接地"保护跳闸出口。

转子接地保护说明：

①PCS-985GW/AW 装置取消了转子两点接地保护的硬压板，即一点接地与两点接地保护共用一个硬压板。

②现场一般配置两套转子接地保护，运行时最多只能投入其中一套，另外一套备用，备用屏的转子电压保险要断开。如果需要切换到另一套，需要先断掉投入转子接地的那个屏的转子电压保险（转子接地用的，非失磁用，需要注意不可弄反），然后再投入备用屏的转子接地电压保险。如果两套转子接地保护均投入的话，对于本套装置而言，另外一个装置就相当于寄生回路，此时转子接地会误发信号。

③调试前，需要先检查采样里面转子电压采样有没有零漂，如果有需要手动调零，方法为进入"调试菜单"，选择"直流调零"，输入密码即可（注入式转子接地保护需要将外加电源空开断开调整零漂）。

④水电里面转子接地保护的投入方式与火电有所不同，一般只投转子一点接地保护。如果投入了转子两点接地保护，试验时，"转子两点接地"需在"转子一点接地"发生之后才能投入。

做转子两点接地实验时，两个接地点的电阻都需要小于"一点接地跳闸电阻定值"且第二点接地电阻不能大于第一点接地电阻大（还需需实际测试验证）。"一点接地灵敏段报警"与"一点接地报警"的主要区别在于"一点接地报警"发信后 15 s，装置转子两点接地保护自动转为投入状态，而前者与此无关，仅作为发信报警用。

⑤对于乒乓式和注入式转子接地保护，正端接地时，接地位置为 100%，负端接地时，接地位置为 0%。

⑥对于转子接地保护，需要将发电机转子电压全电压引入到保护装置，不能经分压电阻分压后引入保护装置。

⑦定值中"切换周期定值"一般整定为 1 s，对于大型水轮机组，发电机转子对地电容较大，励磁回路电容充放电的时间比较长影响保护测量可以适当增加至 1.5 s 或者更长。

⑧单端注入式转子接地保护只引入转子电压的一端到装置，不能同时引入转子正负端电压，失磁用转子电压无法应用。

3.4.19 非电量保护试验

1)定值整定

①保护总控制字"非电量保护投入"置1。

②投入屏上相应非电量保护跳闸压板(外部重动1~外部重动4)。

③整定非电量跳闸延时,外部重动1~3延时范围为0~300.00 s,外部重动4延时范围为0~6 000.0 s,整定跳闸控制字。

2)非电量保护试验内容

试验方法:投上要做的外部重动保护硬压板,将实验仪的常开接点接到保护装置的某一外部重动开入上,将该外部重动保护动作的某一出口接点接到实验仪开入上。

以博电试验仪的状态序列为例,设置故障前状态:不加电压电流量,在触发条件中将"开关量输出"的1接点设置为"闭合"(因为博电试验仪的接点实际上是反的,也就是说如果开关量输出选择为"断开",试验仪输出后该接点一直闭合,如果开关量选择为"闭合",试验仪输出后该接点一直断开,所以第一个故障前状态应该选择为"闭合"),最长状态时间设置为1 s,如图3.73所示。

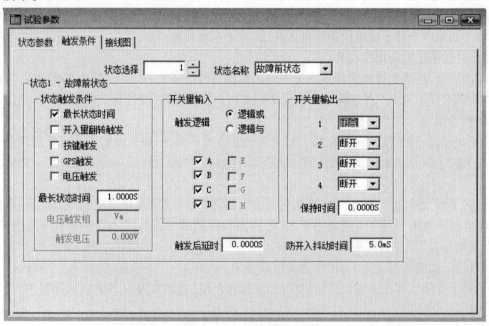

图3.73 故障前状态

故障后状态,将触发条件中的"开关量输出"设置为"断开","最长状态时间"设置为大于外部重动延时时间即可,如图3.74所示。

设置完成后开始实验,同时实验仪开始计时,非电量保护达到动作时间定值,相应出口接点闭合,实验仪停止计时。实验仪记录的时间即保护动作时间。

外部重动1试验延时:____ s,动作情况:____ ;

外部重动2试验延时:____ s,动作情况:____ ;

外部重动3试验延时:____ s,动作情况:____ ;

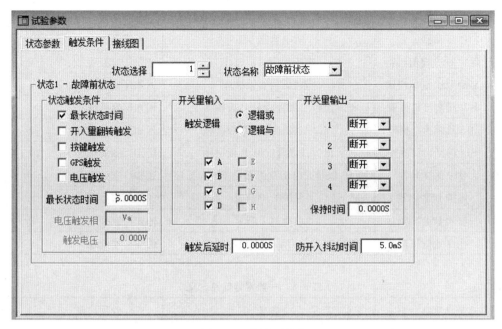

图 3.74 故障后状态

外部重动 4 试验延时:____ s,动作情况:____ 。

注意:

①外部重动在保护动作时启动,因此,装置显示的动作时间为启动到出口的小延时,实际动作时间应为通过试验仪记录的外部重动开入到出口的时间。

②4 路外部重动量的名称均可通过专用调试软件进行设定。

3.5 维护及常见故障处理

3.5.1 运行工况及说明

①保护出口的投、退可以通过跳、合闸出口压板实现。

②保护功能可以通过屏上压板或内部控制字单独投退。

③装置始终对硬件回路和运行状态进行自检,自检出错信息见表 3.7—表 3.13 说明,当出现严重故障时(带"＊"),装置闭锁所有保护功能,并灭"运行"灯,否则只退出部分保护。

3.5.2 装置闭锁与报警

①当 CPU 检测到装置本身硬件故障时,发装置闭锁信号,闭锁整套保护。硬件故障包括:采样异常、跳闸出口异常、定值出错等。此时装置不能够继续工作。

②当 CPU 检测到装置长期启动、不对应启动、传动试验报警、TA 断线或异常、TV 异常时,发出装置报警信号。此时装置还可以继续工作。

装置闭锁与报警信息说明及处理建议见表 3.7—表 3.13。

表 3.7 装置闭锁信息含义

序号	信息	含义	处理建议	备注
1	保护 DSP 定值出错	定值区内容被破坏	通知厂家处理	*
2	启动 DSP 定值出错	定值区内容被破坏	通知厂家处理	*
3	B12 跳闸出口报警	出口三极管或 DSP 板损坏	通知厂家处理	*
4	B13 跳闸出口报警	出口三极管或 DSP 板损坏	通知厂家处理	*
5	B14 跳闸出口报警	出口三极管或 DSP 板损坏	通知厂家处理	*
6	DSP 采样异常	保护 DSP 或启动 DSP 板上 FPGA 损坏	通知厂家处理	*
7	保护 DSP 出错	保护 DSP 异常	通知厂家处理	*
8	启动 DSP 出错	启动 DSP 异常	通知厂家处理	*
9	内部通信出错	保护 DSP 与启动 DSP 之间通信异常	通知厂家处理	*

表 3.8 一般报警信息含义

序号	信息	含义	处理建议	备注
1	外部重动电源消失	非电量电源未给上	给上非电量电源	
2	开入异常	保护 DSP 和启动 DSP 开入量不对应	检查保护 DSP 和启动 DSP 开入是否一致	
3	不对应启动	保护 DSP 板启动元件与启动 DSP 板启动元件不对应	检查保护 DSP 和启动 DSP 采样是否一致	
4	保护 DSP 长期启动	保护 DSP 板启动元件启动时间超过 10 s	检查二次回路接线，定值	
5	启动 DSP 长期启动	启动 DSP 板启动元件启动时间超过 10 s	检查二次回路接线，定值	
6	断路器位置报警	断路器位置与机组状态不符合	检查断路器位置辅助接点	
7	启动	装置启动	无需处理或打印报告	
8	B04/B05 弱电光耦失电	B04/B05 插件 24 V 光耦正电源失去	检查开入板的隔离电源是否接好	
9	B05 强电光耦失电	B05 插件强电光耦正电源失去	检查开入板的隔离电源是否接好	
10	转子外加电源异常	外部直流电源未合或注入电源异常	检查外部直流电源，无法恢复通知厂家处理	
11	注入回路异常	注入式定子接地保护回路异常	检查注入式定子接地保护回路是否完好	

表 3.9　TA 和 TV 断线信息含义

序号	信息	含义	处理建议	备注
1	发电机机端 TA 异常	此 TA 回路异常或采样回路异常	检查采样值、二次回路接线,确定是二次回路原因还是硬件原因	
2	发电机中性点 1TA 异常	同上	同上	
3	发电机中性点 2TA 异常	同上	同上	
4	发电机中性点 TA 异常	同上	同上	
5	发电机后备 TA 异常	同上	同上	
6	主变高压侧 TV 断线	此 TV 回路断线或异常	检查二次回路接线	
7	发电机机端 TV 断线	同上	同上	
8	发电机中性点 TV 断线	同上	同上	
9	发电机 TV 开口三角断线	同上	同上	
10	发电机 TV 一次断线闭锁三次谐波电压保护	同上	同上	
11	主变高压侧 TV 中线断线	同上	同上	
12	转子采样回路异常	同上	同上	
13	失磁保护转子电压断线	同上	同上	
14	发电机差流报警	差动回路异常	检查二次回路接线	
15	不完全差动 1 差流报警	同上	同上	
16	不完全差动 2 差流报警	同上	同上	
17	裂相横差差流报警	同上	同上	
18	励磁差流报警	同上	同上	
19	发电机差动 TA 断线	差动回路 TA 断线、短路	退出压板,检查二次回路接线,恢复正常后复位装置	
20	不完全差动 1TA 断线	同上	同上	
21	不完全差动 2TA 断线	同上	同上	
22	裂相横差 TA 断线	同上	同上	
23	励磁差动 TA 断线	同上	同上	

表 3.10　保护报警信息含义

序号	信息	含义	处理建议	备注
1	区外失步信号	异常元件动作,同信息	按运行要求处理	
2	区内失步信号	异常元件动作,同信息	按运行要求处理	

续表

序号	信息	含义	处理建议	备注
3	加速失步信号	异常元件动作,同信息	按运行要求处理	
4	减速失步信号	异常元件动作,同信息	按运行要求处理	
5	逆功率保护信号	异常元件动作,同信息	按运行要求处理	
6	失磁保护信号	异常元件动作,同信息	按运行要求处理	
7	发电机过励磁信号	异常元件动作,同信息	按运行要求处理	
8	过负荷信号	异常元件动作,同信息	按运行要求处理	
9	负序过负荷信号	异常元件动作,同信息	按运行要求处理	
10	励磁过负荷信号	异常元件动作,同信息	按运行要求处理	
11	定子接地零序电压信号	定子95%接地保护报警元件动作,同信息	按运行要求处理	
12	三次谐波电压比率信号	定子中性点附近接地保护报警元件动作,同信息	按运行要求处理	
13	三次谐波电压差动信号	定子100%接地保护报警元件动作,同信息	按运行要求处理	#
14	注入式定子接地保护信号	定子100%接地保护报警元件动作,同信息	按运行要求处理	
15	转子一点灵敏接地信号	异常元件动作,同信息	按运行要求处理	
16	转子一点接地信号	异常元件动作,同信息	按运行要求处理	
17	转子两点接地投入	转子一点接地后装置延时自动投入两点接地保护	按运行要求处理	
18	低频保护Ⅰ段信号	异常元件动作,同信息	按运行要求处理	
19	低频保护Ⅱ段信号	异常元件动作,同信息	按运行要求处理	
20	过频保护Ⅰ段信号	异常元件动作,同信息	按运行要求处理	
21	外部重动1开入信号	异常元件动作,同信息	按运行要求处理	
22	外部重动2开入信号	异常元件动作,同信息	按运行要求处理	
23	外部重动3开入信号	异常元件动作,同信息	转子一点接地后装置延时	
24	外部重动4开入信号	异常元件动作,同信息	按运行要求处理	

表 3.11　发电机保护动作信息含义

序号	信息	含义	处理建议	备注
1	发电机差动速断保护	保护元件动作,同信息	按运行要求处理	
2	发电机工频变化量差动	保护元件动作,同信息	按运行要求处理	
3	发电机比率差动保护	保护元件动作,同信息	按运行要求处理	
4	不完全差动 1 速断保护	保护元件动作,同信息	按运行要求处理	
5	不完全差动 1 比率差动保护	保护元件动作,同信息	按运行要求处理	
6	不完全差动 2 速断保护	保护元件动作,同信息	按运行要求处理	
7	不完全差动 2 比率差动保护	保护元件动作,同信息	按运行要求处理	
8	裂相横差速断保护	保护元件动作,同信息	按运行要求处理	
9	裂相横差比率保护	保护元件动作,同信息	按运行要求处理	
10	横差保护	保护元件动作,同信息	按运行要求处理	
11	横差保护高定值段	保护元件动作,同信息	按运行要求处理	
12	横差保护 2	保护元件动作,同信息	按运行要求处理	
13	横差保护 2 高定值段	保护元件动作,同信息	按运行要求处理	
14	定子零序过电压	定子 95% 接地保护元件动作,同信息	按运行要求处理	
15	定子零序过电压高值	定子 95% 接地保护元件动作,同信息	按运行要求处理	
16	定子三次谐波电压比率	定子 100% 接地保护元件动作,同信息	按运行要求处理	
17	注入式定子接地保护	定子 100% 接地保护元件动作,同信息	按运行要求处理	
18	零序电流定子接地保护	定子 95% 接地保护元件动作,同信息	按运行要求处理	
19	转子一点接地	保护元件动作,同信息	按运行要求处理	
20	转子两点接地	保护元件动作,同信息	按运行要求处理	
21	定时限定子过负荷	保护元件动作,同信息	按运行要求处理	
22	反时限定子过负荷	保护元件动作,同信息	按运行要求处理	
23	定时限负序过负荷	保护元件动作,同信息	按运行要求处理	
24	反时限负序过负荷	保护元件动作,同信息	按运行要求处理	
25	发电机过流 I 段	保护元件动作,同信息	按运行要求处理	
26	发电机过流 II 段	保护元件动作,同信息	按运行要求处理	

续表

序号	信息	含义	处理建议	备注
27	发电机相间阻抗Ⅰ段	保护元件动作,同信息	按运行要求处理	
28	发电机相间阻抗Ⅱ段	保护元件动作,同信息	按运行要求处理	
29	发电机过电压Ⅰ段	保护元件动作,同信息	按运行要求处理	
30	发电机过电压Ⅱ段	保护元件动作,同信息	按运行要求处理	
31	发电机定时限过励磁	保护元件动作,同信息	按运行要求处理	
32	发电机反时限过励磁	保护元件动作,同信息	按运行要求处理	
33	发电机低频Ⅰ段	保护元件动作,同信息	按运行要求处理	
34	发电机低频Ⅱ段	保护元件动作,同信息	按运行要求处理	
35	发电机过频Ⅰ段	保护元件动作,同信息	按运行要求处理	
36	发电机低电压	保护元件动作,同信息	按运行要求处理	
37	过励磁Ⅰ段	保护元件动作,同信息	按运行要求处理	
38	过励磁Ⅱ段	保护元件动作,同信息	按运行要求处理	
39	失磁保护Ⅲ段	保护元件动作,同信息	按运行要求处理	
40	区外失步	保护元件动作,同信息	按运行要求处理	
41	区内失步	保护元件动作,同信息	按运行要求处理	
42	发电机逆功率保护	保护元件动作,同信息	按运行要求处理	
43	误上电保护	保护元件动作,同信息	按运行要求处理	
44	发电机差流启停机	保护元件动作,同信息	按运行要求处理	
45	低频过流启停机	保护元件动作,同信息	按运行要求处理	
46	零序电压启停机	保护元件动作,同信息	按运行要求处理	
47	机端断路器失灵Ⅰ时限	保护元件动作,同信息	按运行要求处理	
48	机端断路器失灵Ⅱ时限	保护元件动作,同信息	按运行要求处理	
49	发电机轴电流	保护元件动作,同信息	按运行要求处理	

表 3.12 励磁变(励磁机)保护动作信息含义

序号	信息	含义	处理建议	备注
1	励磁变差动速断保护	保护元件动作,同信息	按运行要求处理	
2	励磁变比率差动保护	保护元件动作,同信息	按运行要求处理	
3	励磁过流Ⅰ段	保护元件动作,同信息	按运行要求处理	
4	励磁过流Ⅱ段	保护元件动作,同信息	按运行要求处理	
5	反时限励磁过负荷	保护元件动作,同信息	按运行要求处理	

表 3.13　非电量保护动作信息含义

序号	信息	含义	处理建议	备注
1	外部重动 1 跳闸	保护元件动作,同信息	按运行要求处理	
2	外部重动 2 跳闸	保护元件动作,同信息	按运行要求处理	
3	外部重动 3 跳闸	保护元件动作,同信息	按运行要求处理	
4	外部重动 4 跳闸	保护元件动作,同信息	按运行要求处理	

项目 4

厂用电 10 kV 保护

4.1　厂用电 10 kV 保护原理

施耐德公司 Sepam 保护测控装置是一种对厂用电 10 kV 开关的综合保护装置。采用模块化设计,菜单窗口少,简单直观,容易掌握。装置具有开关防跳、跳合闸回路监视及闭锁等功能。装置保护功能主要有:相过流(50/51)、接地故障(50 N/51 N)。以下对其进行介绍:

(1)相过流保护(装置代码为:50/51)

相过电流保护功能,有 2 组整定值,即 A 组和 B 组。从 A 组切换到 B 组的方式可通过逻辑输入 I_{13}($I_{13}=0$ 为 A 组,$I_{13}=1$ 为 B 组)。

根据相应曲线延时划分,可分为定时限(DT)保护或反时限的(IDMT)保护。

定时限(DT)保护原理,指装置的动作时限与故障电流之间的关系表现为定时限特性,即保护动作时限与系统短路电流的数值大小无关,只要系统故障电流转换成保护装置中的电流,达到或超过保护的整定电流值,继电保护就以固有的整定时限动作,使断路器跳闸,切除故障。

反时限的(IDMT)保护原理,指装置的动作时间与短路电流的大小成反比。流过继电器的电流越大,其动作时间就越短;反之动作时间就长。

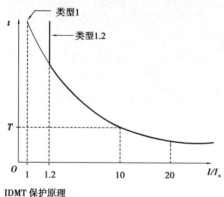

图 4.1　纵向渐近曲线

I_s 整定值是纵向渐近曲线(图 4.1);T 是 10 I_s 动作延时。低于 1.2 的 I/I_s 值的跳闸时间取决于所选择的曲线类型。即故障电流越大,跳闸时间就越短。

(2)接地故障(装置代码为:50 N/51 N)

接地故障保护功能整定值包括共 2 组,分别称为 A 组和 B 组。从一组切换到另一组的方式可通过逻辑输入 I_{13}($I_{13}=0$ 为 A 组,$I_{13}=1$ 为 B 组)。

如果接地故障电流达到装置设定值,接地故障保护动作。

根据相应曲线延时可将接地故障保护功能分为定时限(DT)保护或反时限的(IDMT)保护。且该保护具有二次谐波抑制功能,当变压器通电时,它提供更高的稳定性。反时限保护功能考虑到延时过程中的电流变化。对于幅值很大的电流,保护功能有一个定时限特性:即故障电流越大,跳闸时间就越短。

4.2　检验流程

检验流程,同第 1 章 1.2 节母线保护检验流程。

4.2.1　保护性能检验

①装置及屏柜外观检查装置内、外部是否清洁无积尘;清扫电路板及屏柜内端子排上的灰尘。检查装置的小开关、按键按钮是否良好;显示屏是否清晰,文字清楚。检查各插件印刷电路板是否有损伤或变形,连线是否连接好。检查各插件上元器件是否焊接良好,芯片是否插紧。检查装置横端子排螺丝是否紧固,后板配线连接是否良好。

②装置软件版本及校验码检查:检查确认装置程序版本及校验码与投运或上次检修记录一致,未发生改变。

③电流互感器直流电阻检查:检查确认电流互感器二次绕组电阻值,三相电阻值应基本一致,与上次检修记录对比基本一致。

④模拟量通道零漂检查:要求装置不输入交流电流量。观察装置在一段时间内的零漂值满足装置技术条件的规定(电流 0)。

⑤装置模拟量通道线性度检查:用继电保护测试仪分别输入不同幅值和相位的电流量,观察装置的采样值是否满足装置技术说明的规定。全部检验时,可仅分别输入不同幅值的电流量;部分检验时,可仅分别输入额定电流量。

⑥保护装置定值检验:整定值的整定及检验是指装置各有关元件的动作值及动作时间按照定值通知单进行整定后的试验。该项试验在屏柜上每一元件检验完毕之后才可进行。具体的试验项目、方法、要求,视构成原理而异,须遵守如下原则:

a. 每一套保护单独进行整定检验。试验接线回路中的交、直流电源及时间测量连线均应直接接到被试保护屏柜的端子排上。交流电压、电流试验接线的相对极性关系应与实际运行连线中电压、电流互感器接到屏柜上的相对相位关系完全一致。

b. 在整定检验时,除所通入的交流电流、电压为模拟故障值并断开跳断路器的跳、合闸回路外,整套装置应处于与实际运行情况完全一致的条件下,而不得在试验过程中人为的予以改变。

c.装置整定的动作时间为自向保护屏柜通入模拟故障分量至保护动作向断路器发山跳闸脉冲的全部时间。

d.检验装置的特性时,应符合实际运行条件,并满足实际运行的要求。每一检验项目都应有明确的目的,用以判别元件、装置是否处于良好状态和发现可能存在的缺陷等。

4.2.2　保护性能检验

(1)过电流保护(1 A)检验(以过流保护整定1.11 kA,延时0.8 s为例)

整定电流:1.11 kA,整定延时:0.8 s;变比:500/5。

动作结果为装置报警,装置报文显示"1 A 相过流故障",点亮面板指示灯"1>51","Trip",开关跳闸。

试验值:

①实加 A 相电流 11.088 A;装置报"1 A 相过流故障",点亮面板指示灯"1>51","Trip"。面板显示故障跳闸电流"I_a=1.10 kA"。

②实加 B 相电流 11.071 A;装置报"1 A 相过流故障",点亮面板指示灯"1>51","Trip"。面板显示故障跳闸电流"I_b=1.10 kA"。

③实加 C 相电流 11.082 A;装置报"1 A 相过流故障",点亮面板指示灯"1>51","Trip"。面板显示故障跳闸电流"I_c=1.10 kA"。

④实加 A、B、C 三相电流 11.073 A,测得延时 0.821 s。

(2)过电流保护(2 A)检验

整定电流: 2.26 kA,整定延时: 0.6 s;

投入保护装置控制字2 A;

动作结果为综保装置报警,装置报文显示"2 A 相过流故障",点亮面板指示灯"1>>51","Trip",开关跳闸。

试验值:

①实加 A 相电流 22.574 A;装置报"2A 相过流故障",点亮面板指示灯"1>>51","Trip"。面板显示故障跳闸电流"I_a=2.24 kA"。

②实加 B 相电流 22.548 A;装置报"2A 相过流故障",点亮面板指示灯"1>>51","Trip"。面板显示故障跳闸电流"I_b=2.24 kA"。

③实加 C 相电流 22.572 A;装置报"2A 相过流故障",点亮面板指示灯"1>>51","Trip"。面板显示故障跳闸电流"I_c=2.24 kA"。

④实加 A、B、C 三相电流 22.544 A,测得延时 0.621 s。

(3)接地保护检验(以装置整定0.03 kA,延时0.1 s为例)

整定电流: 0.03 kA,整定延时: 0.1 s;

实加电流 0.1 A;装置报"1 A 零序接地故障",点亮面板指示灯"I_o>>51 N",装置报警正常,不动作于跳闸。

4.2.3　计算机软件的操作

Sepam 可经由前面板上的 RS232 连接口与计算机的串行连接口(COM 口)进行连接。连接后用户可通过运行已安装在计算机上的 Sepam 调试和监视诊断软件对 Sepam 的整定和在线监视诊断。

用户购买 Sepam 调试和监视诊断软件包,名称为 SFT2841。所订购的软件包应包含 SFT2841 安装光盘和用于 Sepam 与计算机连接的串口通信电缆 CCA783。将 SFT2841 安装光盘放入计算机的 CD-ROM 中即可安装并使用 SFT2841 软件进行操作。

1) 软件安装

①运行光盘上 SFT2841\install\目录下的 Setup. exe 程序。

②单击"Next"按钮进入下一步操作。

③此时请在相应的"Name"和"Company"后输入用户名称和所属公司,并将"Serial"后的"Demostration"改为正确的软件安装序列号(序列号在光盘背面的贴条上)。输入完毕后点击"Next"。

④接受许可协议,点击"Next"选择所安装文件的目录与位置。

⑤点击"Next"选择所安装的程序运行桌面目录。

⑥点击"Next"进行程序复制。

⑦复制完毕后,点击"Finish"完成软件安装。

2) 软件汉化

用户从施耐德电气公司网站上或代理商处下载复制 SFT2841 中文版安装文件包对已安装的英文版 SFT2841 软件进行汉化,可按如下步骤进行操作:

①复制文件"中文(Chinese). lg"到 SFT2841 软件安装目录,如 c:\Program Files\Schneider\SFT2841 下;

②双击文件夹"20"并复制文件"中文(Chinese)"到目录-c:\Program Files\Schneider\SFT2841\SFT2841 serie 20;

③双击文件夹"40"并复制文件"中文(Chinese)"到目录-c:\Program Files\Schneider\SFT2841\SFT2841 serie 40;

④双击文件夹"80"并复制文件"中文(Chinese)"到目录-c:\Program Files\Schneider\SFT2841\SFT2841 serie 80;

⑤重新运行 SFT2841 软件。

4.2.4　软件使用

运行已安装的 SFT2841 软件,并在初始界面中选择语言版本为中文,如图 4.2 所示。

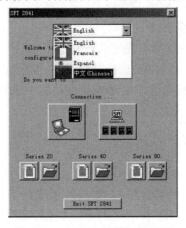

图 4.2　SFT2841 软件初始界面

用户可以选择：

①新建或打开20系列 Sepam 整定文件。

②离线新建或打开40系列 Sepam 整定文件。

③在线连接整定或监视20或40系列 Sepam。

4.3　SFT2841 用于 20 系列

4.3.1　Sepam 配置

Sepam 软件常规设定界面，如图4.3所示。

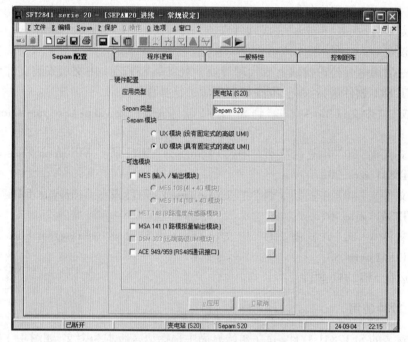

图 4.3　Sepam 软件常规设定界面

【Sepam 类型】用户可根据需要命名，作为标识。

【Sepam 模块】选择 UD 模块即具有固定式的高级 UMI。

【可选模块】在配置有相应模块时要选择并配置，一般会配置 MES114(10I+4O 模块)用于输入/输出扩展(在 S20 带重合闸功能时必需配该模块)，ACE 949/959(RS485 通讯接口)用于与监控系统 MODBUS 协议通信。

4.3.2　程序逻辑

Sepam 软件程序逻辑界面，如图4.4所示。

【断路器控制】在已安装使用逻辑输入/输出扩展模块 MES114 时激活使用，此时 Sepam 已将断路器的状态信息、远程控制命令、保护功能、特殊程序逻辑(如重合闸)等逻辑功能加以集成，并根据运行条件允许或禁止断路器的合闸。

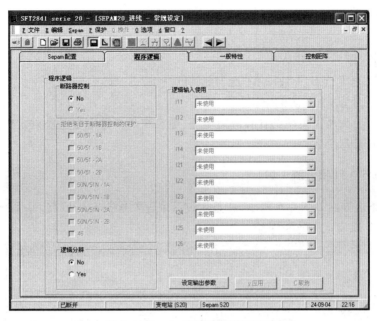

图 4.4　Sepam 软件程序逻辑界面

【逻辑分辨】用于减少靠近电源处的断路器的延时跳闸的概率,避免了因采用时间分辨时由于各级断路器跳闸时间不同从而引起的保护灵敏度差异的问题。

【逻辑输入使用】当 SEPAM 配有 MES114(10I+4O)模块时需配置所有输入功能,当选择断路器控制功能时 I11、I12 只能用系统默认值。

4.3.3　一般特性

Sepam 软件一般特性设定界面,如图 4.5 所示。

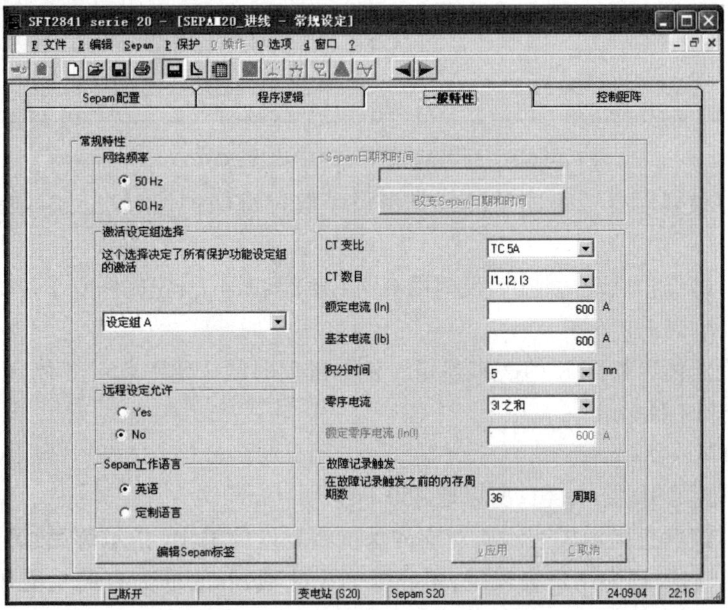

图 4.5　Sepam 软件一般特性界面

【Sepam 日期和时间】在 Sepam 在线状态时,可将当前电脑的标准时间设定成 Sepam 的系统时间。

【CT 变比】选择 5 A 或 1 A。

【CT 数目】二 CT 选 I1,I 3;三 CT 选 I1,I2,I3。

【额定电流 I_n】为 CT 一次侧电流。

【基本电流 I_b】为所供负荷的计算额定电流,通常在负荷额定电流不确定的情况下将其值设定为与额定电流 I_n 一致。

4.3.4 50/51-1(相过流 1 段)

过流保护整定界面如图 4.6 所示,在整定过流或速断保护时一般将 50/51-1 段设定为过流保护,50/51-2 段设定为速断保护。

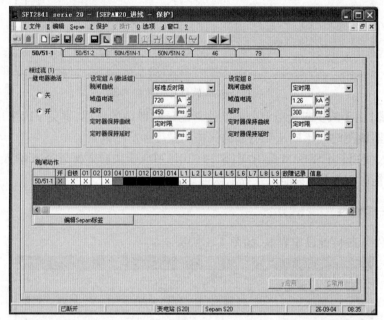

图 4.6 SEPAM 软件过流保护整定界面

【跳闸曲线】根据需要选不同的曲线类型。一般过流保护选标准反时限;速断保护选定时限。

【域值电流】即保护启动电流 Is,反时限 $0.1\ I_n \leqslant I_s \leqslant 2.4\ I_n$;定时限 $0.1\ I_n \leqslant I_s \leqslant 24\ I_n$;一般反时限时设定 $1\ I_n$ 或 $1.2\ I_n$。

【延时】该设定值可根据 K 值表来整定。例标准反时限 2 倍 1.5 s, 3 倍 0.96 s 时,先查 K 值表 $1.50\ s/3.376 = 444$ ms;

$0.96\ s\ /2.121 = 452$ ms;

因为该值只能是 10 倍 ms 值,所以取 450 ms。

【跳闸动作】该信息提示栏表示所对应的保护将触发的输出、指示灯、故障记录等,灰底框为系统自动选定,白底框为用户自设定,黑底框为无此项,红底框为有此功能用户可选择。图 4.6 为进线过流保护的配置,O1 为过流跳闸,O3 为保护动作信号。

4.3.5　50/51-2(相过流 2 段)

相过流 2 段设定界面如图 4.7 所示,与相过流 1 段基本一致,选择定时限,延时 0 ms,作为速断跳闸整定,O2 为速断跳闸,O3 为保护动作信号。

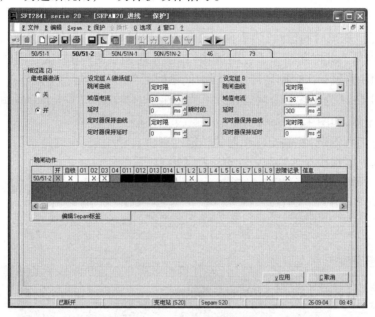

图 4.7　相过流 2 段设定界面

4.3.6　79(重合闸)

重合闸设定界面如图 4.8 所示。

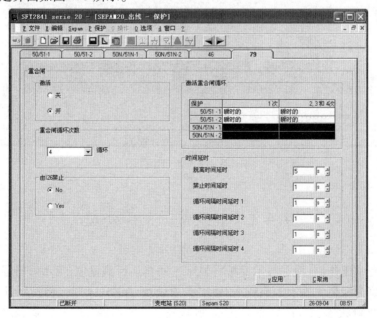

图 4.8　重合闸设定界面

【重合闸循环次数】即所需重合闸的次数,Sepam 最多允许进行 4 次自动重合闸。

【激活重合闸循环】此功能用于激活并选择重合闸方式,重合闸功能可由相过流保护 50/51-1 或 50/51-2,以及接地故障保护 50N/51N-1 或 50N/51N-2 所激活。第 1 次重合闸可根据保护功能相应设置成为"停止的"(即禁止)、"瞬时的"和"延时的"。第 2、3 和 4 次重合闸可根据保护功能统一设置成为"停止的"(即禁止)、"瞬时的"和"延时的"。

【时间延时】"脱离时间延时"为重合闸最终成功的时间间隔,即经过此时间设定延时后如再无故障跳闸时认为此时断路器重合闸成功。"禁止时间延时"为初次合闸时禁止重合闸功能时间延时,即断路器初次合闸后需经一段时间延时后判断稳定运行后才能投入重合闸功能。"循环间隔延时 1-4"为每次重合闸后如发生故障跳闸时再次启动重合闸的时间间隔设定。

跳闸出口矩阵,如图 4.9 所示。

【控制矩阵参数设定】控制矩阵在前述整定过程中自动生成,在此是给用户一整体性检查用,用户可根据需要直接在该控制矩阵设定相关内容。

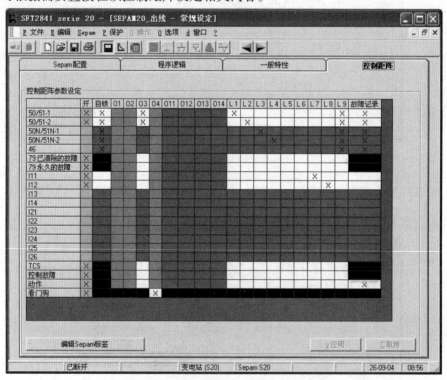

图 4.9　跳闸出口矩阵图

4.4　维护及常见故障处理

Sepam 在正常工作时,液晶显示面板将显示主回路运行测量值,指示灯将显示工作电源状态(on 指示灯将为绿色),在有逻辑输入/输出扩展模块(MES114)时,将指示开关运行状态(0 off 灯亮时为分闸状态,1 on 灯亮时为合闸状态)。例如,在有逻辑输入/输出扩展模块(MES114)的情况下,开关状态为合闸同时主回路有电流时面板显示,如图 4.10 所示。

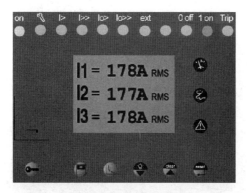

图 4.10　电流显示界面

Sepam 在发生内部故障时,液晶显示面板将显示一个扳手符号,后面或有或无附加的数字(1,3,4,其中 1 代表模块连接故障,3 代表温度传感器模块 MET148-2 故障,4 代表模拟量输出模块 MSA141 故障),后面无附加数字或无任何显示时表示继电器内部其他故障或显示面板故障。指示灯 on 点亮(绿色),同时扳手指示灯将持续闪烁为红色(注意:当 Sepam 电源刚接通时,扳手指示灯也将闪烁,液晶显示面板将显示"Sepam"文字并伴有进度指示器的不断变化,此时为 Sepam 的上电自检阶段,在约 20 s 后如没有检测到故障,Sepam 将进入正常运行状态),如下图 4.11 所示。

图 4.11　装置故障状态

当发生继电器内部故障时,应立即与当地施耐德电气公司售后服务部门或施耐德电气公司的分销商联系,以进行现场诊断并同时更换新的产品。请勿自行拆开保护装置及其附加模块!

当保护动作时,Sepam 液晶显示面板将显示动作时间、故障类型(中文)、故障整定组和动作测量值,同时也将显示报警符号。相对应的保护类型的指示灯将点亮,同时跳闸 Trip 指示灯点亮,在开关分闸后 0 off 指示灯点亮(当有逻辑输入/输出扩展模块 MES114 时)。例如,当发生过流故障时,Sepam 将在面板显示如图 4.12 所示。

此时可解释为:2000 年 7 月 15 日 21 点 37 分 55 秒发生相过流故障,动作整定组为 2B,跳闸电流为 I_1 = 1.24 kA, I_2 = 1.23 kA, I_3 = 1.25 kA。同时指示灯 I>点亮(过流),开关已跳闸(Trip 指示灯点亮,0 off 指示灯也点亮)。

在发生保护动作后,应首先排除故障原因,然后按面板上的"Clear"清除按钮清除故障信息(在故障信息清除掉后,用户可由报警记录查看按钮获得历史保护动作信息),然后按复位

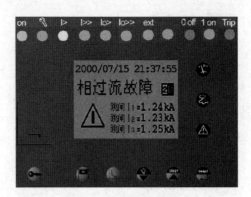

图 4.12 保护动作状态

(Reset)按钮将 Sepam 复位后即可重新投入正常运行。

　　主要故障信息面板显示报文可以以中文的形式给出,用户可直接根据故障时面板所显示的中文信息判断故障类型。

项目 **5**
发电机励磁系统

5.1 励磁系统概述

励磁系统是指给同步发电机提供励磁电流来建立磁场,并使其在正常运行或是事故过程中,能够按照电力系统及发电机运行的需要,迅速而准确进行调节的装置。作用主要有以下几方面:

(1)维持机端电压在给定水平

在电力系统正常运行时,励磁控制系统能够维持发电机及端电压在整定水平。当发电机因负荷变化而机端电压发生变化时,励磁系统能够使之维持在给定水平并保证一定的精度要求。

(2)控制并列运行各发电机间无功功率的合理分配

励磁系统调节器引入调差单元,它能够调节发电机外特性曲线的斜率,而发电机外特性曲线的斜率决定发电机发出无功功率变化的大小,当系统电压变化时,各并联发电机输出的无功功率要随之进行自动调节,使各机组无功增量的标幺值相等,达到稳定合理的分配各机组间无功功率。

(3)提高电力系统稳定性

①提高静态稳定性。在单机—无穷大系统中,如果发电机没有励磁调节,正常运行时,发电机的空载电势 E_q 保持不变,那么该系统的静稳极限公式为:

$$P_{max} = \frac{E_q U_c}{X_q + X_d} \tag{5.1}$$

式中　　U_c——无穷大系统电压;

　　　　X_q——发电机同步直轴电抗。

　　　　E_q——发电机空载电势;

　　　　X_d——发电机同步交轴电抗。

该系统的功率曲线如图5.1中的曲线1。

155

如果发电机具有常规的励磁系统(通常是指带直流励磁机的励磁系统或者交流励磁机带二极管整流的励磁系统),则可保持 E'_q 不变,因此有公式:

$$P'_{max} = \frac{E'_q U_c}{X_e + X'_d}$$ (5.2)

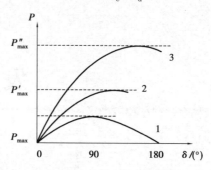

图 5.1 单机—无穷大系统功率特性曲线

如果发电机具有快速励磁系统(如线性最优励磁调节器,带 PSS 的快速励磁系统等),则可接近于保持发电机端电压 U_c 不变,因此有公式:

$$P'_{max} = \frac{E_c U_c}{X_e}$$ (5.3)

它们的功率特性曲线分别对应于图 5.1 中的曲线 2 和 3,粗略地比较为:

$$P_{max} : P'_{max} : P''_{max} = 1 : 2 : 3$$ (5.4)

这是单机一无穷大系统静稳极限的数量级上的粗略比较,励磁系统对于提高电力系统的静态稳定性的作用还比较明显。在多机系统中,调节励磁也具有类似的作用。

②提高动态稳定性。常规励磁对电力系统的动态稳定性不起明显作用,而带 PSS 的快速励磁系统能够抑制系统的低频振荡,从而提高电力系统的静态稳定性。

总的来说,励磁调节器对动态稳定的影响,没有对静态稳定的影响那样显著。励磁系统对于提高动态稳定的影响,主要表现在快速励磁和强行励磁作用上。电力系统中发生短路故障时,由于控制输入机械功率的常规调速系统的动作太慢,主要靠继电保护动作切除故障,以减少加速面积;而故障切除后,快速励磁和强行励磁可以增大发电机的电势,从而增大电磁功率的输出,增加了制动面积,防止发电机摆度过度增大,提高了动态稳定性。

③给电力系统运行带来的其他好处。在短路故障期间以及故障切除之后,性能良好的励磁控制系统可以尽量维持电力系统的电压、加速电压的恢复,从而改善了系统中电动机的运行条件。类似地,它改善了并列运行的同步发电机在失磁后转入异步运行时电力系统的工作条件。此外,它还可以提高带时限的继电保护装置的工作灵敏性和可靠性。

5.2 自并励励磁系统

5.2.1 自并励励磁系统工作原理

自并励系统接线是几种励磁方式中最简单的,其原理图如图 5.2 所示。只用 1 台接在机端的励磁变压器 ZB 作为励磁电源,通过可控硅整流装置 KZ 直接控制发电机的励磁。这种励磁方式又称为简单自励系统,目前国内比较普遍地称为自并励方式。

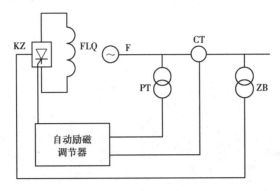

图 5.2 自并励励磁系统原理图

发电机励磁功率取自发电机端,经过励磁变压器 ZB 降压可控硅整流器 KZ 整流后给发电机励磁。自动励磁调接器根据装在发电机出口的电压互感器 TV 和电流互感器 TA 采集的电压、电流信号以及其他输入信号,按事先确定的调节准则控触发整流桥的移相脉冲,从而调发电机的励磁电流,使得发电机在单机运行时实现自动稳压,在并网时实现自动调节无功功率,提高电力系统的稳定性。

5.2.2 自并励励磁系统优点和缺点

自并励方式的优点:设备和接线比较简单,由于无转动部分,具有较高的可靠性。造价低,励磁变压器放置自由,缩短了机组长度,励磁调节速度快。缺点:发电机近端短路时要考虑能否满足强励要求、机组是否失磁。由于短路电流的迅速衰减,带时限的继电保护可能会拒绝动作。

5.2.3 自并励励磁系统基本配置

自并励励磁系统主要由励磁变压器、可控硅整流桥、自动励磁调节器及起励装置、转子过电压保护与灭磁装置等组成。图 5.3 为南瑞电气控制公司自并励励磁系统的接线原理框图。

1)励磁变压器

励磁变压器为励磁系统提供励磁电源。对自并励励磁系统的励磁变压器,通常不设自动开关,高压侧可加装高压熔断器,也可不加。励磁变压器可设置过电流保护、温度保护,容量较大的油浸励磁变压器还可设置瓦斯保护,大多数小容量励磁变压器一般不设单独的保护装置,但是变压器高压侧接线必须包括在发电机的差动保护范围之内。

2)可控硅整流桥

自并励励磁系统中的大功率整流装置均采用三相桥式接法。这种接法的优点是半导体元件承受的电压低,励磁变压器的利用率高。三相桥式电路可采用半控或全控桥方式。这两者增强励磁的能力相同,但在减磁时,半控桥只能把励磁电压控制到零,而全控桥在逆变运行时可产生负的励磁电压,把励磁电流急速下降到零,把能量反馈到电网。在当今的自并励励磁系统中几乎全部采用全控桥方式,可控硅整流桥采用相控方式。对三相全控桥,当负载为感性负

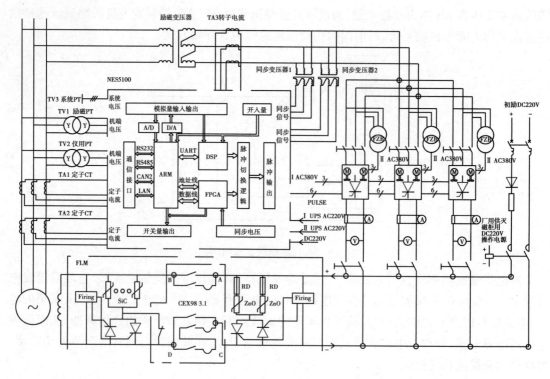

图 5.3   自并励励磁系统的接线原理框图

载时,控制角在 $0° \sim 90°$ 为整流状态(产生正向电压与正向电流);控制角在 $90° \sim 150°$(理论上控制角可以达到 $180°$,考虑到实际存在换流重叠角,以及触发脉冲有一定的宽度,所以一般最大控制角取 $150°$)之间为逆流状态(产生负向电压与正向电流)。因此当发电机负载发生变化时,通过改变可控硅的控制角来调整励磁电流的大小,以保证发电机的机端电压恒定。对大型励磁系统,为保证足够的励磁电流,多采用数个整流桥并联。整流桥并联支路数的选取原则为:$(N+1)$(也有采用 $N+2$ 的,但考虑到现在可控硅以及可控硅整流桥制造技术的日益成熟,采用 2 桥冗余似乎已经没有必要)。N 为保证发电机正常励磁的整流桥个数,即当一个整流桥因故障退出时,他能做到不影响励磁系统的正常励磁能力。

3)励磁控制装置

励磁控制装置由自动电压调节器和起励控制回路以及测量用电压互感器、电流互感器等组成。对于大型机组的自并励励磁系统中的自动电压调节器,多采用基于微处理器的微机型数字电压调节器。励磁调节器测量发电机机端电压,并与给定值进行比较,当机端电压高于给定值时,增大可控硅的控制角,减小励磁电流,使发电机机端电压回到设定值。当机端电压低于给定值时,减小可控硅的控制角,增大励磁电流,维持发电机机端电压为设定值。

4)灭磁及转子过电压保护

对于采用线性电阻或采用灭弧栅方式灭磁时,须设单独的转子过电压保护装置。而采用非线性电阻灭磁时,可以同时兼顾转子的过电压保护。因此,非线性电阻灭磁方式在大型发电机组,特别是水轮发电机组中得到了大量应用。国内使用较多的为高能氧化锌阀片,而国外使用较多的为碳化硅电阻。

5.3　励磁装置的检修流程

5.3.1　屏柜卫生清扫,端子接线紧固

①盘柜内板件、元器件、风机、电缆芯线、端子排、槽板、母线铜牌、刀闸,盘柜柜顶、柜门、柜壁及柜体滤网干净无积灰。
②屏内各端子接线牢固、整齐、美观,无松动现象。

5.3.2　二次回路接线检查,图实相符

①柜内接线满足工艺要求,端子排接线正确,标号清晰无误,压接可靠。
②实际接线与图纸相符。

5.3.3　电源回路绝缘检查

①直流操作回路用 1 000 V 兆欧表测量绝缘电阻,大于 1 MΩ。
②合闸回路用 1 000 V 兆欧表测量绝缘电阻,大于 1 MΩ。
③交流回路用 1 000 V 兆欧表测量绝缘电阻,大于 1 MΩ。

5.3.4　各功能板件、继电器、仪表等检查

①元器件表面清洁,无裂纹、无断脚、焊接牢固可靠,板件无霉变、腐蚀、断线故障。
②回路中的各类保险、熔断器的表面清洁无灼伤痕迹,导通性能良好。
③表计表面干净清洁、完好无裂痕、无烧弧现象;上行程、下行程测量误差在允许误差范围内。
④对励磁冷却系统进行检查,要求风机及滤网干净。
⑤灭磁主触头无烧伤痕迹,机构操作灵活可靠,灭磁开关分合闸试验结果良好。

5.3.5　操作、起励、过压保护等回路检查

①回路接线正确,端子紧固。
②回路绝缘满足规程大于 1 MΩ 要求。

5.3.6　屏柜上电检查

①各电源测量正常。
②工控机、各指示灯显示正常。
③励磁调节器与上位机通信正常。
④手、自动启动励磁风机正常,风机转向正确,鼓风效果及噪声良好,风压开关动作正确可靠。

5.3.7 小电流试验

①模拟发电机转速令。

②使励磁调节器工作在开环控制方式。

③操作增减磁,改变整流柜直流侧输出。

④用示波器观察假负载上的波形,每个周期输出锯齿波形应有稳定的 6 个波头,且一致性好,增减磁时波形平滑变化,无跳跃变化。

⑤测量晶闸管整流桥输出电压,应与计算值吻合。

⑥双套自动电压调节器应分别进行上述试验并做切换试验,切换前后,整流桥输出波形一致。

5.3.8 非线性电阻及过电压保护部件试验

①测量 ZNO 阀片的压敏电压 $U(10\ \mathrm{mA})$ 与同样外部条件下的初始值比较,压敏电压变化率不大于 10%。

②ZNO 阀片在施加 0.5 倍 $U(10\ \mathrm{mA})$ 直流电压时其漏电流小于 100 μA。

③回路中的过压及灭磁晶闸管模拟导通试验正常。

5.3.9 开关量、模拟量校验及功能模拟试验

①励磁调节器与整流柜、灭磁柜的内部开入开出正确。

②调节器开出给监控的信号正确,开出继电器动作正确。

③监控开出给调节器信号正确,开入继电器动作正确。

④定子电压、定子电流、转子电流、同步电压、有功无功采样正确,误差满足要求。

5.3.10 励磁盘柜防火封堵检查及完善

励磁盘柜内孔、洞、缝用防火堵料封堵严密。

5.3.11 励磁空载下试验

调节器做 AVR 与 FCR 方式切换试验,并进行录波。然后对调节器做主/从通道切换试验,并进行录波。

5.3.12 励磁负载下试验及要求(含涉网试验)

励磁负载试验结果满足规程要求,试验波形正确。

PSS 试验已按涉网试验方案要求完成全部试验项目。

励磁系统建模试验已按涉网试验方案要求完成全部试验项目。

进相试验已按涉网试验方案要求完成全部试验项目。

调节器做 AVR 与 FCR 方式切换试验,并进行录波。然后对调节器做主/从通道切换试验,并进行录波。

调节通道切换应进行无故障切换和模拟运行通道故障时切换两种方式。

切换试验结果满足《大中型水轮发电机静止整流励磁系统技术条件》(DL/T 583—2018)的要求。

5.4 励磁装置的检验

5.4.1 检验内容及标准

1)绝缘电阻的测定

绝缘电阻的测量部位:不同带电回路之间、各带电回路与金属支架底板之间。

测量绝缘电阻的仪表:电压等级为 500~3 000 V 的电气设备或回路,使用 1 000 V 绝缘电阻表。

2)绝缘电阻值

不同性质的电气回路绝缘电阻值要求,见表 5.1。

表 5.1 不同性质的电气回路绝缘电阻值

电气回路性质	绝缘电阻值
与励磁绕组及电气回路直接连接的所有回路及设备	不小于 1 MΩ
与发电机定子电气回路直接连接的设备或回路	不低于 GB/T 7894—2009 及 GB 50150—2016 的规定
与励磁绕组或电气回路不直接连接的设备或回路	不小于 1 MΩ

3)耐压试验

在实施交流耐压试验前后,分别使用绝缘电阻表测试绝缘电阻并进行记录,试验前后阻值差异应小于 10%。交流试验电压应为正弦波,频率为 50 Hz。在规定试验电压值下的持续时间为 1 min。在承受交流耐压试验电压值(有效值)的时间内,不应被击穿,且不应产生绝缘损坏或闪络现象。与励磁绕组电气回路直接连接的所有设备及回路(励磁变压器二次、阳极交流电缆、阳极开关、晶闸管整流桥、磁场断路器、直流电缆、过电压保护器及灭磁电阻等)出厂试验电压符合 GB/T 7894 的规定,定期检验试验电压按交接试验电压进行。

5.4.2 试验项目

(1)操作、保护、限制及信号回路动作试验

试验条件:进行操作、保护、限制及信号回路试验时,应确认没有接线错误后才允许接通电源,通电前应确认各开关等元件处于开路状态。

试验内容:对励磁系统的全部操作、保护、限制及信号回路应按照逻辑图进行传动检查;应对技术条件和合同规定的相关内容进行检查;判断设计图和竣工图的正确性。

评判标准:应确认实际系统与设计图纸一致,各项功能正常。

(2)自动电压调节器各单元特性检查

稳压电源单元检查试验内容如下所述。

稳压范围测试:稳压单元接相当于实际电流的等值负载,根据稳压范围的要求,改变输入电压值和频率,测量输出电压的变化。

输出纹波系数测试:输入、输出电压和负载电流均为额定值,测量输出纹波电压峰峰值。电压纹波系数为直流电源电压波动的峰峰值与电压额定值之比。

评判标准:输出电压纹波系数应小于2%,输出电压与额定电压的偏差值应小于5%。

(3)模拟量、开关量单元检查

试验条件:标准三相交流电压源(输出0~150 V,45~55 Hz,精度不低于0.5级),标准三相交流电流源(输出0~10 A,精度不低于0.5级),标准直流电压源(输出0~2倍额定励磁电压,精度不低于0.5级)。利用三相电压源和电流源接入励磁调节器,模拟定子电压、定子电流、代表转子电流的整流器阳极电流等信号、转子电压。

试验内容:

模拟量测试:微机励磁调节器接入三相标准电压源和电流源。电压源有效值变化范围为0%~30%(微机励磁调节器设计输入值),电流源有效值变化范围为0%、150%。设置3至5个测试点,其中要求有0和额定值两点,不要求测试点等间距,但在设计的额定值附近测试点可以密集些。观测微机励磁调节器测量显示值并记录。

开关量测试:通过微机励磁调节器板件指示或界面显示逐一检查开关量输入、输出环节的正确性。

评判标准:电压测量精度分辨率在0.5%以内,电流测量精度在0.5%以内,有功功率、无功功率计算精度在2.5%以内,开关量输入、输出符合设计要求。

(4)低励限制单元试验

试验内容:在低励限制单元的输入端通入电压和电流,模拟发电机运行时的电压和电流,其大小相位分别相应于低励限制曲线对应的有功功率和无功功率数值。此时调整低励限制单元中有关整定参数,使低励限制动作。根据低励限制整定曲线,选择2~3个工况点验证特性曲线。

评判标准:动作值与设置相符,低励限制动作信号正确发出。

(5)过励限制单元试验

试验内容:计算反时限特性参数并设置过励限制单元的顶值电流瞬时限制值和反时限特性参数。测量模拟额定磁场电流下过励限制输入信号的大小,然后按规定的值整定。在过励限制的输入端通入模拟发电机运行时的转子电流信号,其大小相应于过励限制曲线对应的转子电流。此时调整过励限制单元中有关整定参数,使过励限制动作。根据过励限制整定曲线,选择2~3个工况点验证过励限制特性曲线和动作延时。

评判标准:动作值与设置相符,过励限制动作信号正确发出。

(6)定子电流限制单元试验

试验内容:用三相电流源作机端电流的模拟信号,整定并输入设计的定子电流限制曲线,调整三相电流源的输出大小使其对应于定子电流限制值。此时调整定子电流限制单元中有关整定参数,使定子电流限制动作。根据定子电流限制整定曲线,选择2~3个工况点验证定子电流特性曲线。

评判标准:动作值与设置相符,励磁调节器定子电流限制动作信号正确发出。

（7）限制单元试验

试验内容：用可变频率三相电压源作机端电压的模拟信号，整定并输入设计的 U/f 限制曲线，调整三相电压源的频率，使电压频率在 52 Hz 范围内改变。测量励磁调节器的电压整定值和频率值并做记录。

评判标准：动作值与设置相符，励磁调节器 U 限制动作信号正确发出。

（8）同步信号及移相回路检查试验

试验条件：标准三相交流电压源、示波器等试验仪器。

试验内容：励磁调节器的运行方式为手动或定角度方式，模拟励磁调节器运行的条件，使其输出脉冲。用示波器观察调整触发脉冲与同步信号之间的相差，检查触发脉冲角度的指示与实测是否一致，调整最大和最小触发脉冲控制角限制。

评判标准：励磁调节器移相特性正确。

（9）开环小电流负载试验

试验条件：励磁调节器装置各部分安装检查正确，完成接线检查和单元试验及绝缘耐压试验后进行。如是自并励系统，加入与试验相适应的工频三相电源；如是交流励磁机励磁系统，则开启中频电源并检查输入电压为正相序。确定整流柜及同步变压器为同相序且为正相序，接好小电流负载。

试验内容：输入模拟 TV 和 TA 以及励磁调节器应有的测量反馈信号，检测各测量值的测量误差在要求的范围之内。

励磁调节器上电，操作增减磁，改变整流柜直流输出，用示波器观察负载上波形，每个周期有 6 个波头，各波头对称一致，增减磁时波形变化平滑无跳变。

评判标准：直流输出电压应满足：

$$U_d = 1.35 U_{ab} \cos \alpha, \qquad \alpha \leqslant 60° \tag{5.5}$$

$$U_d = 1.35 U_{ab}[1 + \cos(\alpha + 60°)], \qquad 60° \leqslant \alpha \leqslant 60° \tag{5.6}$$

式中　U_d——整流桥输出控制电压；

　　　U_{ab}——整流桥交流侧电压；

　　　α——整流桥触发角。

整流设备输出电压波形的换相尖峰不应超过阳极电压峰值的 1.5 倍。

安全措施：断开励磁变压器一次接线。防止试验中谐波电流进入厂用电母线导致厂用电保护误动跳机。

5.4.3　动态试验

1）空载试验

（1）核相试验与相序检查试验

试验条件：励磁系统接线查对完毕，通电正常。

试验内容：对于自并励系统，通过临时电源对励磁变压器充电，验证励磁变压器二次侧和同步变压器的相位一致。对励磁变压器送电后注意其温升的情况。对交流励磁机励磁系统，采用试验中频电源检查主电压和移相控制范围的关系，开机达额定转速后检查副励磁机电压相序。

评判标准：各相位关系应该符合设计要求。

（2）交流励磁机带整流装置时的空载试验

试验条件：发电机空载状态稳定运行，由受励磁调节器控制的可控整流桥向励磁机励磁绕组供电，励磁机向发电机转子绕组供电，发电机转速稳定。

试验内容：空载特性曲线。交流励磁机连接整流器，整流器的负载电流以满足整流器正常导通为限。转速为额定值，励磁机空载。逐渐改变励磁机磁场电流，测量励磁机输出电压上升及下降特性曲线。试验时测量励磁机磁场电压、磁场电流、交流输出电压及整流电压，试验时的最大整流电压可取励磁系统顶值电压。

负载特性曲线：可以在发电机空载及负载试验的同时，测量励磁机磁场电压、电流、发电机磁场电压等，作出励磁机负载特性曲线。

空载时间常数：交流励磁机空载额定转速时，使励磁机磁场电压发生阶跃变化，测量交流励磁机的输出直流电压或交流励磁机磁场电流的变化曲线，计算励磁机励磁回路（包括引线及整流元件）的空载时间常数。

（3）副励磁机负载特性试验

试验条件：机组转速达到额定值。

试验内容：副励磁机以可控整流器为负载，整流装置输出接等值负载，逐渐增加负载电流，直至达到发电机额定电压对应的调节器输出电流为止。记录副励磁机电压和整流负载电流。也可以在运行中测量不同负载时副励磁机的电压和整流负载电流。

评判标准：副励磁机负荷从空载到相当于励磁系统输出顶值电流时，其端电压变化应不超过 10% ~ 15% 额定值。

（4）励磁调节器起励试验

试验条件：起励控制的静态检查结束，励磁调节器的 PID 参数已进行初步整定，发电机转速为额定转速。

试验内容：进行励磁调节器不同通道、自动和手动方式、远方和就地的起励操作，进行低设定值下起励和额定设定值下起励。

评判标准：能够成功起励，发电机电压稳定在设定值。发电机零起升压时，发电机端电压应稳定上升，其超调量应不大于额定值的 10%。水轮机、燃气轮机等有调峰作用的机组应该具有快速并网能力，其励磁系统自动通道起励时间应小于 15%。

（5）自动及手动电压调节范围测量试验

试验条件：发电机空载稳定工况下进行。

试验内容：设置调节器通道，先以手动方式再以自动方式调节，起励后进行增减给定值操作，至达到要求的调节范围的上下限。记录发电机电压、转子电压、转子电流和给定值，同时观察运行稳定情况。

评判标准：手动励磁调节时，上限不低于发电机额定磁场电流的 110%，下限不高于发电机空载磁场电流的 20%，同时不能超过发电机电压的限制值。自动励磁调节时，发电机空载电压能在额定电压的 70%、110% 范围内稳定平滑地调节。在发电机空载运行时，DCS 或手动连续操作自动励磁调节的调压速度应不大于每秒 1% 发电机额定电压，不小于每秒 0.3% 发电机额定电压。

注意：如发电机与主变压器连接不能断开，则试验过程中励磁电流上限应保证机端电压不超过 1.05 倍额定电压。

（6）灭磁试验及转子过电压保护试验

试验条件：灭磁装置静态检查结束，做好试验测量录波准备。

试验内容：灭磁试验在发电机空载额定电压下按正常停机逆变灭磁、单分灭磁开关灭磁、远方正常停机操作灭磁、保护动作跳灭磁开关灭磁 4 种方式进行，测录发电机端电压、磁场电流和磁场电压的衰减曲线，测定灭磁时间常数，必要时测量灭磁动作顺序。

评判标准：灭磁开关不应有明显灼痕，灭磁电阻无损伤，转子过电压保护无动作，任何情况下灭磁时发电机转子过电压不应超过转子出厂工频耐压试验电压幅值的 70%，应低于转子过电压保护动作电压。

（7）发电机空载阶跃响应试验条件、内容及评判标准

试验条件：发电机空载稳定运行，励磁调节器工作正常。按照阶跃扰动不使励磁系统进入非线性区域来确定阶跃量，阶跃量一般为发电机额定电压的 5%。

试验内容：设置励磁调节器为自动方式，设置阶跃试验方式，设置阶跃量，发电机电压为空载额定电压，在自动电压调节器电压相加点叠加负阶跃量，发电机电压稳定后切除该阶跃量，发电机电压回到额定值。采用录波器测量记录发电机电压、磁场电压等的变化曲线，计算电压上升时间、超调量、振荡次数和调整时间。阶跃过程中励磁系统不应进入非线性区域，否则应减小阶跃量。

评判标准：自并励静止励磁系统的电压上升时间不大于 0.5 s，振荡次数不超过 3 次，调节时间不超过 5 s，超调量不大于 30%。交流励磁机励磁系统的电压上升时间不大于 0.6 s，振荡次数不超过 3 次，调节时间不超过 10 s，超调量不大于 40%。较小的上升时间和适当的超调量有利于电力系统稳定。

（8）电压互感器（TV）二次回路断线试验条件、内容及评判标准

试验条件：在发电机 95% 额定空载电压状态下进行，做好录波准备。

试验内容：励磁系统正常运行时人为模拟任意 TV 断线，励磁调节器应能进行通道切换保持自动方式运行，同时发出 TV 断线故障信号。励磁调节器在备用通道再次发生 TV 断线时应切换到手动方式运行。模拟 TV 两相同时断线时，励磁调节器应切换到手动方式运行。当恢复被切断的 TV 后，励磁调节器的 TV 断线故障信号应复归，发电机保持稳定运行不变。

评判标准：TV 一相断线时发电机电压应当基本不变；TV 两相断线时，机端电压超过 1.2 倍的时间不大于 0.5 s。

（9）限制试验条件、内容及评判标准

试验条件：在发电机空载稳定工况下，励磁调节器以自动方式正常运行。

试验内容：在机组额定转速下，通过电压正阶跃试验检测限制功能的有效性。如发电机组转速可调范围允许，也可在原有的整定值下降低频率进行实测。水轮发电机应在额定电压下通过降低频率的方式进行试验。

评判标准：限制器动作后机组运行稳定，动作值与设置值相符。

（10）过励限制试验

试验条件：在发电机空载稳定工况下，励磁调节器以自动方式正常运行。

试验内容：试验中为达到限制动作，宜采用降低过励反时限动作整定值和顶值电流瞬时限制整定值，或增大磁场电流测量值等方法。降低过励反时限动作整定值和顶值电流瞬时限制整定值后，在接近限制运行点进行电压正阶跃试验，观察磁场电流限制的动作过程，应快速而

稳定。

评判标准:过励限制动作后机组运行稳定,动作值与设置相符。

安全措施:防止过励限制试验过程中保护误动导致跳机。

2) 负载试验

(1) 发电机负载阶跃响应试验

试验条件:发电机有功功率大于 80% 额定有功功率,无功功率为 5%、20% 额定无功功率。调差系数整定完毕,所有励磁调节器整定完毕,机组保护、热工保护投入,发电机有功率调节 AGC、发电机电压调节 AVC 退出。

试验内容:在自动电压调节器加入 1% ~4% 正阶跃,控制发电机无功功率不超过额定无功功率,发电机有功功率及无功功率稳定后切除该阶跃量,测量发电机有功功率、无功功率、磁场电压等的变化曲线,从有功功率的衰减曲线计算阻尼比。阶跃量的选择需考虑励磁电压不进入限幅区。

评判标准:发电机额定工况运行,阶跃量为发电机额定电压的 1% ~4%,有功功率阻尼比大于 0.1,波动次数不大于 5 次,调节时间不大于 10 s。

(2) 发电机负荷条件下的带负荷调节试验

试验条件:励磁调节器在并网运行方式下采用恒电压调节方式,调节励磁时要防止机端电压越出许可的范围。在发电机并网带不同于有功负荷运行工况下,人工操作励磁调节器通道和控制方式切换试验,观测记录机组无功功率的波动。检查励磁电流限制器定值,临时改变过励磁电流限制器定值,用电压阶跃方法观察限制器动作时的动态特性,再恢复定值。检查定子电流限制器定值,临时改变定子电流限制器定值,同时降低机组有功输出,提高无功电流比例,用电压阶跃方法观察限制器动作时的动态特性,再恢复定值。

评判标准:无功功率调节平稳、连续,励磁电压无明显晃动和异常信号,机组电压保持正常,过励限制和定子电流限制器动作后运行正常。

(3) 功率整流装置额定工况下均流检查

实验条件:发电机负载达到额定值条件下。

实验内容:当功率整流装置输出为额定磁场电流时,测量各并联整流桥或每个并联支路的电流。

评判标准:功率整流装置的均流系数不应小于 0.9,均流系数为并联运行各支路电流平均值与支路最大电流之比,任意退出一个功率柜,其均流系数也要符合要求。

(4) 甩无功负荷实验

实验条件:发电机并网带额定有功和无功负荷做好实验录波准备,如果实验中出现紧急情况,应立刻解列灭磁,若电力系统稳定器功能试验已完成,将电力系统稳定器投入运行,否则应退出。

实验内容:发电机在额定有功负荷和无功负荷,断开发电机出口断路器。突甩负荷对发电机机端电压进行录波,测量发电机电压最大值,根据机组情况甩负荷量,由小到额定分几档进行。

评判标准:发电机甩负荷无功功率时,机端电压出现最大值不应大于甩前机端电压的 1.15 倍,震荡不超过 3 次。

3）涉网试验

（1）励磁系统 TA 极性检查

试验条件：发电机并网。

试验内容：发电机并网后，增减励磁，调节发电机无功功率，观察无功功率变化方向。

评判标准：无功功率变化方向与增减励磁方向一致，可判断励磁系统 TA 极性正确。

（2）并网后调节通道切换及自动/手动控制方式切换试验

试验条件：在发电机带负荷状态下进行。

试验内容：在发电机并网带负荷运行工况下，人工操作励磁调节器通道和控制方式切换试验，观测记录机组无功功率的波动情况。

评判标准：发电机带负荷状态自动跟踪后切换无功功率稳态值变化小于 10% 额定无功功率。

（3）电压静差率及电压调差率测定

试验目的：电压静差率是检验发电机负载变化时励磁调节器对机端电压的控制准确度；电压调差率测定试验的目的是实现发电机之间的无功分配和稳定运行，并可以提高系统电压稳定性。

试验条件：发电机并网带负荷运行。

试验内容（稳态增益满足要求）：电压静差率测定：在额定负荷、无功电流补偿率为零的情况下测得机端电压 U_1 和给定值 U_{ref1} 后，在发电机空载试验中相同励磁调节器增益下测量给定值 U_{ref1} 对应的机端电压 U_0，然后按式（5.7）计算电压静差率

$$\varepsilon = \frac{U_0 - U_1}{U_N} \times 100\% \tag{5.7}$$

式中　U_1——额定负荷下发电机电压，kV；

　　　U_0——相同给定值下的发电机空载电压，kV；

　　　U_N——发电机额定电压，kV。

励磁自动调节应保证发电机机端电压静差率小于 1%，此时汽轮发电机励磁系统的稳态增益一般应不小于 200 倍，水轮发电机励磁系统的稳态增益一般应不小于 100 倍。

电压调差极性：发电机并网带一定负荷，增加无功补偿系数，无功功率增加的为负调差，减少的为正调差。

电压调差率测定：发电机并网运行时，在功率因数等于零的情况下调节给定值使发电机无功功率大于 50% 额定无功功率，测量此时的发电机电压 U_t 和电压给定值 U_{ref}，在发电机空载试验中得到 U_{ref} 对应的发电机电压 U_{to}，代入式（5.8）中求得电压调差率 D：

$$D(\%) = \frac{U_{to} - U_t}{U_t} \cdot \frac{S_N}{Q} \times 100\% \tag{5.8}$$

式中　S_N——发电机额定容量，kVA；

　　　U_{to}——发电机空载额定电压，kV；

　　　Q——发电机无功功率，kVA；

　　　U_t——实时测量发电机电压，kV。

（4）励磁调节器低励限制校核实验

实验条件：励磁调节器在并网运行方式下运行。

实验内容：低励限制单元投入运行，在一定的有功功率时，缓慢降低磁场电流时欠励限制动作，此动作值应与整定曲线相符。在低励限制曲线范围附近，进行 1% ~ 3% 的下阶跃实验。阶跃过程中欠励限制应动作欠励，限制动作时，发电机无功功率应无明显摆动，如果实验进相过多，导致机端电压下降至 0.9 倍标幺值，则不允许再继续进行实验。需修改定值，并且在严密监视常用电电压条件下进行实验。

评判标准：低励限制动作后运行稳定，动作值与设置相符，且不发生有功功率的持续震荡。

5.5 维护及故障处理

5.5.1 励磁系统定期巡视

励磁系统的运行、检修（维护）人员应对励磁设备进行定期巡视。巡视次数和时间可自行规定，但应遵循以下原则：励磁系统设备异常运行期间应增加巡视频次。有人值班的发电厂运行人员巡视每天不少于 1 次，无人值班（少人职守）的发电厂每周至少巡视 2 次。巡视人员应做好巡视记录，发现问题应通知检修（维护）人员处理，发电厂检修（维护）人员巡视每周不少于 1 次。巡视人员应做好巡视记录，发现问题应及时处理。

巡视的主要内容包括励磁变压器、功率整流器、励磁调节器、转子过电压保护及自动灭磁装置、起励设备等，以及设备的表计、信号显示、声音、外观、运行参数等是否正常。当进行工况维护时，要注意进行各种检查时系统所处的工况。工况分类如下：

①所有电源（主电源和辅助电源）断开。

②辅助电源（蓄电池和交流电源）投入。

③发电机以额定转速空载运行。

④发电机并网运行。

5.5.2 每季度一次的维护工作

1）检测冗余的调节器回路

通过增磁或减磁操作改变调节器的给定值，备用通道应自动跟踪工作通道，可通过监控界面观察跟踪结果。

2）运行方式和通道的切换

人工进行运行方式和通道的切换，励磁电流和发电机定子电压不应发生明显的变化，这也检验了脉冲触发回路是否正常。所有切换过程都平稳，则认为所有备用回路正常。反之，若通道切换造成明显的工况变化，则应按照"故障查找"查找故障原因，测试完成后，应切换到自动方式运行。

5.5.3 每年一次的维护工作（电厂计划停机期间）

①完成积尘清扫和端子螺丝紧固、绝缘检测后。

②校验外部控制信号:对输入信号,根据图纸找出信号源,模拟接点动作,可通过开关量板上的指示灯、监控软件中的相关界面、控制室中的上位机显示来观察回路是否正常。

③测量值之间的对比:方法同每季度一次的维护工作。

④检测冗余的调节器回路:方法同每季度一次的维护工作。

⑤运行方式和通道的切换:方法同每季度一次的维护工作。

5.5.4　故障及限制查找

发生下列情况之一即为励磁系统的异常运行方式。

①励磁调节器自动通道退出运行,改由转子电流闭环方式运行。

②两个及以上调节通道的励磁调节器,有一个通道退出运行。

③在发电机限制曲线范围内,发生限制无功功率或限制转子电流运行。

④功率整流柜部分并联支路故障或退出运行。

⑤功率整流柜冷却系统电源有一路不能投入运行。

⑥任一限制、保护辅助功能退出运行。

⑦励磁调节器发生不能自恢复的,但不会造成机组强迫停运的局部软/硬件故障。

⑧灭磁电阻损坏,但总数未超过 20%。

⑨冷却系统故障励磁系统限制负荷运行。

⑩励磁系统操作及信号电源消失。

故障排除处理原则:

当发现励磁系统存在异常现象时应采取措施,消除设备故障,做好记录。故障的某一自动通道退出运行后,经调度同意可长期继续使用备用的自动通道运行,退出故障通道应及时检修。手动调节通道(电流闭环)原则上不能长期运行。在不影响发电机运行的情况下,并联运行的功率整流器可以退出故障部分继续运行;当功率柜冷却系统及调器电源中有一路故障时,机组仍可正常运行,但应及时检修。

5.5.5　故障处理

1)机端频率故障

故障查询:

装置在调试或运行过程中,若发现运方有告警信号,调节器面板的告警灯亮时,可从监控软件的"故障日志"中查询故障类型。如果有机端频率故障记录,检查是"机端频率故障",并确定是单套报警还是双套报警。

处理步骤:

①调试过程中可查看调试电压源是否符合要求,运行过程中也需用测试仪器在端子上或在其他测试位置查看电压信号是否正确。

②如果电压源信号正确,则需检查脉冲板和脉冲电源板;如果只有一套调节装置出错,则可依次将两套调节器的脉冲板和脉冲电源板更换,以具体确定故障板件。

2)机端相位故障

故障查询:

装置在调试或运行过程中,若发现运方有告警信号,调节器面板的告警灯亮时,可从监控软件的"故障日志"中查询故障类型。如果有机端相位故障记录,检查是"机端相位故障",并确定是单套报警还是双套报警。

处理步骤:

①打开监控软件中的"试验录波",点击"手动录波"并上传波形,观察机端电压信号的波形是否正确,确定机端电压相位是否正常。

②如果波形不正确,根据图纸核对装置电压端子上的电压信号,检查接线是否正确或是端子有松动现象。

③如果线路正确,调试过程中可查看调试电压源是否符合要求,运行过程中也需用测试仪器在端子上或在其他测试位置看电压信号是否正确。

④如果电压源信号正确,则需检查交流采样板,如果只有一套调节装置出错,则可依次将两套调节器的交流采样板更换,以确定故障板件。

⑤如果录波中显示机端电压波形正确,也应参照步骤 3 查询是哪块板件有故障。

3) 同步频率故障

故障查询:

装置在调试或运行过程中,若发现运方有告警信号,调节器面板的告警灯亮时,可从监控软件的"故障日志"中查询故障类型。如果有同步频率故障记录,检查是"同步频率故障",并确定是单套报警还是双套报警。

处理步骤:

①调试过程中可查看调试同步电压源是否符合要求,运行过程中需用测试仪器在端子上检查电压信号是否正确。

②如果电压源信号正确,则需检查交流采样板,如果只有一套调节装置出错,则可将两套调节器的交流采样板更换,以具体确定故障板件。

4) 同步频率相位故障

故障查询:

装置在调试或运行过程中,若发现运方有告警信号,调节器面板上的告警灯亮时,可从监控软件的"故障日志"中查询故障类型。如果有同步相位故障记录,检查是"同步频率相位故障",并确定是单套报警还是双套报警。

处理步骤:

①打开监控软件中的"试验录波",单击"手动录波"并上传波形,观察同步电压信号的波形是否正确,确定同步电压相位是否正确。

②如果波形不正确,根据图纸查对装置同步电压端子上的电压信号,检查接线是否正确或端子是否有松动现象,然后检查功率柜中的同步变压器的信号端子焊接是否有松动。

③如果线路正确,调试过程中可查看调试同步电压源是否符合要求,运行过程中也需用测试仪器在端子上或在其他测试位置检查电压信号是否正确。

④如果同步电压源信号正确,则需检查模拟量板和同步电压板,如果有一套调节装置出错,则可将两套调节器的模拟量板和同步电压板更换,以具体确定故障板件。

⑤如果录波中显示同步电压波形正确,也应参照步骤 3 查询哪块板件有故障。

5）同步相序故障

故障查询：

装置在调试或运行过程中，若发现运方有故障信号，调节器面板的故障灯亮时，可从监控软件的"故障日志"中查询故障类型。正确的同步相序值应为"1379"。如果有同步相序故障记录，检查是两套故障或是单套故障。

处理步骤：

①打开监控软件中的"试验录波"，单击"手动录波"并上传波形，观察同步电压信号的波形是否正确，确定同步电压相序是否正确。

②如果波形不正确，根据图纸检查装置同步电压端子上的电压信号，看接线是否正确，然后检查功率柜中的同步变压器的信号端子焊接是否有错误。

③如果线路正确，调试过程中可检查调试同步电压源是否符合要求，运行过程中也需用测试仪器在端子上或在其他测试位置检查电压信号是否正确。

④如果同步电压源信号正确，则需检查交流采样板，如果只有一套调节装置出错，则可依次将两套调节器的交流采样板更换，以确定故障板件。

⑤如果录波中显示同步电压波形正确，也应参照步骤4查询哪块板件有故障。

6）脉冲信号告警

故障查询：

装置在调试或运行过程中，若发现运方有告警信号，调节器面板的告警灯亮时，可从监控软件的"故障日志"中查询故障类型。如果有脉冲信号告警记录，检查是两套告警或是单套告警，确定是那路脉冲信号告警。

①在监控软件的"励磁调节器信息"模块中查询各相脉冲的计数值，各相脉冲正确的数值为：+A66，-A24，+B48，-B6，+C12，-C96。

②如果有某相或某几相的脉冲数值不对，则查询相应的信号接线是否正确或松动。

③如果信号接线回路正确，则应该检查脉冲板和脉冲电源板，可通过逐个更换板件来确定故障源。

7）脉冲回读故障

故障查询：

装置在调试或运行过程中，若发现运方有故障信号，调节器面板的故障灯亮时，可从监控软件的"故障日志"中查询故障类型。如果有脉冲回读故障记录，检查是两套故障或是单套故障。脉冲回读检测的原理是将脉冲板上送出去的脉冲经过脉冲回读回路，经电平变换后送至FPGA，FPGA检测回送的脉冲与送出去的脉冲是否一致来判断脉冲是否错误。

处理步骤：

检查脉冲板和脉冲电源板，可通过复位脉冲电源板，观察是否能消除故障，并观察一段时间。若故障不能消除，则逐个更换板件来确定故障源。

8）脉冲计数故障

故障查询：

装置在调试或运行过程中，运方有故障信号，现地发现调节器面板的故障灯亮时，可从监控软件的"故障日志"中查询故障类型。如果有脉冲计数故障记录，检查是两套故障或是单套故障。脉冲计数的原理是将脉冲板上送出去的脉冲经过脉冲回读回路，经电平变换后送至

FPGA，FPGA 检测回送的脉冲数与送出去的脉冲数是否一致来判断脉冲计数是否错误。

处理步骤：

检查脉冲板和脉冲电源板，可通过复位脉冲电源板，观察是否能消除故障，并观察一段时间。若故障不能消除，则逐个更换板件来确定故障源。

9）起励失败

故障查询：

装置在调试或运行过程中，若发现运方有"起励失败"故障信号，调节器面板的故障灯亮时，可从监控软件的"故障日志"中查询具体的故障类型。"起励失败"是指从自动起励开始，八秒钟内机端电压还小于 20% 的额定机端电压。此时调节器便发"起励失败"信号。

处理步骤：

①发"起励失败"信号时应首先检查调节器在起励前是否处于正常的准备开机状态，如功率柜交、直流刀闸、灭磁开关、电压互感器 TV 高压侧刀闸、起励电源开关均合上，而且无停机信号。（此时也可以重新给调节器上一次电，重新预置。）

②检查"机组 95% 转速令"及"投励磁令"信号是否正常送入励磁盘，上述信号接点是否有抖动等。

③然后再检查是否有起励电源，电压互感器 TV 保险是否熔断，电压互感器 TV 回路的接线是否松动。如果这些都正常，则另换一个通道起励，如果可以正常起励则说明是调节器通道内的原因。

④如果也不能正常起励则应该检查起励回路、脉冲公共回路、可控硅整流器、转子回路是否有接地或短路等。

⑤若调节器没有发出"起励失败"命令，但机组仍无法自动起励，可在励磁调节装置的现地操作屏按"就地建压"或在灭磁柜的操作屏上按"初励"按钮。

⑥观察触发角度是否在 90°以下。零起升压时电压给定值或电流给定值是否太小，可放到 20% 以上。

⑦若励磁装置已有励磁电流输入发电机励磁绕组，但机组仍不能建压成功，则应考虑是否存在机组起励电流不够的问题，可以适当调节起励限流电阻，加大起励电流进行试验和检查。

10）TV 断线故障

故障查询：

装置在调试或运行过程中，若发现运方有"TV 断线"故障信号，调节器面板的故障灯亮时，可从监控软件的"故障日志"中查询具体的故障类型。调节器发"TV 断线"信号是指 A 通道用的 TV1 或 B 通道用的 TV2 有故障。当故障发生在当前运行通道时，调节器会自动切换到备用通道运行。

处理步骤：

①TV 故障一般都由 TV 三相不平衡引起的。若是 A 通道的 TV 故障，则首先检查调节柜对外接线端子排上输入的 TV1 的三相电压是否平衡。

②若不平衡则故障出在励磁调节柜外，这时应检查 TV1 的高压侧保险是否完好或各接线端子上的接线是否接触良好，没有松动。

③若三相电压平衡则说明故障在励磁柜内，这时应检查 TV1 信号的内部接线是否接触良好，或检查交流采样板、脉冲电源板。

④检查交流采样板、脉冲电源板,如果只有一套调节装置出错,则可依次将两套调节器的交流采样板、脉冲电源板更换,以确定哪块板件有故障。

⑤B 通道发生 TV 故障的处理方法与 A 通道类似,只需按照上述方法对应检查 TV2 电压信号即可。

11) 功率柜故障

故障查询:

装置在调试或运行过程中,若发现运方有"功率柜故障"信号,调节器插箱面板的故障灯亮时,可从监控软件的"故障日志"中查询具体的是几号功率柜故障。

处理步骤如下:

①"功率柜故障"是由"功率柜风机故障""功率柜主回路熔丝断""功率柜阻容吸收熔丝断"等故障信号组合形成,具体跟功率柜的故障信号设置有关。

②先检查功率柜的故障指示灯是否亮,然后检查相关的回路。

③如果确认是功率柜部分整流桥、柜故障,但设备仍满足发电机正常运行和强励要求的情况下,可切除故障功率柜继续运行。同时,故障功率柜能够在发电机组运行中处理的,如更换风机,应在运行中处理恢复正常。

④如果查明功率柜无故障,却有故障信号报出,则需根据图纸设计检查相关的开关量板,如果开关量板没有问题,则需要检查 CPU 板。

12) 工控机启动异常

如工控机非正常关机导致工控机系统文件丢失,需要重新安装工控机的操作系统,重新安装监控界面。工控机能启动,启动时能听到"滴"的声响,键盘上的指示灯也会亮一下,但是屏幕一直是黑屏,液晶屏坏,则需要更换液晶屏。工控机启动后检测不到硬盘,需要更换工控机硬盘。工控机是调节器的辅助设备,它不直接参与调节器的控制,即使关机也不会对调节器的运行产生任何影响。

项目 **6** 水轮机微机调速器

6.1 水轮机微机调速器的构成及工作原理

6.1.1 水轮机调速器作用及结构

水轮机调速器是由实现水轮机调节及相应控制的机构和指示仪表等组成的一个或几个装置的总称,它是水轮机控制设备的主体,可分为机械液压调速器、电气液压调速器和数字式电液调速器等几种,数字式电液调速器又常称为微机调速器。水轮机微机调速器由机械液压系统、微机调节器和电液转换装置组成。

水轮发电机组把水能转变为电能供工业、农业、商业及人民生活等用户使用,用户在用电过程中除要求供电安全可靠外,对电网电能质量也有十分严格的要求。按我国电力部门规定,电网的额定频率为50 Hz,大电网允许的频率偏差为±0.2 Hz。对于我国的中小电网来说,系统负荷波动有时会达到其总容量的5% ~ 10%;而且即使是大的电力系统,其负荷波动也往往会达到其总容量的2% ~ 3%。电力系统负荷的不断变化,导致了系统频率的波动。因此,不断地调节水轮发电机组的输出功率,维持机组的转速在额定转速的规定范围内,就是水轮机调节的基本任务。

调速器机械液压系统分别由油系统和气系统组成,为整体控制提供机械动力,推动机械部件转动或收缩。

微机调节器负责接受上位机指令开停、增减动作,并采集现地各种反馈信号及时进行各种保证机组正常范围内运转的自控调节。

电液转换装置由伺服阀和主配压阀回路构成,通过电信号控制油路的管道通断,再有小油路控制大油路的转变,最终达到间接控制接力器移动导叶开度目的。

6.1.2 水轮机调速器调节工作原理

水轮机调速器的功能就是减少人员操作产生的误差及劳动量,且能进一步提高调节水平。如图6.1所示,水轮机调速器控制反馈工作原理。

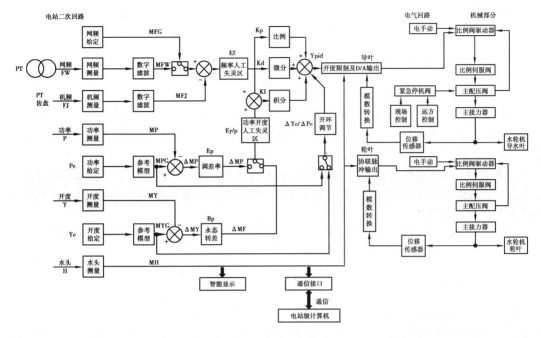

图6.1 调速器控制反馈图

测量元件把机组转速(频率)转换成为机械位移(机械液压调速器)或电气信号(电气液压调速器)或数字信号(微机调速器),与给定信号和反馈信号比较,综合后,经放大校正元件使执行机构(接力器)操作导水机构。同时,执行机构的作用又经反馈信号,从而使调速器具有一定的静态特性和动态调节特性。

6.1.3 水轮机调速器主控信号

调速器系统控制闭环中主要采集信号为:频率、负载、开度、水头。

负载即功率反馈信号,是机组发出的有功功率反馈信号。调速器系统和监控系统需通过功率反馈信号判断机组出力状态是否满足设定要求,是否需要做出对应调整或者保持现有状态。

开度是指机组实际的接力器位置。开度"0% ~ 100%"对应导叶全关到全开位置。开度信号是直观表现调速器控制是否到位的电气模拟量,反馈了调速执行机构是否执行到位的判断依据。

频率是指机组发出的交流电压频率。我国电网系统频率为 50 Hz,发电机组需要并网发电,机组频率就要和电网保持一致的情况下并网,才能保证整体电网安全。

交流发电机组所产生的交流电频率与大电机的转速关系如下:

$$f=\frac{pn}{60} \tag{6.1}$$

式中　f——发电机输出交流电流频率;

　　　p——发电机的转速;

　　　n——发电机的磁极对数。

水头是指上游蓄水的水平面至水轮机入口的垂直高度。代表了水的位能(势能)。水头越高,位能越大,同等流量能发的电也就多。在不同高度的水头下水轮机组的出力是不同的,因此水头是计算机组出力的最基本条件。

6.1.4 调速器的调节模式

调速器系统有3种主要调节模式:频率调节模式、功率调节模式、开度调节模式。

①频率调节模式,又称频率控制,是电力系统中维持有功功率供需平衡的主要措施,其根本目的是保证电力系统的频率稳定(电力系统标准频率50 Hz)。电力系统频率调整的主要方法是调整发电功率和进行负荷管理。

②功率调节模式是在被控水轮发电机组并入电网后采用的一种调节模式,除用作运行人员手动调节机组有功功率以外,更适合与水电厂 AGC(自动发电控制)系统接口并实现机组有功功率的全数字控制。

③开度调节模式是在机组并网带负荷后,电调会自动切至开度调节模式,通过监控电网需求计算来调整开度以达到给定的出力。

6.1.5 水轮机微机调速器的 PID 基本调节

PID(Proportional Integral Derivative)控制是最早发展起来的控制策略之一,由于其算法简单、鲁棒性好和可靠性高,被广泛应用于工业过程控制,尤其适用于可建立精确数学模型的确定性控制系统。

在工程实际中,应用最为广泛的调节器控制规律为比例、积分、微分控制,简称 PID 控制,又称 PID 调节,它实际上是一种算法。PID 控制器问世至今已有近 70 年历史,具有结构简单、稳定性好、工作可靠、调整方便等优点,成为工业控制的主要技术之一。当被控对象的结构和参数不能完全掌握,或得不到精确的数学模型时,控制理论的其他技术难以采用时,系统控制器的结构和参数必须依靠经验和现场调试来确定,这时应用 PID 控制技术最为方便。即当我们不完全了解一个系统和被控对象,或不能通过有效的测量手段来获得系统参数时,最适合用 PID 控制技术。PID 控制,实际中也有 PI 和 PD 控制。PID 控制器就是根据系统的误差,利用比例、积分、微分计算出控制量进行控制。

比例调节作用:是按比例反应系统的偏差,系统一旦出现了偏差,比例调节立即产生调节以减少偏差。比例作用大,可以加快调节,减少误差,但是过大的比例会使系统的稳定性下降,甚至造成系统的不稳定。

积分调节作用:是使系统消除稳态误差,提高无差度。因为有误差,积分调节就进行,直至无差,积分调节停止,积分调节输出一常值。积分作用的强弱取决于积分时间常数 T_i,T_i 越小,积分作用就越强。反之 T_i 大则积分作用弱,加入积分调节可使系统稳定性下降,动态响应变慢。积分作用常与另两种调节规律结合,组成 PI 调节器或 PID 调节器。

微分调节作用:微分作用反映系统偏差信号的变化率,具有预见性,能预见偏差变化的趋势,因此能产生超前的控制作用,在偏差还没有形成之前,已被微分调节作用消除。因此,可以改善系统的动态性能。在微分时间选择合适情况下,可以减少超调,减少调节时间。微分作用对噪声干扰有放大作用,因此过强的加微分调节会对系统抗干扰不利。此外,微分反应的是变化率,而当输入没有变化时,微分作用输出为零。微分作用不能单独使用,需要与另外两种调节规律相结合,组成 PD 或 PID 控制器。

从调节规律看,现有的调速器大多属于比例积分(PI)或比例积分微分(PID)式的。图6.2 为采集转速信号、加速度信号、且有暂态反馈的 PID 调节示意图。

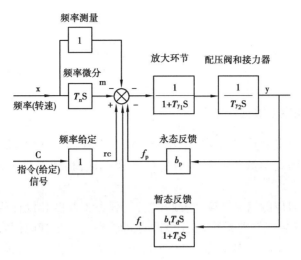

图 6.2　暂态反馈调节图

图中,采用下列公式及符号:

$$x = \frac{n}{nr} = \frac{r}{fr} \text{——转速(频率)相对量}$$

$$y = \frac{Y}{Ym} = \frac{Z}{Zm} \text{——接力器行程相对量}$$

b_p——永态转差系数;

b_t——暂态转差系数;

T_d——缓冲装置时间常数;

T_n——加速时间常数;

T_{y1}——中间接力器(辅助接力器)反应时间常数;

T_{y2}——接力器反应时间常数;

S——拉普拉斯算子。

如图 6.3 所示为 PID 反馈调节框图,图 6.3 与图 6.2 所示系统的区别就在于引入了频率(转速)的微分信号,从而形成了比例、积分、微分(PID)调节规律。

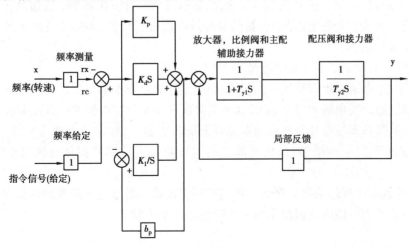

图 6.3　PID 反馈调节框图

6.2　调速器系统调试流程

6.2.1　调速器固定参数比对核查

每次在机组恢复供电后首先需要检查调速器内的各种固定参数,检查其是否因失电导致数据丢失,核对内部固定参数务必对照历史数据和设计值,确保机组处于正常参数下安全运行。

正常水头情况下对应的启动开度、空载开度、负载最大开度和设计值一致;程序中设定的 b_p(永态转差系数)、b_t(暂态转差系数)、t_d(缓冲时间常数)、t_n(加速时间常数)、k_p(比率增益)、k_i(积分增益)、k_d(微分增益)和设计值一致;导叶开度对应动作范围与设计值一致。

6.2.2　信号采集、配送及现场实际情况比对

现地采集的各种反馈信号是调速器执行命令的过程中,判断是否执行到位的重要依据。调速器系统控制闭环中现地采集主要包括频率、功率、开度和水头。

频率信号分为网频给定、网频测量和机频测量。

网频给定:网频给定是电网控制电能质量的重要衡量标准,也是电网赖以控制电力系统运行的重要参数。因此为了保证电力系统的频率稳定,我国电力系统的规定额定频率为 50 Hz (GB/T 15945—2008 要求),电力系统正常频率允许偏差为±0.2 Hz,所有发电机组务必满足此范围内运行。我们将此频率工作范围称为网频给定。

网频测量:电力系统的频率根据供给需求在不停变化,需要在主变高压侧采集实时的电网频率,以便于电网发生异常时机组做出相应的频率调整。

机频测量:为了保证发电机组发出的频率稳定,机频的测量分为残压测频和齿盘测频,两种测频方式分别采用不同采集方式来计算机组频率,最终确定机组频率状态,是否需要进一步调整。其中残压测频取自发电机出口 PT 互感器,测量这个电压信号的周期(波形的周期),一般交流电是正弦波,测量了这个波形的周期,然后通过周期计算出频率。而齿盘测频是利用接近开关(即齿盘探头)对机组主轴的齿盘凸起经过次数进行计数,和额定转速下的数量进行比较计算,从而得到频率。

功率信号分为功率给定和功率测量。

功率给定:是电网系统根据实际的供给需求调整 AGC 下达到机组的有功分配。

功率测量:通过发电机出口采集 PT、CT 二次值和频率计算得到的机组发出有功反馈值。

开度反馈:是指安装在控制环接力器支臂上的传感器,其输出值反馈真实的开度信号,根据行业要求需安装三套传感器,采用三取二的方式避免因传感器损坏导致机组失控飞逸的风险。

水头的设置是由程序采集后自动下达或控制室值班人员根据实际观测水位变化进行标定调整,水头设定不当可能造成机组出力不能达到最大出力状态。

6.2.3　PLC 在调速器系统的应用

现今调速器的操作控制系统普遍采用 PLC 控制。

PLC(可编程逻辑控制器)是专为在工业环境下应用而设计。它采用可编程序的存储器,用来在其内部存储执行逻辑运算、顺序控制、定时、计数和算术运算等操作的指令,并通过数字式、模拟式的输入和输出,控制各种类型的机械或生产过程。可编程序控制器及其有关设备,都按易于使工业控制系统形成一个整体,易于扩充其功能的原则设计。

PLC 是采用"顺序扫描,不断循环"的方式进行工作的。即在 PLC 运行时,CPU 根据用户按控制要求编制好并存于用户存储器中的程序,按指令步序号(或地址号)作周期性循环扫描,如无跳转指令,则从第一条指令开始逐条顺序执行用户程序,直至程序结束,然后重新返回第一条指令,开始下一轮新的扫描,在每次扫描过程中,还要完成对输入信号的采样和对输出状态的刷新等工作。

以施耐德电气公司的 PL7 pro 组态软件包举例,PL7 是业界公认的功能强大的编程组态平台,PL7 非常易于组态,具有所有 5 种 IEC 1131-3 编程语言,并有用户定义可重复使用的功能块 DFB。为满足过程控制,还内置有丰富的过程控制函数库,大幅度提升用户编程的可操作性。PL7 程序界面图如图 6.4 所示。

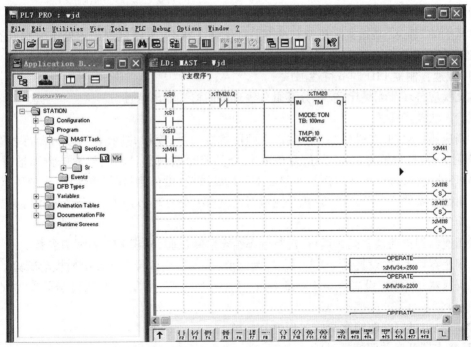

图 6.4　PL7 程序界面图

调速器系统的控制程序就可在 PLC 中进行模块化设计,通过实际需要的收发信号指令,采用多种控制元素进行组合,构成一套严密的控制逻辑。

当可编程逻辑控制器投入运行后,会产生 3 个阶段,即输入采样、用户程序执行和输出刷新 3 个阶段。完成上述 3 个阶段称作一个扫描周期,CPU 以一定的扫描速度重复执行上述 3 个阶段。

在此期间可通过观察各模块构成的控制线路进行逻辑运算结果,在系统存储区中对应位的状态、刷新该输出线圈在 I/O 映象区中对应位的状态、某项梯形图所规定的特殊功能指令等具体表现判断调速器系统运行效果是否和需求相同。采用这种编程及判断方式可大大减少现场的人力需求,同时使用者也必须具备相应的技术能力。

6.2.4 水轮机调速器功能验证和建模试验

调速系统对于承担系统的调频、调峰任务,维护系统的稳定和提高电能质量都起着重要的作用。在对调速器进行检修工作之后,要对调速器的功能进行验证试验,保证电网及并网运行发电机组的安全运行,提高电能质量和电网的频率稳定水平,实现电网的综合优化。

同时调速系统模型参数作为电力系统四大模型参数之一,对于系统稳定特别是中长期稳定有较大的影响。通过对调速器数学模型的研究和仿真计算,建立更为准确的调速系统计算模型,以便进一步提高系统稳定计算的精度,为电力系统分配运行方式提供更为可靠的依据。

在进行建模试验前,一般会进行调速器功能性试验,此实验是判断调速器是否已经具备建模试验条件的准备试验。而机组调速器的建模试验可分为两大部分:静特性试验、动特性试验。下面对试验内容和步骤详细说明:

1)调速器功能性试验

静态试验的内容:

本试验的"静态"是指实际机组转动部分处于静止状态,水轮机蜗壳内处于无水或静压状态,调速器液压系统调试合格后的状态。

(1)调速控制器 PID 调节特性测试

本试验应分环节测量比例、积分及微分等环节的输入输出特性。

试验方法及步骤:

①调速器切手动,在机柜端子上输入 50 Hz 稳定信号,模拟并网信号,接力器行程稳定于约50%附近,死区设置为0,b_p 设置为0;进行分环节时域测量。比例放大倍数测量时,将微分、积分环节退出,进行不同比例放大倍数下的阶跃试验;微分测量时,将比例、积分环节退出,进行不同微分系数下的阶跃试验;积分测量时,将比例、微分环节退出,进行不同积分系数下的阶跃试验。

②调速器切自动频率模式运行,进行频率给定阶跃试验,辨识 PID 各环节参数。

③调速器切手动,设置 $b_p=0$,k_d、k_p、k_i 为定值,重复本项试验步骤②中的扰动试验。

④调速器切手动,设置 $b_p=4\%$、5%,k_d、k_p、k_i 为定值,重复本项试验步骤②中的扰动试验。

(本试验也可以修改频率给定实现 PID 校核。)

(2)接力器开启关闭特性试验

试验方法:

①将开度限制机构置于全开位置,进行接力器全开、全关过程。

②进行接力器指令 0-90%-0 大阶跃。

③操作紧急停机电磁阀动作或复归,截取记录接力器在 10% ~90% 行程之间线性过程移动。

（3）导叶给定阶跃试验

①将开度限制机构置于全开位置，将接力器开到 30%，进行导叶给定阶跃试验，阶跃量分别为正向与反向 1%，2%，5%，10% 以及 30%。各阶跃试验重复 1 次。

②将开度限制机构置于全开位置，将接力器开到 50%，进行导叶给定阶跃试验，阶跃量分别为正向与反向 1%，2%，5%，10%，20% 以及 50%。各阶跃试验重复 1 次。

③将开度限制机构置于全开位置，将接力器开到 80%，进行导叶给定阶跃试验，阶跃量分别为正向与反向 1%，2%，5%，10%，20%。各阶跃试验重复 1 次。

（4）人工频率死区检查校验

试验方法：

①在机柜端子上加 50 Hz 稳定信号，模拟并网信号，手动接力器行程稳定于约 50% 附近，调速器模拟机组并网带负荷工况，自动开度模式运行，人工频率死区置为：$E=\pm0.5$ Hz。

②使频率给定发生阶跃扰动，扰动量为 ±0.2 Hz、±0.22 Hz、±0.3 Hz，记录接力器行程的变化过程以及调速器人工频率死区设定值。

③接力器行程稳定于约 20% 附近，将人工频率死区置为 $E=\pm0.05$ Hz，考虑大电网允许的频率偏差为 ±0.2 Hz，以 0.01 Hz 步长将机频由 50 Hz 逐次降到 49.8 Hz，稳定后返回 50 Hz；然后再由 50 Hz 逐次加到 50.2 Hz，稳定后返回。测出在设定频率死区下导叶接力器的开度与频率的关系，计算其实测值与误差值。

2）静特性试验

试验方法：

①先将调速器的 k_d、k_p、k_i 分别置于整定值，分别设置 $b_p=3\%$，4%，6%；人工死区设置为 0 Hz。

②在机柜端子上加上信号源 50.00 Hz，手动将导叶开度调至 50%，模拟并网信号，切为自动方式运行。

③将变频信号源的输出频率上升，接力器向关闭方向移动，当接力器行程小于 10% 时，频率停止上升，待接力器稳定后，以此点作为起始点。降低变频信号源频率，每次降低 0.1 Hz，每次待接力器平稳后再进行下一次变动，直到接力器行程超过 90% 时，获得调速器降频静特性。

④将变频信号源的输出频率下降，接力器向开启方向移动，当接力器行程大于 90% 时，频率停止降低，待接力器稳定后，以此点作为起始点。升高变频信号源频率，每次升高 0.1Hz，每次待接力器平稳后再进行下一次变动，直到接力器行程低于 10% 时，停止升高频率，获得调速器升频静特性。

3）动特性试验

"动态"是指机组并网带负荷运行的发电状态，且机组一次调频调试合格，一次调频能正常投入运行。

动态频率扰动应在开度模式、功率模式及监控功率闭环调节模式等调节方式下进行。

该试验包含 50% 额定出力和 80% 额定出力两种试验工况（为方便现场安排，本节试验项目按工况进行叙述）。

（1）50% 额定出力下动态频率扰动试验

试验条件：

①调速系统其他各项动态试验（如一次调频试验）验收已完毕。

②机组具备变负荷条件,同时机组运行稳定。

③PID 设置为一次调频试验整定值,死区按一次调频要求设置。

试验方法:

①机组稳定运行于 50% 额定出力,将调速器开度控制模式运行,"一次调频功能"开关投入。

②确认机组稳定运行,各项安全措施均已到位的情况下,逐次改变调速器频率给定值(或模拟机组频率信号,下同),变化过程为正向与反向 0.1 Hz,0.2 Hz,0.25 Hz,测试记录每一次扰动过程。调速器机旁一直有人监视,以便异常工况下调速器切手动。

③将调速器"一次调频功能"开关断开,切换为功率模式自动运行,并投入一次调频功能。重复本项试验步骤②。

④监控系统投入功率闭环,并投入一次调频功能。重复本项试验步骤②。

(2)80% 额定出力下动态扰动试验

试验条件:

①调速系统其他各项动态试验(如一次调频试验)验收已完毕。

②机组具备变负荷条件,同时机组运行稳定。

③PID 设置为一次调频试验整定值,死区按一次调频要求设置。

试验方法:

①机组稳定运行于 80% 额定出力,将调速器开度控制模式运行,"一次调频功能"开关投入。

②确认机组稳定运行,各项安全措施均已到位的情况下,逐次改变调速器频率给定值(或模拟机组频率信号,下同),变化过程为正向与反向 0.1 Hz,0.2 Hz,0.25 Hz,测试记录每一次扰动过程。调速器机旁一直有人监视,以便异常工况下调速器切手动。

③将调速器"一次调频功能"开关断开,切换为功率模式自动运行,并投入一次调频功能。重复本项试验步骤②。

④监控系统投入功率闭环,并投入一次调频功能。重复本项试验步骤②。

(3)导叶给定阶跃试验

80% 额定出力下,调速器为开度模式稳定运行,采用直接改变导叶给定值的办法,进行阶跃扰动试验,导叶给定阶跃量分别为 2% 、5% 和 8% 。

(4)机组带负荷试验(选做)

当前水头下,记录机组从空载带至额定出力时导叶开度以及发电机有功功率等数据。按发电机有功功率每 5% 额定功率变化值记录数据。

(5)人工频率死区检查校验

试验方法:

①在机柜端子上加 50 Hz 稳定信号模拟机组频率,自动开度模式运行,"一次调频功能"投入,人工频率死区置为:$E = \pm 0.04$ Hz。

②以 0.01 Hz 步长将机频由 50 Hz 逐次降到 49.8 Hz,稳定后返回 50 Hz;然后再由 50 Hz 逐次加到 50.2 Hz,稳定后返回。测出在设定频率死区下 PID 输出、导叶接力器的开度与频率的关系,计算其实测值与误差值。

（6）机组甩负荷试验（选做）

试验条件：机组运行正常，调节控制系统稳定，其他各项动态试验均已完成。

试验方法：

①机组先甩25%的额定出力，测试记录试验过程、试验现象，确定没有问题后再进行下一次试验。

②机组再甩50%，75%以及100%额定出力，测试记录试验过程。

③每次甩负荷时，机组带相应的稳定负荷，调速系统处于稳定状态。

6.2.5 调速器一次调频试验

在功率模式下，调速器目标功率值为功率给定与一次调频叠加量。其中有两种状态，频率处于正常额定范围，实发功率为监控系统上位机下发的给定功率；频率超过网频一次调频动作死区后，实发功率为功率给定值与一次调频动作量的叠加量。使一次调频动作量满足：

$$\Delta p = \pm\left(\frac{F_s - 50.0 - 0.05}{50} \times b_p\right) \times 150 \tag{6.2}$$

式中　F_s——满量程值；

　　　b_p——永态转差系数；

　　　Δp——功率补偿量。

试验方法及步骤：

①将机组导叶开度信号接入调节系统综合测试仪，划开调速器电气柜频率测量端子的连接片，将频率测量端子对应连接至调节系统综合测试仪。短接调速器电器柜开机信号中模拟并网信号，手动切一次调频投入信号。

②由调节系统综合测试仪给调速器提供额定的机频输入信号，模拟机组并网发电，以开度给定将导叶开度调整到50%行程附近。切换功率模式运行，用信号发生器改变机组输入频率，记录频率改变后导叶开度变化过程曲线。

③通过调节系统综合测试仪切换把机组频率切换为信号发生器频率，此时信号发生器的频率设定与当前电网频率一致。

④设置初始频率为50 Hz，缓慢改变频率信号发生器的频率，首先向上越过50.05 Hz，记录一次调频是否动作；缓慢改变频率信号发生器的频率，频率继续降至50.04Hz，频率进入死区，一次调频不动作。

⑤恢复50 Hz频率，向下缓慢改变频率信号发生器的频率，首先向下越过49.95 Hz，记录一次调频是否动作，频率继续升至49.96 Hz，频率进入死区，一次调频不动作。

⑥反复调整调速器程序内子程序Foy段的频率调节值，使频率死区满足（50±0.05）Hz。

6.2.6 检验使用仪器仪表

数字万用表、兆欧表、调节系统综合测试仪（发频装置）、调试笔记本电脑、继电保护测试仪、录波仪等。

6.3 维护及故障处理

6.3.1 调速器检修项目及操作要点

检修项目及技术标准参照《水轮机电液调节系统及装置技术规程》(DL/T 563—2016)的相关规定进行,见表6.1。

表6.1 维护检查的项目及技术标准

序号	项目	检修工艺	技术标准
1	继电器、变送器检查校验	1.观察继电器外观和内部老化情况,用酒精对其外部进行清洁。 2.使用继保仪进行动作值比对(使用仪器对变送器进行加量查看各个动作点和输出值保持一致)。	检查并用酒精清洗继电器接点,继电器线圈及接触器触点要校验,动作可靠无误,外部接线整齐正确; 检查变送器的工作电源,范围 DC24 V±15% V,电流输出是否为 4~20 mA 或电压 0~5 mV。
2	调速器电源检查	1.DC24 V 回路绝缘检查,用 500 V 兆欧表测量所有导电回路部分对地的绝缘,其绝缘电阻应不小于 0.5 MΩ; 2.DC220 V 回路绝缘检查,用 1 000 V 兆欧表测量所有导电回路部分对地的绝缘,其绝缘电阻应不小于 1 MΩ(对较潮湿回路,其绝缘电阻应不小于 0.3 MΩ)。	通电检查,分别投上交流、直流电源测量其输入、输出电压及电源板电压空载和负载是否符合要求(误差在±10%); 检查电源指示灯是否正常。
3	机组测速回路检查	给转模拟量模块通电,加量 4~20 mA,并在监控和调速器画面中观察动作接点、动作上限、动作下限等参数是否和规范一致。	包括接线检查、接点动作可靠性、模拟量输出是否在 4~20 mA、动作上限值与下限值是否符合其他系统所需要求等。
4	调速器触摸屏检查	1.切换调速器柜内交流、直流电源,查看触摸屏的功能显示和控制功能。 2.对照触摸屏的显示量和监控柜显示屏、调速器机械柜显示保持一致,误差在使用的传输设备允许范围内。	将触摸屏送电,检查其是否正确工作,并将交直流电源互相切换,看是否正常;与监控系统检查 DI 量、D0 量、AI 量;与调速器机械柜间信号检查。

续表

序号	项 目	检修工艺	技术标准
5	调速器内部参数检查	1. 使用专业连接线将调速器的PLC模块连接调试电脑。 2. 和原备份系统进行比对。	分别将该机组调速器3套PLC模块内部参数及自动通道的PID参数与检修前该机组参数对照,检查是否一致,若不一致则加以修改。
6	调速器无水试验	1. 手动将导叶关到全关位置,稳定之后,再开到全开位置,保证导叶全行程在传感器的正常工作行程之内。记录全关、全开位置稳定时程序监视到的反馈数据,通过程序调整使导叶全关、全开位置对应开度数值为0~100%,全关范围0~0.50%,全开范围99%~100%。 2. 调速器处于"自动"工况,负载状态,参数设置为:$b_p=6\%$,$b_t=5\%$,$t_n=0$ s,$t_d=2.0$ s,开限=100%,开度=50%,$f_j=50.00$ Hz,$p_g=0$,频率=50.00 Hz。将机频从50.00开始,以0.001 Hz递增或递减,每间隔0.30 Hz记录一次,使接力器行程单调上升或下降一个来回,录波并记录机频f_j和相应导叶行程值。根据记录数据采用二次线性回归法计算调速器转速死区和非线性度是否符合标准。	(1)主接力器参数测试: 在现地试验方式下用开限将接力器全开或全关;如其两段关闭时间应和设计关闭时间保持一致,最大不应超过设计标准的±10%。 接力器导叶传感器线性度试验(更换传感器时做): 用钢卷尺量接力器开度,计算接力器从0.1(10%)到1(100%)的10个点的相对值,将调速器内部参数按此值进行修改后重新传到调速器SE_LINE参数内。 (2)调速器静特性试验: 调速器处于"自动"工况,负载状态,参数设置为:$b_p=6\%$,$b_t=5\%$,$t_n=0$ s,$t_d=2.0$ s,开限=99.99%,开度=50%,pg=0,频率=50.00 Hz。切除人工死区,$k_p=10$,$k_i=1$,$k_d=0$,频率给定为额定值,模拟出口断路器合。用稳定的频率信号源输入额定频率信号,以开度给定将导叶接力器调整到50%行程附近,分别绘制频率升高和降低频率使接力器全关或全开,调整频率信号值,使之按一个方向逐渐升高和降低,在导叶接力器每次变化稳定后,记录该次信号频率值及相应的接力器行程,增大或减少输入信号,记录在不同频率下的接力器行程,作出静特性曲线(去掉两端的点),计算转速死区(两条曲线的最大区间)应小于0.2 Hz。
7	调速器有水试验	1. 根据实际水头设置水头参数,打开机械开限,拔出锁锭,准备手动开机。 2. 缓慢操作手柄,使导叶缓缓开启,机组转速逐渐升高。	(1)接力器不动时间测定试验: 从甩25%负荷示波图上发电机定子电流消失为起始点或甩10%~15%负荷,机组转速上升到0.02%为起始点,到接力器开始运动为止的时间。其值应不大于0.2 s。 (2)空载摆度测试试验: 手动开机,并记录水头及空载开度,调速器退出频率跟踪,测定机组摆动值3 min,手动方式下3次平均值应小于等于±0.2%。自动方式下

续表

序号	项　目	检修工艺	技术标准
7	调速器有水试验	3. 如未发现异常,应调整机组至空载运行状态,观察空载开度、水头和机组频率等参数是否正常。 4. 记录 3 min 机组手动摆动值:水头、空载开度、最大频率、最小频率,摆动值的残压频率、齿盘频率。	对调速器系统施加频率阶跃扰动,记录机组转速、接力器行程等的过渡过程,选取转速摆动值和超调量较小、波动次数少、稳定快的一组调节参数。在该组调节参数下,测定机组在 3 min 内转速摆动值,其 3 次平均值应小于±0.15%。 空载扰动试验: 使机组频率在 48～52 Hz 之间扰动,并记录波形,检查其调节次数、调节时间、频率是否满足要求。 调速器频率跟踪试验: 投入网频跟踪,观察机频跟踪网频情况。 自动停机试验: 录制停机令、机组转速、接力器行程曲线,检查开、停机时间。 自动开机试验: (投频率跟踪)录制开机令、机组转速、接力器行程曲线,计算开机时间。 人工频率死区试验: 将人工频率死区置 $b_s = 0.03$ Hz,并带一定负荷,然后增减负荷,在 49.985～50.015 Hz 内不参与调节。 模拟故障切换试验: 模拟机组频率断线是否跟踪网频、A 套电源故障是否会切到 B 套为主、模拟出口断路器断开观察机组状态等。 甩负荷试验: 分别在 25%、50%、75%、100% 负荷下进行甩负荷试验,并录制或记录机组转速、机组频率、导叶开度(甩负荷前后各项的最大值与最小值)、接力器行程曲线,机组由解列开始到接力器稳定为止的调节过程时间不大于 30 s,在甩负荷的调节过程中,转速变化值超过额定值3%以上的波峰不得多于 2 次;当甩去 25% 的负荷时,接力器活塞的不动时间不得大于 0.3 s。 负载试验: 导叶在开度模式下进行增减负荷试验,检查给定值与实际值的误差。 事故低油压关机: 将压油罐内压力降至事故低油压动作值以下,检查机组能否自动停机、落进水口快速闸门。

6.3.2 调速器机械部分的日常维护

①保持环境清洁,防止灰尘进入调速器,污染液压油。

②注意液压系统防水防潮。如果液压油水分含量较高,不但会锈蚀设备,而且在调速器暗管中高速流动时,产生大量气泡,导致调速器油回流不畅,甚至四处外溢。

③视油质情况定期切换并清洗滤油器,作好滤油器压力表与油罐压力表差值记录。新建电站投运时,调速器滤油器滤芯必须更换方可投入使用,电站运行前期建议每月更换一次。

6.3.3 故障分析与处理

1)机频故障

原因:信号线断开,测频模块损坏。

现象:监控系统发告警信号。

处理步骤:首先将调速器切到电手动(如有可能应停机)。

检查测频模块是否正常:如果与测频模块相连的 PLC 高速计数模块和中断模块(或快速响应模块)上输入点指示灯长时间点亮或消失(非闪烁状态),则可能整形测频板损坏,如损坏则更换测频板。

①信号消失或断线:据原理图,从测频模块到 PT 逐步查找故障点。

②排除故障后,调速器频率测量一切正常才可以切到自动运行。

2)接近开关信号消失或断线

原因:接近开关与齿盘之间的安装距离过远;由于安装距离太近,机组大轴的摆动导致齿盘打坏接近开关。

现象:监控系统发告警信号。

处理步骤:机组停机,调节接近开关与齿盘之间的距离,保证在 2 ~ 5 mm。更换接近开关,按接近开关与齿盘之间距离 2 ~ 5 mm 调整。

3)网频故障

原因:信号线断开,测频模块损坏。

现象:监控系统发告警信号;调速器维持原位不动。

处理步骤:同机频故障。

4)功率反馈故障

原因:反馈断线;在功率模式下,增减负荷过快;开限未打开;监控功率变送器损坏。

现象:监控系统发告警信号。调速器从"功率模式"自动切换到"开度模式"。

处理步骤:

①检查功率变送器与信号线。

②若是增减过快,可减慢增减负荷速度。

5)导叶反馈故障

原因:

①位移传感器反馈断线或损坏。

②"开度模式"增减开度给定过快。

③开限没有打开。

187

现象:监控系统发告警信号。

处理:根据不同的故障原因,可采取

①打开电气开限或机械开限。

②减慢开度给定速度。

③若位移传感器故障,修复或更换后应调整零点。方法:调速器处于电手动状态,开启接力器使其由全关至全开,观察开度对应值是否正确全关 0~0.5%;全开 98.50%~99.50%。

6)通讯故障

(1)与上位机通讯故障

检查通讯线路;检查上位机是否已经退出通讯程序或关机;检查调速器通讯设置(如站号等)。

(2)通讯故障

检查通讯线路;检查主机或从机是否电源消失;检查 MB+模块设置是否正确。

项目 **7**
计算机监控系统

7.1 计算机监控系统简介

监控系统指监视控制与数据采集系统(Supervisory Control And Data Acquisition, SCADA)。其主要任务是根据电力系统要求及电站设备的运行条件,完成对电站设备的自动监控,主要包括:

①准确及时地对整个电站设备运行信息进行采集及处理。

②对电站机组及主要机电设备进行及时监控,保证电站安全运行并实现电站运行与管理自动化。

③根据上级调度和电站运行要求,进行电站最佳控制和调节。

④按照电网要求对系统稳定性进行监控,保证系统安全运行。

⑤完成系统对外通信并能与厂内录波系统、直流系统、通风系统、消防系统、机组局放气隙系统、信息管理等系统等实现通信。

7.1.1 计算机监控系统的配置

采用以光纤及数据总线为通信介质,能远方监控,自动运行的智能型分层分布式系统。第一层为上位机,由多个计算机工作站组成;第二层为下位机,即 LCU 层,由多套可编程序控制器(PLC)组成;第三层为现场单元。

彭水水电厂的计算机监控系统是由国电南瑞自动化公司开发研制,专用于大型水电站控制的分级分布式控制系统,整个系统由上位机及下位机两大部分组成。

①上位机(即厂站层系统)的目的是要实现集中控制或远方控制。集中控制就是将检测到的数据集中起来进行分析处理,然后再由主机发出相应的控制命令;远方控制就是将数据发给调度,并接受和执行调度的命令,比如,在彭水电厂投入 AGC 和 AVC 时,接受国网重庆电力调度控制中心的有功和母线电压(增量)的遥调信号,自动控制全厂负荷和母线电压,使其按要求进行调节。上位机主要包括信息管理工作站、操作员站、调度通讯服务器、通讯工作站、

189

GPS 对时装置等。

②下位机控制系统即现地控制单元 LCU(Local Control Unit),主要是就地对机组、公用系统和开关站等设备进行实时监视和控制,一般布置在机旁等现地(基本上是按照就近原则进行布置的),是计算机监控系统较底层的控制部分。下位机在计算机监控系统上位机故障或退出运行时仍能正常运行和实现对水轮发电机组的基本控制。

7.1.2　计算机监控系统功能

①实时数据采集和处理。
②实时控制和调节。
③人机交互。
④事件记录。
⑤监控系统自诊断。
⑥与电网调度中心通信。

7.1.3　网络结构

计算机监控系统结构图如图 7.1 所示,其网络通信采用双 100 M 光纤冗余环网的结构。

1)上位机与下位机网络通信

采用交换式以太网,传输速率可达 100 Mbps,网络协议采用通用的 TCP/IP,传输介质为光缆,加装安全隔离装置。

2)现地装置层内部分布式 I/O 网络通信

现场总线网络,传输介质为 CANbus 总线或光缆。

3)调度通讯

与国网重庆电力调度控制中心主调系统为 2 路通信通道,一路为 10M/100M 网络通信通道,一路为串口远动点对点专线通道,规约分别为 IEC60870-5-104 和 IEC60870-5-101;与西南网调备调系统为 2 路通信通道。

4)场内通讯

分别与电站生产管理信息系统、水调系统、机组状态监测系统、故障信息处理系统、暖通系统等进行通信。

5)现地单元通讯

机组单元分别与触摸屏、交采装置、调速、励磁、电度表、保护等装置进行通信。

开关站单元分别与触摸屏、交采装置、电度表、保护等装置进行通信。

公用单元分别与触摸屏、直流系统、上下游水位计、高压气机控制系统、低压气机控制系统、渗漏排水控制系统、检修排水控制系统、10 kV 和 400 V 厂用电系统、通暖控制系统等进行通信。

7.2 监控系统软件功能介绍及使用

7.2.1 功能介绍

1)系统功能

①实时数据库。

②网络通信及冗余。

③历史数据库和生产管理。

④系统管理。

⑤组态工具。

⑥其他通信软件。

⑦自诊断及自恢复。

2)监视功能

①数据采集。

②数据处理。

③人机界面。

3)控制功能

①控制和调节。

②自动发电控制。

③自动电压控制。

7.2.2 使用说明

1)操作员工作站的启动界面

操作员工作站安装的操作系统是 Linux RedHat 12.0 操作系统,工作站启动后自动进入 Nari NC2000 V3.0 平台界面,NC2000 应用系统启动完成后,系统自动推出两个窗口,一个是位于显示器下部的"任务栏",一个是独立的窗口"简报窗口"。

(1)任务栏

当 NC2000 系统自启动结束后,弹出应用系统任务栏,如图 7.2 所示。

图 7.2 系统任务栏

NC2000 系统任务栏从左至右依次为 开始按钮、 图形按钮、 用户登录按钮和当前系统时间、日期和星期。需点击 用户登录按钮进行登录,登录后系统任务栏显示,如图 7.3 所示。

图 7.3 登录后的系统任务栏

191

除上述按钮外，新增  一览表按钮、 报表按钮和显示用户名。

当出现事故或故障光字信号时，NC2000系统任务栏中出现光字指示灯 ，而且指示灯会闪烁以引起运行人员注意。

（2）任务栏的启动

单击NC2000系统任务栏中的各个快捷按钮（包括出现的光字指示灯），可以启动相应的应用系统窗口。

①启动开始菜单。单击NC2000系统任务栏中的 开始 开始按钮，若用户已以维护人员或更高身份登录NC2000系统，点击NC2000系统任务栏中的 开始 开始按钮，系统弹出开始菜单，如图7.4所示。

单击开始菜单中的各个菜单项，系统将启动相应的应用功能软件，弹出相应的应用界面。

②启动图形软件。单击NC2000系统任务栏中的 图形按钮，系统弹出"图形显示器"，如图7.5所示。

图 7.4　已登录的
开始菜单

图 7.5　画面索引

③启动一览表查询。点击NC2000系统任务栏中的 一览表按钮，系统弹出"一览表查询"窗口，如图7.6所示。

单击想要查询的相应节点，可以查询对应项的内容，显示在图7.6的左侧窗口，包括操作一览表、自诊断一览表、事故一览表、故障一览表等与简报窗口相对应的各类别一览表。

④启动报表系统。单击NC2000系统任务栏中的 报表按钮，系统弹出"NC2000报表系统"窗口，如图7.7所示。

单击展开报表的左侧树状图，双击想要查询的树状图的相应节点，可以查询对应项的报表内容。单击图中的日期框，选取特定历史日期，再单击左侧的"立即查询"按钮，可以查询显示

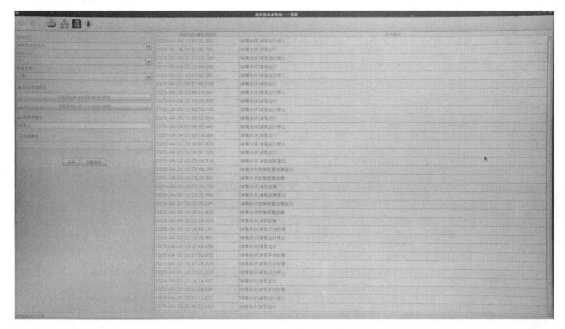

图 7.6　一览表

图 7.7　报表系统

具体某天的历史报表。

　　单击"打印机"图符的命令按钮,可以打印报表。也可单击导出 XLS 表格或导出 DOC 文档。

　　⑤启动事故光字。有事故信号或故障信号产生时,点击 NC2000 系统任务栏中的 ⬤ 光字指示按钮,系统弹出"光字信号总汇"窗口,如图 7.8 所示。

193

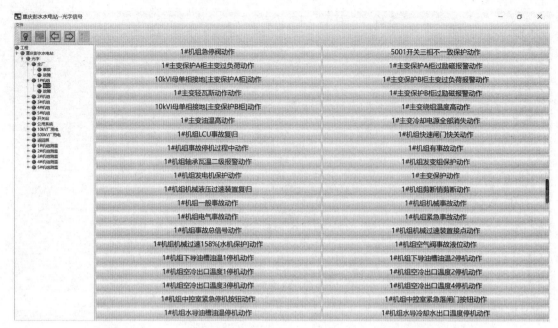

图 7.8　光字信号

当有报警信息时,任务栏中会自动有◎图符变红闪烁,没有报警信息时就没有光字灯闪烁,用户可以直接点击任务栏的光字闪烁等,进入事故光字,也可以通过【开始】→【事故光字】进入"光字信号总汇"中查看报警光字信息。

报警的光字信息会变红(事故)或变黄(故障),通过鼠标左键点击报警光字,再单击【确认】,可将报警光字复归,若故障信号仍然存在,则不能复归报警光字,需要进行故障处理。

⑥启动曲线查询。用鼠标左键点击 NC2000 系统任务栏上的开始按钮█████,弹出开始菜单,鼠标移至"历史数据"菜单项,如图7.9 所示。

图 7.9　开始菜单栏

将鼠标移至"曲线分析"选项,按下鼠标左键,系统即自动弹出"曲线分析"窗口,如图7.10 所示。

(3)历史曲线窗口介绍

"历史曲线"查询窗口包括标题栏、菜单栏、设定区、曲线显示区、曲线设定区。

①查询设定区。查询设定区可指定曲线的查询数据,查询节点。

正常模式和比照模式:比照模式为比较某一测点今天和前三天的数据。正常模式为比较多个测点在相同时间段的数据。

②曲线显示区。曲线显示区可显示曲线在指定查询时间范围内的数据示意图,如图 7.11所示。

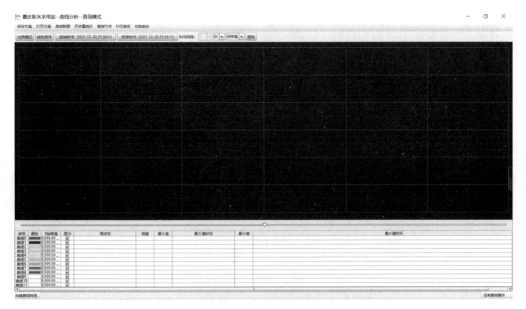

图 7.10　曲线分析

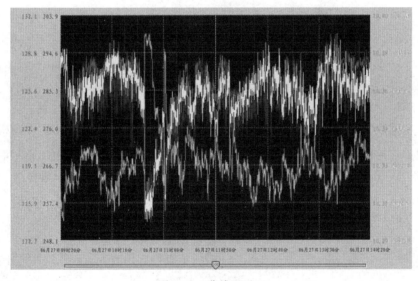

图 7.11　曲线显示区

曲线显示周围是曲线的数据坐标,时间坐标和时间游标。

③曲线设定区。曲线设定区可指定显示的曲线,如图 7.12 所示。

图 7.12　曲线设定区

曲线设定区最多可指定 4 条曲线,每条曲线包括:

"序号"——曲线的序号;

"颜色"——曲线的显示颜色;

"显示"——此曲线是否在曲线显示区显示;

195

"测点名"——曲线的测点名称；

"测值"——曲线在时间轴滑动点处的测值；

"最大值"——曲线在指定查询时间内的最大值；

"最大值时间"——曲线在指定查询时间内最大值出现的时间；

"最小值"——曲线在指定查询时间内的最小值；

"最小值时间"——曲线在指定查询时间内最小值出现的时间。

（4）查询方法

①选择查询对象。鼠标左键点击"曲线指定区"中的"序号"栏的单元格,例"曲线1",系统弹出"动态连接"窗口,如图7.13所示。

图7.13　动态连接

用鼠标左键依次双击"动态连接"窗口左侧的各级树枝名称,如"数据库""1#机组"等,或者鼠标左键单击树枝名称前的树枝标志符 ♀ ,再用鼠标左键点击树叶名称(通常取模拟量),则在"动态连接"窗口右侧出现测点列表。在测点列表中选择某一测点名称,单击"动态连接"窗口下方的"选择测点"按钮,将此测点选为曲线1的查询对象;单击"删除"按钮,取消所选测点作为曲线,曲线1的查询对象为空;单击"取消"按钮,放弃曲线测点的设置。

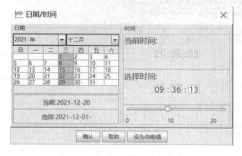

图7.14　"日期/时间"窗口

②设定查询时间。

a.设定查询起始时间。单击"曲线分析"查询窗口中的"起始查询时间"栏,系统弹出"日期/时间"窗口,如图7.14所示。

b.设定日期。在"日期"区,鼠标左键点击选择相应的年份、月份和日期,作为查询的起始日期。

c.设定时间。在"时间"区,单击"选择时间"栏中的"小时",手动输入小时,或鼠标左键移动时间区下方的时间轴,设定小时数。

在"时间"区,单击"选择时间"栏中的"分钟",手动输入分钟,或鼠标左键移动时间区下方的时间轴,设定分钟。

在"时间"区,单击"选择时间"栏中的"秒",手动输入秒,或鼠标左键移动时间区下方的时间轴,设定秒数。

d.设定当前值。单击"日期/时间"窗口下方的"设为当前值"按键,将当前系统日期作为查询的起始日期,将当前系统时间作为查询的起始时间。

e.确认设置。起始时间设置完毕,单击"日期/时间"窗口中的"确认"按钮,确认查询的起始时间设置;或单击"日期/时间"窗口中的"取消"按钮,取消对查询时间的设置。

设定查询终止时间。

终止时间设定略同起始时间。

为了提高查询速度和使查询的曲线更便于查看,查询的起始时间和终止时间范围,最好设置在12 h以内。

f.设定查询时间间隔。单击"时间间隔"右侧的时间设置栏,在光标处直接输入时间间隔数字(以s为单位),或单击"时间间隔"右侧的设置数字加减按钮。

g.查询曲线。单击"历史曲线"查询窗口中的"查询全部曲线"按钮,此按钮若呈深灰色,表示正在进行查询,历史曲线查询结束后,曲线显示区以不同的颜色显示各条曲线。

(5)曲线查看

①查询历史数值。鼠标左键单击并拖动曲线显示区下方的时间游标,可查看曲线在不同时刻的测值。时间游标对应的详细时间显示在"当前查询时间"栏中;各曲线查询时间的测值显示在曲线显示区的"测值"栏中。

整个查询时间段内的曲线的"最大值""最大值时间""最小值""最小值时间"显示在曲线设定区中。

鼠标左键单击并拖动曲线设定区下侧的滚动棒,可以查看曲线测点的各项参数。

②放大查询。

a.设定放大区域。在曲线显示区中,单击鼠标并拖动,可设定放大的时间区域。

b.曲线放大。设定时间区域后,释放鼠标,系统将设定时间区域内的曲线放大。

c.曲线恢复。在曲线显示区任意位置,单击鼠标右键,曲线恢复原始大小。

③隐藏查询。当查询的多条曲线重叠不便于查看时,可将某些曲线的"显示曲线"标志取消,减少曲线显示区中曲线显示条数。

单击曲线设定区中相应曲线的"显示曲线"单元格,设置是否在曲线显示区显示相应曲线。

☑——表示在曲线显示区显示此曲线,□——表示在曲线显示区不显示此曲线,系统缺省为显示曲线。

(6)权限用户的控制操作

登录具有值长权限或者超级用户权限的用户,可以对机组进行开机、停机、紧急停机、PQ调节等控制操作。

2)机组开机操作

从"索引图"单击进入"单元控制"或"开机流程监视"确定机组的"备用状态"状态具备,然后鼠标左键单击窗口左上角的工具条 操作投入 前幅 后幅 ,使【操作退出】按钮文本变为【操作投入】,允许用户对机组进行操作控制,同时会弹出允许操作的提示窗口,将鼠标移至发电机图符处,鼠标符号会变成"手形",然后单击发电机图符 ,会自动弹出操作选择框。选择相应的操作项,如【开机至发电】,被选择的项颜色就会变灰,同时会报语音提示,然后单击【执行】按钮,(若要取消就单击【取消】按钮),单击完【执行】按钮后,会弹出60 s自动倒记时确认框,再单击【确认】按钮就可完成"开机至发电"的操作任务。

任务下发后,要观察开机流程如图7.15所示。

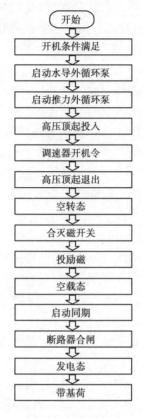

```
开始
  ↓
开机条件满足
  ↓
启动水导外循环泵
  ↓
启动推力外循环泵
  ↓
高压顶起投入
  ↓
调速器开机令
  ↓
高压顶起退出
  ↓
空转态
  ↓
合灭磁开关
  ↓
投励磁
  ↓
空载态
  ↓
启动同期
  ↓
断路器合闸
  ↓
发电态
  ↓
带基荷
```

图7.15　开机流程

监视机组运行的参数,如导叶开度、转子电压、转子电流、机组频率、开关位置、定子电压、定子电流、有功、无功等,以便采取必要的措施,机组运行参数如图7.16所示。

名　称	额定值	实际值	名　称	额定值	实际值
P(MW)	355.4	0.00	Ia(A)	12474	0.0
Q(MVar)	300	0.00	Ib(A)	12474	0.0
Uab(kV)	18	0.00	Ic(A)	12474	0.0
Uz(V)	389	0.00	Iz(A)	2202	0.0
频率(Hz)	50	0.00	COSØ	0.9	0.00
闸门上游水位		0.00	导叶开度(%)	100	0.0
闸门下游水位		0.00	闸门开度(%)	100	0.0
励磁系统监视				调速器系统监视	
运行通道					
控制方式				运行通道	

图7.16　机组运行参数

机组正常开机后,注意观察机组各项状态监视,如"温度监视""模拟量监视"等。

平时对机组不进行操作时,最好将【操作投入】变为【操作退出】 操作退出 ,防止和避免其他

原因的误操作。

3）机组停机操作

停机操作，可以在"单元控制""开机流程监视"或"停机流程监视"中操作，将鼠标移至发电机图符处，鼠标符号会变成"手形"，然后单击发电机图符，会自动弹出操作选择框，选择相应的操作项，如【正常停机】，被选择的项颜色就会变灰，同时会报语音提示，然后单击【执行】按钮，（若要取消，就单击【取消】按钮），单击完【执行】按钮后，会弹出 60 s 自动倒记时确认框，再单击【确认】按钮就可完成"发电至停机"的操作任务。

任务下发后，要观察停机流程中的机组状态，并监视机组运行的参数，如导叶开度、转子电压、转子电流、开关位置、机组频率、定子电压、定子电流、有功、无功等，以便采取必要的措施。要观察停机流程如图 7.17 所示。

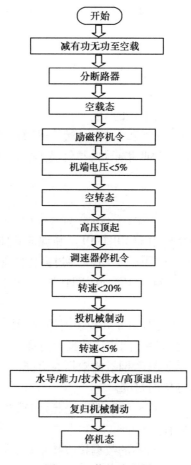

图 7.17   停机流程图

7.3   现地 PLC 硬件介绍及 MB 编程软件使用说明

彭水水电站计算机监控系统下位机为南瑞自控公司生产的 SJ-600 系统，其可编程控制器采用的是南瑞自控公司开发生产的 MB80 系列智能可编程控制器 PLC。下位机共有 7 个现地

LCU 单元,包括 5 套机组 LCU、1 套公用 LCU、1 套开关站 LCU。

7.3.1　现地 PLC 硬件介绍

1)CPU 模件

采用双机双网 CPU 模件 MB80 CPU712E。指示灯介绍如下:

RUN:运行指示灯,指示模件的运行状态。模件正常运行时指示灯慢速闪烁(以 1 s 为周期);指示灯快闪时表示本侧在线不允许。

SYN:同步灯,时钟同步信号指示灯。没有外部 GPS 信号时 30 s 亮,30 s 灭;有外部 GPS 信号时指示 GPS 信号状态。

VER:版本指示灯。

M/S:主从指示灯,双机系统中为主机运行的 CPU 模件主从指示灯亮,为从机运行的 CPU 模件主从指示灯灭。

F:故障灯,当 CPU 模件出现故障时灯亮。

Cpy:拷贝灯,当双机系统中的从机 CPU 在从主机 CPU 中拷贝程序文件时,从机的 Cpy 灯亮。

Opp:对侧 CPU 处于在线运行时,本机的 Opp 灯亮。

TX1:串口 1(触摸屏串口)数据发送指示灯,与触摸屏通信正常时亮。

RX1:串口 1(触摸屏串口)数据接收指示灯,与触摸屏通信正常时亮。

TX2:串口 2 暂未使用。

RX2:串口 2 暂未使用。

2)通信模件

串口通讯模件 MB80 CPM618E 用于 MB80 PLC 和现地其他智能设备的通讯,很好地解决了传统现地控制装置通讯功能弱的问题。与 CPU 通过高速内部总线实时交换数据;通过外接的八串口板与外部智能设备通讯。自带 10M 的 ETH 接口用于配置通讯信息和调试通讯程序。指示灯介绍如下:

RUN:运行指示灯,模件正常运行时为绿灯慢速闪烁;快闪表示程序未加载。

TX:CAN 网发送灯,当模件向 CAN2 网发送数据时灯亮。

RX:CAN 网接收灯,当模件从 CAN2 网接收数据时灯亮。

F:故障指示灯,当模件出现故障时灯亮。

TX1—TX8:8 路串口 COM1 ~ COM8 的数据发送指示灯,当串口对外发送数据时,该串口对应的 TX 灯亮(与外部设备通信有关)。

RX1—RX8:8 路串口 COM1 ~ COM8 的数据接收指示灯,当串口从外接收到数据时,该串口对应的 RX 灯亮(与外部设备通信有关)。

3)SOE/开入模件

开关量输入模件包括普通型开入模件 MB80 DIM214E 和事件顺序记录(SOE)型开入模件 MB80 IIM214E。前者应用于接收外部开关量信号,通过高速内部总线实时向 CPU 传送信息。后者应用于接收外部开关量信号,开关量信号的变位,会触发模件产生带发生时间的变位事件,通过高速内部总线实时向 CPU 传送信息,变位事件的分辨率为 1 ms。两者的外观除类型标识不同外基本一致,测量点数都为 32 点。指示灯介绍如下:

RUN:运行指示灯,模件正常运行时为绿色闪烁;绿灯常亮表示程序已运行但参数未加载。

Tx1:网 1 发送指示灯,绿灯亮时表示模件正向网 1 发送数据。模件与总线通讯正常时 Tx1 灯应为快闪。

Rx1:网 1 接收指示灯,绿灯亮时表示模件正从网 1 接收数据。模件与总线通讯正常时 Rx1 灯应为快闪。

F:故障灯,灯亮表示模件有故障,正常运行时灯灭。

通道指示灯:每一个绿色指示灯分别指示一路信号的状态。对于开入模件,灯亮表示该路输入状态当前为 1。

4)开出模件

开关量输出模件 MB80 DOM214E 是具有 32 路通道数的开出模件,可以将 MB80 内部测点的 0/1 状态转换为对外部设备如继电器、指示灯等的 ON/OFF 控制信号。指示灯介绍如下:

RUN:运行指示灯,模件正常运行时为绿色闪烁;绿灯常亮表示程序已运行但参数未加载。

Tx1:内部网 1 发送指示灯,绿灯亮时表示模件正向内部网 1 发送数据。模件与总线通讯正常时 Tx1 灯应为快闪。

Rx1:内部网 1 接收指示灯,绿灯亮时表示模件正从内部网 1 接收数据。模件与总线通讯正常时 Rx1 灯应为快闪。

F:故障灯,灯亮表示模件有故障,正常运行时灯灭。

通道指示:每一个绿色指示灯分别指示一路信号的状态。对于开关量输出模件,灯亮表示该点当前输出为 1。

5)模入模件

模拟量输入模件 MB80 AIM212E 用于把来自传感器、变送器等设备的诸如压力、液位、温度等模拟量信号转换为 MB80 PLC 可以处理的数字量信号。MB80 AIM212E 是 16 点电流型模拟量输入模件,应用于接收外部变送器输出的电流信号,并将电流信号转换为数字量信号,通过高速内部总线实时向 CPU 传送信息。指示灯介绍如下:

RUN:运行指示灯,模件正常运行时为绿色闪烁;红色闪烁表示程序已运行但参数未加载。

Tx1:内部网 1 发送指示灯,绿灯亮时表示模件正向内部网 1 发送数据。模件与总线通讯正常时 Tx1 灯应为快闪。

Rx1:内部网 1 接收指示灯,绿灯亮时表示模件正从内部网 1 接收数据。模件与总线通讯正常时 Rx1 灯应为快闪。

F:故障灯,灯亮表示模件有故障,正常运行时灯灭。

6)模出模件

模拟量输出模件 MB80 AOM211E 可提供 4 路独立的 4～20 mA(或 0～20 mA)电流信号和 4 路独立的 1～5 V(或 0～5 V)电压信号供外部设备使用。指示灯介绍如下:

RUN:运行指示灯,模件正常运行时为绿色闪烁;红色闪烁表示程序已运行但参数未加载。

Tx1:内部网 1 发送指示灯,绿灯亮时表示模件正向内部网 1 发送数据。模件与总线通讯正常时 Tx1 灯应为快闪。

Rx1:内部网 1 接收指示灯,绿灯亮时表示模件正从内部网 1 接收数据。模件与总线通讯正常时 Rx1 灯应为快闪。

F:故障灯,灯亮表示模件有故障,正常运行时灯灭。

7) 温度模件

温度量输入模件 MB80 TIM212E 是具有 16 路通道数的 RTD 输入模件,是将测温电阻的电阻值转换为 MB80 能够处理的数字量信号,通过高速内部总线实时向 CPU 传送信息。指示灯介绍如下:

RUN:运行指示灯,模件正常运行时为绿色闪烁;红色闪烁表示程序已运行但参数未加载。

Tx1:内部网 1 发送指示灯,绿灯亮时表示模件正向内部网 1 发送数据。模件与总线通讯正常时 Tx1 灯应为快闪。

Rx1:内部网 1 接收指示灯,绿灯亮时表示模件正从内部网 1 接收数据。模件与总线通讯正常时 Rx1 灯应为快闪。

F:故障灯,灯亮表示模件有故障,正常运行时灯灭。

7.3.2 MB 编程软件使用说明

MBPro 是 nari MB 系列 PLC 的专用编程软件,适用于 Windows NT/2000/XP 操作系统,运行 MBPro 建议使用 1 024 像素×768 像素以上分辨率设置。下面以 MBPro V3.4 版本为例,进行简单的使用说明。双击图标 MBPro[V3.4].exe,打开 MBPro 编程软件,软件界面由以下几部分组成:菜单栏、系统工具栏、梯形工具栏/流程工具栏、目录栏、编辑区、信息栏、状态栏,如图 7.18 所示。

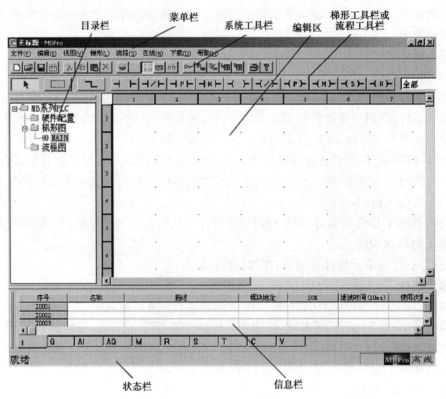

图 7.18　MBPro 启动界面

菜单栏可实现编程软件的主要功能,菜单栏主要包括文件、编辑、视图、梯形、流程、PLC和帮助等几部分,如图 7.19 所示。

图 7.19 完整菜单栏列表

将鼠标单击任意菜单栏项目,该菜单栏项目的图标变为蓝色,同时出现下拉菜单,鼠标放置在下拉菜单的任一项目上,该项目变为蓝色,表示已经选中该操作,如图 7.20 所示。

图 7.20 菜单栏

1)文件

文件栏用以实现对文件的管理,其下拉菜单主要包括新建、保存、另存为、编译、登录、注销、更改密码、打印、打印预览、打印设置、检查组态文件版本、退出等条目,如图 7.21 所示。

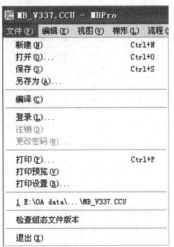

图 7.21 文件栏

用户程序以文件的形式保存,文件包括两种:项目文件和流程文件。项目文件包括该项目的数据库、梯形图和部分流程信息(源文件 ＊.ccu,执行文件 ＊.cod);以流程图语言编写的流程存储为项目文件,同一个目录下的流程文件,每个流程对应一组流程文件(源文件 ＊.fct,转换后的结构文本文件 ＊.fc 及汇编代码文件 ＊.seq)。项目文件通过菜单栏的【文件】进行操作,而流程文件需在相应的项目文件中添加、删除或修改。

【新建】:新建立一个项目文件。该项目文件包括数据库、梯形图和部分流程信息。

【打开】:打开一个已经存在的项目文件。选择【打开】时,编程软件会弹出一个打开对话框,文件类型为 MBPro Files,后缀名为.ccu,如图 7.22 所示。

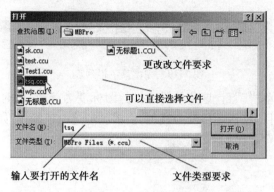

图 7.22　打开文件

【保存】:将当前正在编辑的文件存盘。如果正在编辑的文件是一个已经存在的文件,那么直接覆盖原文件;如果是个新文件,编程软件会弹出一个保存对话框,要求输入保存的文件名,如图 7.23 所示。

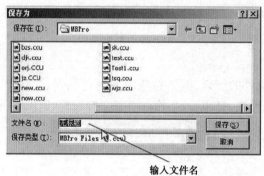

图 7.23　保存文件

【另存为】:将当前正在编辑的文件换一个文件名保存。选择另存为时,无论当前编辑的文件是新文件还是已经存在的文件,编辑软件都会弹出如图 7.23 所示的对话框,要求输入文件名保存。

【编译】:将当前的项目文件进行编译。编译时软件可自动检查当前梯形程序中的错误,如果有错则不能通过编译,同时指出错误所在以及错误类型。

注意:此编译操作仅针对梯形图,流程另有其编译命令。

图 7.24　用户登录

【登录】:处于安全考虑,MBPro 设置有超级用户和普通用户两种。普通用户能够阅读、编辑、修改梯形流程,但不能进行联机操作,只有超级用户才能够进行联机操作。超级用户有特定的密码,只有通过输入正确的密码才能成为超级用户,缺省密码为 psos,如图 7.24 所示。

【检查组态文件版本】:选择此选项后,无论是打开或者保存组态文件,都会弹出一个对话框,通知用户当前 MBPro 组态软件的版本和文件最后一次的编辑时间。同时,每次打开组态文件时,系统会自动检查 MBPro 组态软件的版本,如果与当前 MBPro 软件版本不一致,则本选项会被自动选中,并弹出版本信息对话框,如图 7.25 所示。

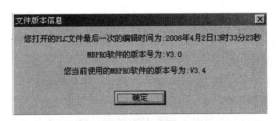

图 7.25　文件版本信息

2) **编辑**

编辑栏中主要是一些编写梯形或流程时经常用到的功能,主要包括撤销、恢复、剪切、复制、粘贴、删除、查找、替换、属性等条目,如图 7.26 所示。

图 7.26　编辑栏

【查找】:查找符合要求的功能模块或功能框。选择【编辑】/【查找】,单击左键即弹出查找对话框,如图 7.27 所示。

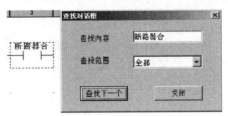

图 7.27　查找

在"查找内容"中输入想查找的内容,用鼠标左键单击"查找范围"一栏中右端的小箭头,选择想要查找的范围。

全部查找一遍后,编程软件会提示"已完成查找"的提示框,如图 7.28 所示。

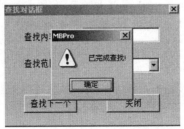

图 7.28　完成查找

注意:查找时名称必须输入正确。例如,查找定时器 1,必须输入 T0001,而不是 T1。

【替换】：在当前文件中查找符合要求的功能模块或功能框并将其相应参数替换。

选择【编辑】/【替换】，弹出替换对话框，在"查找内容"中输入想查找的内容，在"替换为"中输入欲替换的内容。查找过程中如果想替换哪一个，单击【替换】按钮；如果不想替换，继续单击【查找下一个】，直到全部查找完毕。如果选择【全部替换】按钮，则程序中所有的"查找内容"中的内容都会被"替换为"中的内容所取代，如图 7.29 所示。

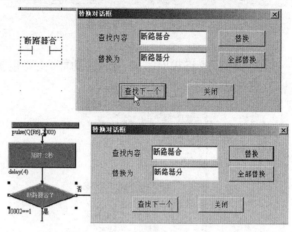

图 7.29　替换

3）视图

视图栏主要包括：系统工具栏、梯形工具栏、流程工具栏、目录栏、信息栏、状态栏、测点表、变量表、SOE 事件表、流程报警表、CAN 事件表等条目，如图 7.30 所示。

图 7.30　视图栏

【自选测点表】：在联机情况下查看测点值。自选测点表可以自由定义希望观察的测点，从而可以在流程调试时只关注需要的测点，便于流程的调试。

在联机情况下，选择【视图】/【自选测点表】，弹出一个自选测点表。如果是首次使用，则该测点表是一个空表，如图 7.31 所示。

图 7.31　自选测点表

如何在自选测点表中添加测点:在空白处单击鼠标右键,选择添加,则会弹出输入测点名称对话框,输入需要的测点序号,如图 7.32 所示。

图 7.32　添加测点

【变量表】:在联机状态下查看变量值。

在联机状态下,选择【视图】/【变量表】,编程软件会弹出一个变量查看对话框。其中在变量名一栏中列出了所有在程序中定义的变量,序号指的是定义变量时的序号,类型是变量中的数据类型,每一个变量左边都有一个"+"图标,单击该图标,则列出变量中的所有元素,如图7.33 所示。

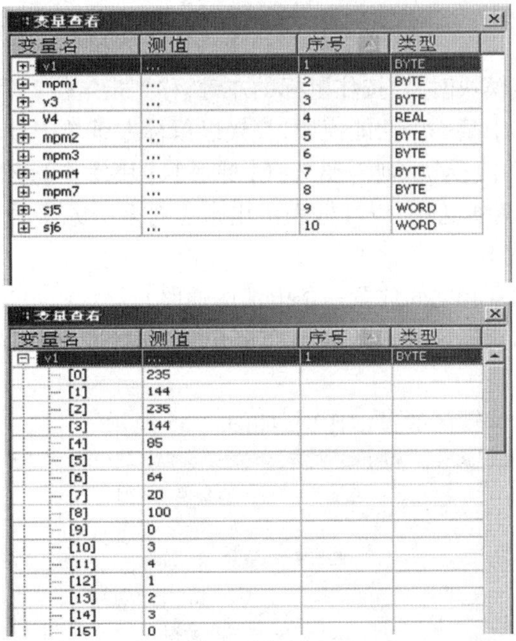

图 7.33　查看变量

【视图】:如果各项前面有"√"符号,表示该项目处于显示状态,否则处于隐藏状态。

4)梯形

梯形栏主要包括:移动、块操作、连线、常开触点、常闭触点、正向变换触点、反向变换触点、常开线圈、求反线圈、正向变换线圈、反向变换线圈、置位线圈、复位线圈、定时器、计数器、算术运算、关系运算、逻辑运算、数据传送、控制、取反、缩放、定位、插入一页、删除一页等条目,如图7.34所示。

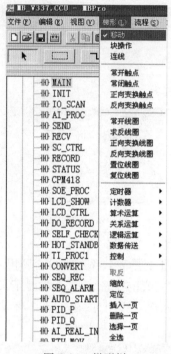

图7.34　梯形栏

【移动】:在移动功能模块时,要按住鼠标的左键,移到指定位置后再松开。

【块操作】:如果要选中某一个功能模块,直接以鼠标左键单击该功能模块即可;但如果要选中一个区域内的全部功能模块,则需要选择【梯形】/【块操作】,然后用鼠标划定需要的区域,则该区域内的所有元素被选中,以红框表示出来。对多个元素的移动、剪切、复制、删除等操作必须通过块操作来完成。

【连线】:在两个参数管脚之间放置一条电流的通路。

【取反】:当选中的功能模块时常开触点或常开线圈时,取反可以将其变为常闭触点或常用线圈,反之亦然。

【缩放】:可改变梯形编辑区的显示比例,如图7.35所示。

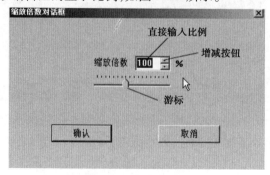

图7.35　缩放

【定位】:跳转至指定的页面,如图7.36所示。

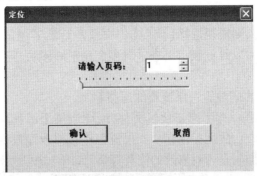

图7.36 定位

【插入一页】:在当前页前面插入一空白页。主要用于在编写梯形程序过程中,如果需要增加较多程序段的时候,可以增加新页来放置程序。

【删除一页】:将当前页删除,包括页内的所有内容。

【选择一页】:选择当前页的所有内容。

【全选】:选中当前子梯形的所有内容。

【栅格】:在梯形编辑区的背景上设置点状栅格,便于编辑时视觉上观察方便。

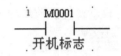

图7.37 执行序号及名称

【执行序号】:标记出所有功能模块在扫描时的执行次序以及定义的名称。每个测点都可以在信息栏定义一个名称,当允许显示执行序号时,定义的名称也会显示在功能模块的下方,如图7.37所示。

5)流程

流程栏主要包括移动、块操作、连线、开始框、结束框、异常退出框、出错退出框、出错陷阱框、执行框、条件框1、条件框2、限时条件框、连接符1、连接符2、注释、保存流程、编译流程、流程图转换为结构文本、结构文本转换为汇编代码、编译全部流程、执行语句等条目,如图7.38所示。

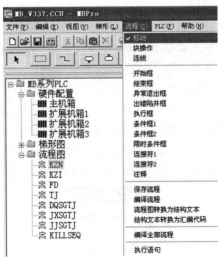

图7.38 流程

【移动】：在移动功能框或连线时，要按住鼠标的左键，移到指定位置后再松开。

【块操作】：如果要选中某一个功能框，直接以鼠标左键单击该功能框即可；但如果要选中一个区域内的全部功能框，则需要选择【流程】/【块操作】，然后用鼠标划定需要的区域，则该区域内的所有元素被选中，以红框表示出来。对多个元素的移动、剪切、复制、删除等操作必须通过块操作来完成。

【连线】：在两个端口之间放置一条流程的通路。

【保存流程】：由于流程保存不同于项目文件，因此当某个流程修改后，应当保存该流程，而项目文件因为没有作修改，故无需保存。如果流程作了修改而没有保存就切换到其他流程窗口或梯形窗口，软件会询问是否对修改的流程存盘，如图7.39所示。

图7.39　流程修改

【编译流程】：流程的编译也不同于项目文件，每个流程都需要单独编译。流程编译包括两个过程，第一步将流程图转换为结构文本，第二步将结构文本转换为汇编代码。编译时软件可自动检查当前流程中的错误，如果有错则不能通过编译，同时指出错误所在以及错误类型。

图7.40　PLC栏

【流程图转换为结构文本】：执行编译的第一步操作，将流程图转换为结构文本，而不转换为汇编代码。

【结构文本转换为汇编代码】：执行编译的第二步操作，将结构文本转换为汇编代码。

【编译全部流程】：由于所有的流程图都需要编译，而逐个编译则显得特别麻烦。通过编译全部流程，则可自动编译项目文件中的所有流程。

【执行语句】：显示或隐藏流程图的执行语句。

注意：流程的保存、编译、下载及转换也可以通过在流程图中单击鼠标右键来实现。

6）PLC

PLC栏主要包括联机、脱机、显示模式、下载修改部分、强制解除、复位、对时、主从切换、流程调试、下载全部、下载项目文件、上载项目文件、手动下载、下载流程、下载全部流程、上载流程等条目，如图7.40所示。

PLC栏主要提供与MB系列PLC的联机操作。联机操作必须先登录为超级用户才能进行，否则编程软件会提示登录。

【联机】：将当前使用的调试计算机和PLC进行联机。

在联机前请确认网络在物理上已经连通，否则编程软件将弹出提示框，如图7.41所示。

图7.41　无法联机

　　调试计算机的 IP 地址必须和 PLC 的 IP 地址在同一个域中,即 IP 地址的前 3 个段的地址必须相同,否则无法联机。例如:PLC 的 IP 地址为 192.9.200.100,则调试计算机的 IP 地址必须为 192.9.200.＊＊＊。

　　编程软件根据硬件配置中的以太网 IP 地址自动在网络中搜索,无需其他设置。

　　联机成功后,梯形图编辑区域的背景颜色变为淡紫色。PLC 装置中的数据信息通过网络送到编程软件中,当前值为 1 的参数和导通的连线用红色表示,当前值为 0 的参数和不导通的连线用绿色表示。

　　目录栏中的流程图区域,在联机模式下,可以显示流程的执行状态。正在执行的流程,其流程名左侧的流程执行标志为红色,未在执行的流程为绿色。若本流程处于被加锁状态,则流程标志位加锁。流程 HJ1 正在执行,HJ2、HJ3 未在执行,HJ4 处于加锁状态,如图 7.42 所示。

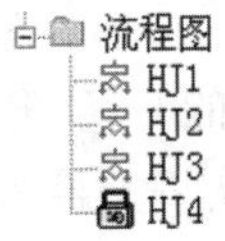

图 7.42　联机状态下的流程状态

　　联机模式下,可以通过信息栏查看各种测点的当前值。自选测点表、变量表和 SOE 事件表也只有在联机状态下才能查看。

　　【脱机】:断开调试计算机和 PLC 装置的连接。

　　【CPU 固件版本】:CPU 固件版本信息可以用于核对 CPU 程序。如果 CPU 侧固件有版本信息,则当在联机状态下,选中此选项后,会弹出对话框显示当前 CPU 固件版本信息,如果无 CPU 固件版本信息,则在弹出的对话框中显示无当前 CPU 固件版本信息。

　　【显示模式】:是指在联机模式下,整型数据的显示模式。共有 3 种显示模式可供选择,分别为十进制、十六进制和二进制,当前选中的显示模式前面有“√”标记。

　　【下载修改部分】:下载修改部分为在线调试、修改梯形程序提供了方便。在联机模式下,如果只是修改功能模块的参数,那么 PLC 中的梯形自动随之作相应的修改,无需手动下载;如果是增删或移动功能模块,此时该梯形程序名右侧会出现＊号,如 MAIN(＊),那就需要选择。

　　【下载修改部分】:将修改的部分下载到 PLC 中。修改后在退出编程软件前,务必要保存修改后的程序,否则会造成上下程序的不一致。在下载前,编程软件会自动编译下载的梯形程序,如果有错误,程序不会被下载,并且指出错误所在。下载修改部分后,PLC 可以直接按照下载后的程序执行,系统不需要重启。因为下载修改部分只是修改了执行程序,而 PLC 中保存的源项目文件没有修改,如果此时上载项目文件的话,其中的梯形程序部分还是没有修改,因此建议在线修改后一定要保存修改后的程序,并且在程序确定后对 PLC 有一次完整的下载,如图 7.43 所示。

　　在线修改并下载修改部分,若在退出 MBPro 之前没有保存,会出现如下提示,如图 7.44 所示。

图 7.43　下载修改部分成功

图 7.44　保存提示

　　【强制解除】:联机模式下,信息栏上有一个强制功能,对于开入、开出、模入、模出信号,强制后扫描的信号状态不再送入相应的存储区,可以根据调试需要设值,而不管现场实际状态。

强制解除就是把所有强制了的测点退出强制,重新恢复扫描。

【复位】:通过网络将 PLC 的 CPU 模块复位,使之重新启动。对于双机系统,则同时复位两个 CPU 模块。如果需要被复位的 PLC 的 CPU 模块和调试计算机不在一个网络上,编程软件会报警"复位失败"。

【对时】:联机模式下,通过网络对 PLC 进行设时。对于双机系统,则同时对两个 CPU 模块设时。但是所设定的时间是当前使用的调试计算机的时间,并非标准时钟。

【主从切换】:仅对双机系统有效。当系统配置了双 CPU 工作时,两个 CPU 必定有一个为主机工作,一个为从机工作。当选择了【主从切换】,当前为主机的 CPU 降为从机工作,当前为从机的 CPU 升为主机工作。

【从机文件备份】:仅对 MB80 PLC 中 7 系列 CPU 有效。系统配置了两个 7 系列 CPU 并都在正常运行模式,当选择了【从机文件备份】,当前为从机的 CPU 拷贝主 CPU 上的全部项目文件和流程文件,从而实现从机文件的备份,使两个 CPU 的文件同步。从机文件备份操作成功后,从机 CPU 会自动执行重新启动。在从机文件备份过程中,请不要切断任一 CPU 的电源、不要执行【主从切换】、【复位】功能。

【下载全部】:下载项目文件和所有流程文件。

【下载项目文件】:将编译好的项目文件下载到 PLC 中。程序下载到 PLC 中后,CPU 模块必须复位并重新启动一次,才能执行下载后的程序,否则,系统执行的还是下载前的程序。复位可以通过 CPU 模块上的复位按钮硬件复位,也可以选择编程软件的复位命令。

【下载流程】:将当前流程下载到 PLC 中。如果当前流程还未编译,则在下载前会自动对其编译,编译通过后再下载。

【下载全部流程】:将当前项目文件中的全部流程下载到 PLC 中。

【下载全部到主 CPU】:针对双机系统,程序调试阶段可以将项目文件和全部流程文件只下载到作为主机的 CPU。调试完成后通过【从机文件备份】实现双机文件同步。

【下载项目文件到主 CPU】:针对双机系统,程序调试阶段可以将编译好的项目文件只下载到作为主机的 CPU。

【下载流程到主 CPU】:针对双机系统,程序调试阶段可以将编译好的流程文件只下载到作为主机的 CPU。

【下载全部流程到主 CPU】:针对双机系统,程序调试阶段可以将编译好的全部流程文件只下载到作为主机的 CPU。

【手动下载项目文件】:下载还有一种手动下载的方式,可以把项目文件下载到指定的 IP 地址的 PLC 中。手动下载常用于文件的首次下载,因为第一次下载时,PLC 的 IP 地址可能与硬件配置的不一样,无法自动下载,这时可以把 PLC 按默认方式启动,选择【手动下载】,编程软件弹出手动下载对话框,输入 PLC 默认方式启动后的 IP 地址后按确认键即可,如图 7.45所示。

【上载项目文件】:从 PLC 中上载项目文件到调试计算机中。与下载不同的是,上载时,软件会弹出对话框,要求输入希望上载的文件所在的 PLC 的以太网地址。输入后按确认键,编程软件会根据地址在网络上搜寻该节点。上载后,编程软件会提醒输入项目文件保存的位置。可以直接覆盖当前计算机中的同名或其他文件,也可以输入文件名保存为新文件,如图 7.46所示。

图 7.45　选择手动下载节点　　　　　　　　图 7.46　上载

【上载流程】:从 PLC 中上载流程文件。用流程图编写的流程文件及其汇编文件在下载的过程中都被下载到 PLC 中,因此通过上载流程将流程源文件再现到计算机中。

上载流程的步骤:

选择【上载流程】,首先要确定流程所在的 PLC 的以太网地址,如图 7.47 所示。

其次要选择所需要上载的流程。当前项目文件中的所有流程显示在对话框左侧的"全部流程"中,而右侧的"选中流程"则为选中的需上载的流程。在"全部流程"中选择需上载的流程,单击"添加"按钮,则该流程名会出现在"选中流程"栏中,如果单击"全部"按钮,则表示上载所有项目文件中的流程。如果不希望上载某流程,则在"选中流程"框中选择该流程,单击"删除"按钮,该流程会从"选中流程"框中被清除,单击"全部清除",则清除所有被选中的流程,如图 7.48 所示。

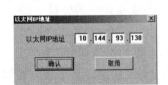

图 7.47　指定流程文件所在 PLC 的以太网地址　　　　图 7.48　流程选择

【流程调试】:对流程图编写的程序,编程软件提供了方便并且功能强大的调试工具,通过右拉菜单可以选择,包括自动执行、监视执行、调试执行、终止执行、加锁、解锁、重新开始执行、执行一步、继续执行、停止调试、设断点/清断点、清除全部断点等工具。

7.4　计算机监控系统 LCU 及装置维护手册

7.4.1　自动同期维护手册

1)装置外观及使用说明

装置外观如图 7.49 所示。

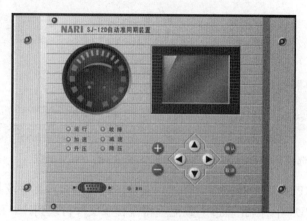

图 7.49　同期装置外观

（1）信号灯及液晶说明

面板上设置了 8 个 LED 指示灯和相位表显示灯,其定义如下：

"运行"灯为绿色,装置正常运行时以每秒一次的速率闪烁。

"故障"灯为红色,装置自检出现异常或故障时点亮。

"加速""升压""合闸"灯为绿色;"减速""降压""失败"灯为红色。

装置配备了 128×64 点阵的蓝色液晶屏。此液晶自带背光,当长时间无键盘操作时,背光自动熄灭,液晶关闭。一旦有键盘操作,背光自动点亮。

（2）相位表说明

在装置输入交流量信号并启动同期后,相位表可以形象地显示相角差的变化规律。当待并侧的频率 f_1 大于系统侧的频率 f_g 时,相位灯顺时针方向旋转;当待并侧的频率 f_1 小于系统侧的频率 f_g 时,相位灯逆时针方向旋转。如果准同期装置内部经过了转角补偿,则此相位表也经过了转角。"合闸"和"失败"信号灯置于其中,分别指示合闸成功和同期失败。

（3）按键说明

面板上有 9 个按键,控制键包括"确认"和"退出";内容更改键包括"+"和"−";光标移动键包括"↑""↓""←""→";还有一个专门用于复位装置的复位按键。其功能分述如下：

"确认"键:用于对某项操作的确认或进入下级菜单。

"退出"键:用于对所作操作的撤消或返回上级菜单。

"+""−"键:具有修改功能,包括数值的增加和减少,或不同类型的选择。

"↑""↓""←""→"键:完成光标的移动。

"复位"键:复位程序。

（4）串行接口

装置面板上的串行口是一个 DB9 的孔式插座,其定义见表 7.1。

表 7.1　装置面板定义

插孔号	定义
2	RXD
3	TXD
5	GND

2) 背板端子接线

背板端子接线见表 7.2。

表 7.2 背板端子接线

端子号	J1	J2	J3	J4	J5	J6
1	L/+	Us(+)	W$_+$	START		D11
2	N/-	Us(-)	Wcom	ENOV		D12
3	E	Ug(+)	W$_-$	DLON		D13
4		Ug(-)	V$_+$	DIcom		
5			Vcom			
6			V$_-$			
7			ERR(+)			
8			ERR(-)			
9			FLT(+)			
10			FLT(-)			
11			NC			
12			CLO(+)			
13			CLO(-)			
14			NC			
15			CLO(+)			
16			CLO(-)			
17			△U(+)			
18			△U(-)			

J1:接入可靠的 AC/DC220 V,其中 L/+(火线)和 N/-(零线)不可接反,"E"端应与现场的接地网可靠相连。

J2:对于机组型开关对象,Us、Ug 分别接入系统侧 PT 电压和机组侧 PT 电压;对于线路型开关对象,Us、Ug 分别接入线路侧 PT 电压和母线侧 PT 电压,应注意它们的同名端需一致。通常 2 个 PT 接入的都是它们所对应的 AB 相线电压(AC100 V),否则应在设置同期参数时对其设置相角或电压补偿值。

J3:控制输出和录波输出,接线示意图如图 7.50 所示。

控制输出包括加速(W+)、减速(W-)、升压(V+)、降压(V-)、同期失败(ERR)、装置故障(FLT)和合闸开出(CLO);J3-15、J3-16、J3-17、J3-18 为合闸输出接点(CLO)和脉振电压(△U)用于同期过程录波。其中 J3-12、J3-13 和 J3-15、J3-16 均为合闸开出接点,但建议 J3-12、J3-13 用于断路器合闸,J3-15、J3-16 用于录波输出;J3-11、J3-14 为空端子(NC)。装置运行在手动状态时,合闸开出节点应与手动合闸开关串连。

J4:控制输入,接线示意图如图 7.51 所示。

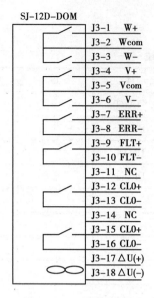

图 7.50　J3 接线示意图

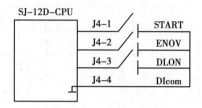

图 7.51　J4 接线示意图

控制输入包括启动(START)、无压使能(ENOV)、断路器辅助接点(DLON)和控制输入公共端(DIcom)。其中启动信号为脉冲输入,脉冲宽度应大于等于 1 s;无压使能信号为稳定信号,应保持至启动信号有效;断路器辅助接点信号用于合闸导前时间的测量,根据需要接入。装置运行在手动状态,J4-1 定义为手动启动信号,该信号为保持型,一般通过手动自动切换把手进行控制。

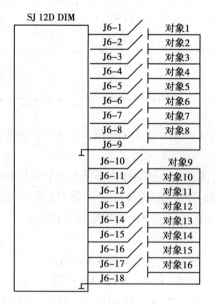

图 7.52　J6 接线示意图

J6:对象输入,接线示意图如图 7.52 所示。

该板用于同期对象的切换,每次只允许有一个同期对象进行同期操作,否则装置会报"对象重选"或"对象漏选"信息。J6-9 为对象 1 至对象 8 的公共端,J6-18 为对象 9 至对象 16 的公共端,这两个公共端与 J4-4 可以短接在一起。

关于 J3、J4、J6 接线说明:

①SJ-12D 最多可支持 16 个同期对象,按实际使用对象接线,不用的不需要接线。

②当同期对象中确有无压同期要求时,应接入"ENOV"无压使能开入信号。若没有无压同期要求,则"无压使能"输入信号可以不接。

③在实际应用中若装置的同期对象多于 1 个时,用户应对背板上的 J2(同期对象两侧的 PT 输入)、J3(控制输出)、J6(对象输入)这 3 个插头的出线增加外部切换逻辑,使之切换到与同期对象相对应的输入/输出回路上。

④同期失败(ERR)是脉冲型开出,脉宽固定为 1 s,该信号表示同期失败,失败的原因可以从装置的事件记录或后台软件查询。装置故障(FLT)为保持型开出,一旦检测到装置故障,将不能执行同期合闸操作。合闸开出(CLO)的脉宽不小于 300 ms,不大于 1 000 ms,在此范围内合闸脉宽为合闸导前时间的两倍。

3)同期参数

在准同期装置中每个同期对象都有一组独立且意义一样的同期定值表。在准同期装置投入实际运行前,必须对每个使用到的同期对象定值进行正确设置,没有使用到的同期对象其定值可以不用设置。同期参数意义一览表见表7.3。

(1)开关类型

开关类型(Type)有两种取值:Gen、Line,分别表示机组型开关和线路型开关。用于发电机的出口断路器一般设为机组型,除发电机出口断路器以外的一般设为线路型。

(2)系统频率(fs)

系统频率(f_s)只有两种取值:50 Hz 或 60 Hz,此值根据电网频率确定。

(3)无压合类型(NoV)

无压合类型有 3 种取值:type1、type2 和 off,分别表示无压合类型 1、无压合类型 2 以及禁止无压合。

type1:U_s≤50 V 且 U_g≥80 V|50 Hz 或 U_g≥65 V|60 Hz

type2:U_s≤50 V 或 U_g≤50 V

一般机组型开关无压合类型设为 type1,线路型开关无压合类型设为 type2。对于机组型开关其无压合类型也可设为 type2,此时为防止对机组倒送电,当 U_s 大于等于 50 V 且 U_g 小于等于 50 V 时禁止机组无压合。

(4)合闸导前时间

在准同期装置中,合闸导前时间(PreT)除了考虑断路器的合闸时间外,还要考虑合闸操作回路的动作时间。

(5)允许合闸环并角

允许合闸环并角(hbfai)指当开关类型为线路型时,若断路器两侧为同一系统,此时两端无频差,只有一固定相角差。当固定相角差小于允许合闸环并角(缺省值为 25°)时,直接合闸,否则同期超时。此参数对于机组型开关无意义。

(6)辅 CPU 闭锁角度(bsfai)

在准同期装置中辅 CPU 除了人机接口显示外,还起到闭锁合闸的功能。当测到的相角差小于闭锁角度时,开放合闸出口,反之闭锁合闸出口。

（7）允许压差高限（Δu_h）和允许压差低限（Δu_1）

只有当 $\Delta u_1 \leqslant U_g - U_s \leqslant \Delta u_h$ 时，装置才认为满足了压差条件，否则进行调压。

（8）允许频差高限（Δf_h）和允许频差低限（Δf_1）

只有当 $\Delta f_1 \leqslant f_g - f_s \leqslant \Delta f_h$ 时，装置才认为满足了频差条件，否则进行调频。

（9）电压补偿因子（KUl1、KUg1）

接入准同期装置的电压一般为 100 V，也允许接入 100 V/ 3 =57.74 V 的电压。如果输入的是 100 V，取电压补偿因子等于 1；如果输入的是 57.74 V，取电压补偿因子等于 1.732。

由于装置是以 100 V 的电压值进行同期过程，所以如果 U_s、U_g 都是 57.74 V，则电压补偿因子都必须设置为 1.732。

（10）相角差补偿（$\Delta \psi$）

本同期装置支持自动转角补偿功能。实际应用中在断路器两侧之间有变压器，而变压器原副边接线方式可能不一致，这就存在相角补偿问题。准同期装置的相角补偿值可以从 $-60° \sim 60°$，不需要转角时，取 $\Delta \psi = 0°$。当系统侧电压超前待并侧电压时相角差补偿取正，当系统侧电压滞后待并侧电压时相角差补偿取负。

（11）调速/调压定值

对机组型断路器，当频差或压差超出设定的允许高限或低限时，准同期装置将根据频差、压差大小发出宽窄不同的调节脉冲，直到频差、压差满足要求，进而实现发电机的同期并列。

无论是调速还是调压，准同期装置均采用"定频调宽"的方式发出调节脉冲，也就是说，每经过一个设定的周期，装置根据调节模型计算一次调节输出脉宽，并发出这个输出脉冲。

表 7.3　同期参数意义一览表

序号	符号	意义	可取值范围	基本增量/减量单位	缺省值	说明
1	Type	开关类型	Gen/Line		Gen	机组/线路两种类型
2	fs	系统频率	50 Hz/60 Hz		50Hz	50 Hz 或 60 Hz 任选
3	NoV	无压合类型	type1 type2 off		type1	type1: $U_s \leqslant 50$ V 且 （$U_g \geqslant 80$ V|50 Hz 或 $U_g \geqslant 65$ V|60 Hz） Type 2: $U_s \leqslant 50$ V 或 $U_g \leqslant 50$ V off: 禁止无压合
4	PreT	合闸导前时间	20 ~ 990 ms	10 ms	100 ms	
5	hbfai	允许环并合闸角	0° ~ 40°	0.1°	25°	开关类型为"Gen"时无效
6	bsfai	辅 CPU 闭锁角度	10° ~ 50°	1°	40°	
7	Δu_h	允许压差高限	±15 V	0.1 V	5 V	允许压差 $U_g - U_s$ 范围
8	Δu_1	允许压差低限	±15 V	0.1 V	-5 V	$\Delta U_1 \leqslant U_g - U_s \leqslant \Delta u_h$
9	Δf_h	允许频差高限	±0.5 Hz	0.01	0.25 Hz	允许频差 $f_g - f_s$ 范围
10	Δf_1	允许频差低限	+0.5 Hz	0.01	-0.25 Hz	$\Delta f_1 \leqslant f_g - f_s \leqslant \Delta f_h$

续表

序号	符号	意义	可取值范围	基本增量/减量单位	缺省值	说明
11	KUl1	系统电压补偿因子	0.5~2.0	0.001	1.000	需要转角时系统电压补偿
12	KUg1	待并电压补偿因子	0.5~2.0	0.001	1.000	需要转角时待并电压补偿
13	$\Delta\varphi$	相角差补偿	-60°~60°	0.1°	0°	需要转角时的角度。系统侧电压超前特并侧电压为正,滞后为负
14	Tf	调速周期	1~15 s	1	7	推荐值 7 s
15	Kpf	调速比例项因子	1~100	1	40	推荐值 40~50
16	Kif	调速积分项因子	0~100	1	0	推荐值 0
17	Kdf	调速微分项因子	0~100	1	0	推荐值 0
18	TV	调压周期	1~15 s	1	5	推荐值 5 s
19	Kpv	调压比例项因子	1~100	1	20	推荐值 20~30
20	Kiv	调压积分项因子	0~100	1	0	推荐值 0
21	Kdv	调压微分项因子	0~100	1	0	推荐值 0

4)现场常见问题及注意事项

①同期试验之前一定要先进行"假同期"试验,并检验系统侧和待并侧 PT 相序是否正确。初次试验时,可将 J3 输出端子拔掉,直接用万用表在开出板上测量脉冲输出。

②为避免机组进相,可将同期参数的"允许压差低限"和"允许频差低限"设为 0 或正值。

③修改同期参数时,应将 MMI 板上 J1 的跳线帽移到右边,此时装置处于调试态,修改完毕后,稍停大约 15 s,将 MMI 板上 J1 的跳线帽移到左边,此时装置处于运行态。

④进行相角补偿时,应当注意相角的正负:当系统侧电压超前待并侧电压时相角差补偿取正,当系统侧电压滞后待并侧电压时相角差补偿取负。

⑤对于线路型同期,应将开关类型设置为"Line"线路型,并且对多个同期对象参数逐一设置,逐一试验。

⑥为防止对机组倒送电,一般机组型开关无压合类型设为 type1,此时不仅要求 $U_s \leqslant 50$ V,且要求 $U_g \geqslant 80$ V | 50 Hz 或 $U_g \geqslant 65$ V | 60 Hz,此条件不满足往往是机组无压合闸失败的原因。

⑦启动同期后,装置"运行"灯正常闪烁,但"加速""减速""升压""降压"灯不亮,同期调节不进行,检查同期装置的开出板是否损坏(多个现场出过此类问题)。

⑧允许压差和允许频差的设置不宜过小,否则会引起超调或反向调节。

7.4.2　测值与现场实际不符检查

1)SOE 量/DI 量与实际不符

SOE 量和 DI 量信号来源于现场设备的"开/关""合/分""启动/停止""正常/故障""动作/复归"等信号。它在监控系统中的判断是由逻辑"真"或"假"进行识别。具体表现就是 0→1 或 1→0 的信号变位。当实际信号与监控采集不符时,可能有如下两种情况:

①现场设备有输出信号(即状态为1),而监控系统没有信号变位(即监控上的显示状态为0)。这种情况有3种可能性:设备故障,人为失误和人为修改。

故障情况的一种可能是接入监控 LCU 的对侧设备信号线断线或者是对侧设备无输出信号。检查的方法是先观察信号线是否有松动,如果紧固端子后依然信号有误,则解开接入监控 LCU 的对侧设备输入信号线,检查输入信号对 24 V 电源公共端处于何种状态(用万用表的直流电压档测量,如果电压接近于 24 V 表示断开,电压接近于 0 表示导通)。如果是断开状态,说明对侧设备没有输出信号,需检查对侧设备情况;如果是导通状态,则说明对侧设备有输出信号,那么可能是监控内部有问题,要——检查监控 LCU 的输入通道(包括模件本身/内部信号线/端子/内部 24 V 直流电源供电等)是否有异常,直到将故障设备发现并更换。

人为接线失误也可能引起此类情况,比如对侧设备的输入信号线接错(第 1 点的通道接入了第 2 点的信号线)或者是信号回路中没有串入 24 V 电源公共端。

人为修改情况可能是由于对侧设备的节点类型是"常闭节点"而监控需要"常开接点"判断状态,于是技术人员在监控系统的上位机数据库和下位机触摸屏画面中将该点做"取反"处理(即系统收到信号为 1 时显示为 0,收到信号为 0 时显示为 1),或者是在 PLC 程序中做了相似处理,时间长了可能被遗忘,应该及时记录便于以后的维护工作。

②现场设备没有输出信号(即状态为0),而监控系统有信号变位(即监控上的显示状态为1)。这种情况有3种可能性:设备故障,人为失误和人为修改。

故障情况可能是监控系统信号输入通道内产生异常(比如模件因电磁干扰感应出信号)。——检查监控 LCU 的输入通道(包括模件本身/内部信号线/端子/内部 24 V 直流电源供电等)是否有异常,直到将故障设备发现并更换。

人为接线失误也可能引起此类情况,比如对侧设备的输入信号线接错(第 1 点的通道接入了第 2 点的信号线)或者是信号回路中在没有接入现地信号的情况下直接串入 24 V 电源公共端。

人为修改情况是由于对侧设备的节点类型是"常闭节点"而监控需要"常开接点"判断状态,于是技术人员在监控系统的上位机数据库和下位机触摸屏画面中将该点做"取反"处理(即系统收到信号为 0 时显示为 1,收到信号为 1 时显示为 0),或者是在 PLC 程序中做了相似处理,时间长了可能被遗忘,应该及时记录便于以后的维护工作。

2) AI 量与实际不符

AI 量信号来源于现场设备的 4~20 mA 或者 0~5 V 的模拟量信号。AI 模件将测量到的信号转变成码值(比如 4~20 mA 信号对应的码值为 4 000~20 000),然后再在监控系统中通过线性变换的算法,结合着实际测量对象的高低量程,计算得到对象的真实测值。具体的线性算法如下公式所示:

AIN. REAL_VALUE[I]: =((AIN. REAL_HIGH[I]−AIN. REAL_LOW[I]) * (IN: =(AIN. VALUE[I]−4000)))/(AIN. CODE_HIGH−AIN. CODE_LOW)+AIN. REAL_LOW[I];参数描述如下:

AIN. REAL_LOW[I]:表示第 I 点的模拟量低量程;

AIN. REAL_HIGH[I]:表示第 I 点的模拟量高量程;

AIN. CODE_LOW:表示第 I 点的模拟量低码值,比如 4 000(根据 PLC 程序定);

AIN. CODE_HIGH:表示第 I 点的模拟量高码值,比如 20 000(根据 PLC 程序定);

AIN. VALUE[I]:表示第 I 点的 PLC 程序实际采集到的码值;

AIN. REAL_VALUE[I]:表示第 I 点的模拟量的实际值。

当实际信号与监控采集不符时,可能有如下几种情况:设备故障,人为失误,人为修改。

①故障情况可能是接入监控 LCU 的对侧设备信号线断线或者是对侧设备无输出信号。检查的方法是先观察信号线是否有松动,如果紧固端子后信号依然有误,则解开接入监控 LCU 的对侧设备输入信号线,找一个 250 Ω 的电阻串入信号回路,检查输入信号的电压值(此种情况针对输出信号为 4 ~ 20 mA 信号,用万用表的直流电压挡测量)。如果电压值与理论值差别较大,则说明对侧设备输出信号有误,需要检查设备。如果电压值与理论值差别不大,则可能是监控系统内部回路有异常,一一检查监控 LCU 的输入通道(包括模件本身/内部信号线/端子/内部 24 V 直流电源供电情况等)是否有异常,直到将故障设备发现并更换。

②人为接线失误也可能引起此类情况,比如对侧设备的输入信号线接错(第 1 点的通道接入了第 2 点的信号线)或者是接入的信号线正负极接反。

③人为修改情况可能是设计院或者业主提供的模拟量的高低量程与实际设备不符,因此监控系统显示的测值与设备本身不一致。应该按照设备实际情况修改高低量程,这样监控系统才能根据上述公式将真实值转换出来。另外要注意的是,在上位机数据库中有关模拟量的"刷新死区"是否已经设值,如果设值了,那么在此值以内的数据都不会刷新,这样会引起一定的误差,通常情况建议不用设值。

鉴于现场经常遇到变送器或测量仪等设备因为某些原因导致模拟量输出量程发生变化的情况,如果不及时修改监控的量程将引起较大误差,甚至是错误。现介绍如何处置这类情况的方法步骤:

以某传感器测量水位为例,传感器标注的量程是 0 ~ 10 m 对应 4 ~ 20 mA 的输出信号。但是现场使用中发现当水位为 10 m 时,传感器输出为 16 mA 而不是理论的 20 mA。因此判断传感器的实际量程与标定有一定误差,需要重新根据实际水位情况反算出传感器的量程。如果调零后确定 0 m 对应的传感器输出为 4 mA。此时根据线性算法的要求,计算步骤如下:

传感器输出 4 mA(x_1)对应低量程 0 m(y_1),传感器输出 16 mA(x_2)对应测试中水位 10 m(y_2),那么假设线性公式为:

$(y-y_1)/(y_2-y_1) = (x-x_1)/(x_2-x_1)$,可以得到 $y = (5x-20)/6$,那么当最大输出信号为 20 mA 时,高量程为 13.33 m。所以确定传感器的量程为 0 ~ 13.33 m。

由以上分析不难看出,模拟量量程其实都是根据设备使用的实际情况结合自身计算得到的,通常在新电站投运时由设备厂家提供给设计院或业主,然后再将其量程算出后填入监控系统中就可以顺利获得模拟量的真实值。当由于信息不全需要通过实验获得量程时,如果直接在上位机或者触摸屏中修改量程测试的话,需要重启机器才可以生效,很麻烦,建议可在 PLC 程序中直接处理,因为不论何种 PLC 程序(MB 或 Unity)都可以很方便地实时获得调整量程后的模拟量真实值,以便和现场设备对比检验量程的正确性。

3)TI 量与实际不符

TI 量信号来源于热敏电阻的阻值信号。通常采用三线制或者两线制接法。TI 模件的采集原理是通过多次采样,抛弃最大及最小值后取均值,防止某次采样故障影响信号采集;支持 Cu50、Cu53、Cu100、Pt100 的电阻类型采集。当实际信号与监控采集不符时,可能有如下几种情况:设备故障,人为失误,人为修改。

①故障情况可能是接入监控 LCU 的对侧设备信号线断线或者是对侧设备无输出信号。检查的方法是先观察信号线是否有松动,如果紧固端子后信号依然有误,则解开接入监控 LCU 的对侧设备输入信号线,用专用仪器检测热敏电阻阻值是否正常,需要注意的是搞清楚用的何种类型的电阻(彭水电站采用 Pt100 型电阻)。如果阻值与理论值差别较大,则说明对侧设备输出信号有误,需要检查设备。如果阻值与理论值差别不大,则可能是监控系统内部回路有异常,需要一一检查模件本身/内部信号线/端子等,逐一排查后将有问题的设备更换。

②人为接线失误也可能引起此类情况,比如对侧设备的输入信号线接错(第 1 点的通道接入了第 2 点的信号线)或者是接入的是两线制信号时没有将需要短接的线短接起来,如图 7.53 所示。

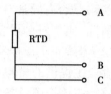

图 7.53　电阻接线图

项目 **8**
直流电源系统

8.1 直流电源系统简介

直流电源系统是一个独立的电源,它不受发电机、厂用电系统运行方式的影响。由蓄电池组、直流充电装置、直流馈出装置构成的直流供电系统称为直流系统。直流系统在变电站中为控制回路、信号回路、继电保护、自动装置及事故照明等提供可靠的直流电源,还为操作提供可靠的操作电源,当站内失去交流电源供电时,直流电源还要作为应急的后备电源。

直流电源系统主要由交流配电单元、充电模块、直流馈电、集中监控单元、绝缘监测单元、降压单元和蓄电池组等部分组成,其示意图如图8.1所示。

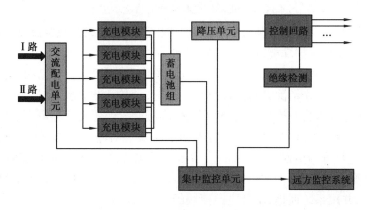

图 8.1 直流电源系统示意图

1)阀控式铅酸蓄电池

蓄电池是储存直流电能的一种设备,它能把电能转变为化学能储存起来(充电),使用时再把化学能转变为电能(放电),供给直流负荷,这种能量的变换过程是可逆的。也就是说,当蓄电池已部分放电或完全放电后,两电极表面形成了新的化合物,这时用适当的反向电流通入蓄电池,就可使已形成的新化合物还原成原来的活性物质,供下次放电之用。

阀控式铅酸蓄电池的英文名称为 Valve Regulated Lead Battery,简称 VRLB 电池,其基本特点是使用期间不用加酸加水维护,电池为密封结构,不会漏酸,也不会排酸雾,电池盖子上设有单向排气阀(也称安全阀),该阀的作用是当电池内部气体量超过一定值(通常用气压值表示),即当电池内部气压升高到一定值时,排气阀自动打开,排出气体,然后自动关阀,防止空气进入电池内部。

蓄电池作为备用电源在系统中起着极其重要的作用。平时蓄电池处于浮充电备用状态,在交流电失电、事故状态等情况下,蓄电池是唯一的负荷电源供给者,一旦出问题,供电系统将面临瘫痪的风险,造成设备停运及其他重大运行事故。

2) 高频开关电源充电装置

高频开关电源充电装置是将交流电整流成直流电的一种换流设备,其主要功能是为正常负荷供电以及提供蓄电池的均/浮充功能。

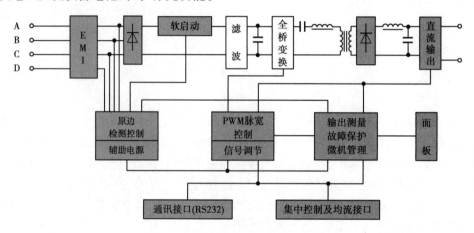

图 8.2　高频开关电源充电装置示意图

图 8.2 为高频开关电源充电装置示意图,原边检测控制电路监视交流输入电网的电压,实现输入过压、欠压、缺相保护功能及软启动的控制;辅助电源为整个模块的控制电路及监控电路提供工作电源;EMI 输入滤波电路实现对输入电源作净化处理,滤除高频干扰及吸收瞬态冲击的功能;软启动部分用作消除开机浪涌电流;三相交流输入电源经输入三相整流、滤波变换成直流,全桥变换电路再将直流变换为高频交流,高频交流经主变压器隔离、全桥整流、滤波转换成稳定的直流输出;信号调节、PWM 脉宽控制电路实现对输出电压、电流的控制及调节,确保输出电源的稳定及可调整性;输出测量、故障保护及微机管理部分负责监测输出电压、电流及系统的工作状况,并将电源的输出电压、电流显示到前面板,实现故障判断及保护,协调管理模块的各项操作,并跟系统通信,实现电源模块的高度智能化。

3) 监控装置

监控系统主要由监控调度中心计算机及安装在直流系统上的集中监控器组成,监控调度中心可通过电话网、光纤或标准串行口对直流系统进行遥测、遥信、遥调、遥控。监控调度人员可在监控调度中心监视各个现场的直流系统的运行情况,一旦发现某个系统出现异常或告警,则可以直接访问该系统的集中监控器,获取必要的详细信息,实施必要的应急操作,然后根据需要做好准备,再赴现场进行故障处理,实现无人值守,提高维护工作的效率。

集中监控器装于直流电源屏内,负责对直流系统各单元(如电压电流采集单元、充电模块、绝缘监测、电池巡检等)运行状态与数据的采集、显示、系统单元运行参数的设置,并控制各单元的正常运行,接收监控中心计算机发送来的命令及参数,并将系统运行状态及参数发送给监控中心计算机(图8.3)。

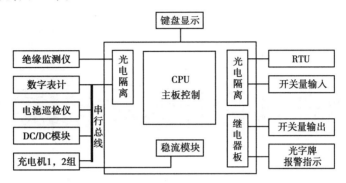

图8.3 集中监控器示意图

集中监控器作为直流屏内的智能管理单元,负责采集各功能单元输入/输出数据量、状态量,并根据其本身程序控制各单元的运行状态,同时将所得直流屏数据上传至后台。

4)绝缘在线监测装置

绝缘在线监测装置被用来对直流系统的绝缘状况进行监测,主要有母线电压、母线对地绝缘状况、母线交流窜入电压的自动检测、报警,直流馈电支路接地自动巡查等。

绝缘在线监测装置各功能单元采用模块化结构(图8.4),基本配置由主机、电流变送器以及CT采集模块组成,主机检测正负直流母线的对地电压,通过母线对地漏电流计算出正负母线对地绝缘电阻。当绝缘电阻低于设定的报警值时,自动启动支路巡检功能。

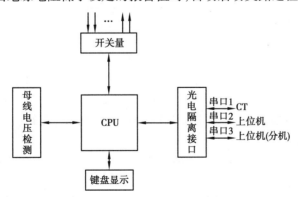

图8.4 绝缘在线监测装置示意图

支路漏电流检测采用直流有源CT(图8.5),不需向母线注入信号。所有支路的漏电流检测同时进行,被检信号由CT采集后送采集模块,每个模块内含CPU,直接在CT采集模块内部转换为数字信号,由CPU通过串行口上传至绝缘监测仪主机。

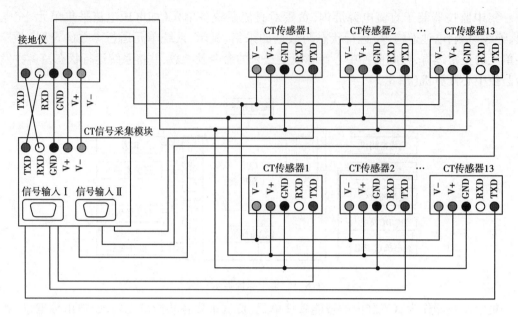

图 8.5　支路漏电流检测示意图

8.2　检修项目

根据设备种类、使用环境、运行年限、检测结果、缺陷和故障程度,以及运行和检修情况综合分析评估设备状况,确定是否检修以及检修内容、项目和范围。

8.2.1　蓄电池更换

蓄电池组出现以下情况时,应按要求进行蓄电池更换:

①当个别故障蓄电池无法继续修复或达不到规定要求时应予以个别更换。

②当故障蓄电池数量达到整组蓄电池的 20% 及以上时,应更换整组蓄电池。

③蓄电池组达不到额定容量的 80% 及以上时,应更换整组蓄电池。

阀控蓄电池检查更换及要求见表 8.1。

表 8.1　阀控蓄电池更换及要求

项目	内容	方法及要求
外观	外观检查	1)壳体应无变形、裂纹、损伤,密封良好、外观清洁; 2)蓄电池的正、负极柱必须极性正确,并应无变形; 3)连接条、螺栓及螺母应齐全,无锈蚀; 4)检查蓄电池是否有漏液现象;安全阀是否良好。
充放电	充放电	1)检查制造厂家充放电记录应符合国家标准或出厂的技术要求; 2)进行核对性充放电,容量应满足要求。

续表

项目	内容	方法及要求
内阻或电导	蓄电池的内阻或电导测试	实际测试应与制造厂提供的阻值一致,允许偏差范围为±10% 。
安装	蓄电池安装	1)蓄电池放置的平台、基架及间距应符合设计要求; 2)蓄电池应安装平稳,间距均匀,排列整齐; 3)连接条及蓄电池抽头的接线应正确,螺栓应紧固。
	蓄电池的引出线	1)在断开与蓄电池连接的情况下,用 1 000 V 摇表测量正、负之间绝缘和正对地、负对地的绝缘应不低于 10 MΩ; 2)电缆的引出线应标明正负极的极性,正极为赭色,负极为蓝色。

8.2.2　充电装置更换

直流电源系统中充电装置绝缘性能老化、精度等技术性能下降,不能满足运行要求,且无法修复时应进行更换。

当有两套及以上充电装置时,应将被更换的充电装置退出运行后进行更换。如果仅有一套充电装置时按照表 8.2 要求进行。

表 8.2　充电装置更换及要求

项目	内容	方法及要求
回路检查	原充电装置接线检查	根据图纸、实际接线、电缆标识,查清接线,作好标记,必要时应绘制与实际相符的接线图。
临时充电装置接入	临时充电装置接线	1)选择满足实际运行要求的临时充电装置; 2)临时充电装置接入前应核对正、负极性。
拆除	拆除原充电装置	1)检查临时充电装置运行正常; 2)断开原充电装置的电源,并验明确无电压后,拆除有关接线。
安装	新充电装置安装	1)装置就位、安装、接线、调试、验收、空载试运行; 2)完善屏内设备标识。
恢复系统运行	拆除临时充电装置	1)检查新充电装置运行正常; 2)断开临时充电装置的电源,并验明确无电压后,拆除有关接线。

8.2.3　直流屏的更换

直流屏整体绝缘老化、主要元器件故障频繁、且无法修复、不能满足运行要求时应进行更换。直流屏的更换及要求见表 8.3。

表 8.3　直流屏更换及要求

项目	内容	方法及要求
回路检查	原直流屏接线检查	根据图纸、实际接线、电缆标识,查清接线,作好标记,必要时应绘制与实际相符的接线图。
临时直流电源接入	临时电源接入和调试	1)临时充电装置应能满足直流负荷要求; 2)临时直流屏应同时具有绝缘、电压监察、闪光功能,馈路开关容量、数量应满足现场运行需要; 3)两套直流电源的压差应在 5 V 之内。
负荷转移	各直流馈路向临时直流屏转接	1)对于环网馈路应停一路,转接一路; 2)允许停电的馈路,应停电转接; 3)不允许停电的馈路,应带电搭接; 4)倒换负荷过程中,严防直流短路、接地和失压,并做好标识。
拆除	拆除原的直流屏	1)检查直流负荷已全部转出; 2)断开原直流屏的交、直流电源,验明确无电压后拆除引线和屏体; 3)拆除过程中严防直流短路、接地和失压。
安装	新直流屏安装	1)直流屏就位、安装、接线、调试、验收、试运行; 2)完善屏内设备标识。
恢复系统运行	各直流馈路从临时直流屏转接至新直流屏	1)对于环网馈路应停一路,转接一路; 2)允许停电的馈路,应停电转接; 3)不允许停电的馈路,带电搭接; 4)倒换过程中,严防直流短路、接地和失压,并做好标识。
拆除	拆除临时直流电源	1)检查新直流屏运行正常; 2)断开临时直流屏的电源,并验明确无电压后,拆除有关接线。

8.3　检测、试验项目

　　直流电源系统设备在正常运行或检修时,应按规定的项目、方法及要求进行检查、测试,以便准确地掌握设备的运行状况。

8.3.1　直流电源系统设备检测项目

直流电源系统设备检测项目见表 8.4。

表 8.4　直流电源系统设备检测项目及要求

设备名称	周期	项目	方法	要求
阀控蓄电池	每年至少一次	端电压	用万用表或直流电压表测量	若端电压偏差超过标准值时应重点检查： 1)充电电压和电流是否符合要求； 2)蓄电池壳体温度是否符合要求。
		内阻或电导	用蓄电池内阻检测仪或其他设备测量	若内阻较高,则着重检查以下各项： 1)蓄电池的运行方式是否正确； 2)蓄电池电压和温度是否在规定范围； 3)蓄电池是否长期存在过充电或欠充电； 4)运行年限是否超过制造厂家推荐年限。
		温度	用温度计测量	若蓄电池壳体温度超过 35 ℃时,应重点检查： 1)蓄电池通风是否正常； 2)蓄电池是否存在短路或过充电等情况。
		外观	1)外观检查 2)借助工器具	应重点检查的部位： 1)壳体是否清洁和有无爬酸现象,若有应擦拭干净,并保持通风和干燥； 2)壳体是否有渗漏、变形,若有应及时更换； 3)极柱螺丝是否松动,若有应紧固； 4)环境温度是否正常。
高频开关电源充电装置	每年至少一次	交流输入和直流输出	用万用表测量	若输入或输出不正常应重点检查： 1)检查模块的交流输入电压； 2)检查输入和输出插头是否紧固； 3)检查模块的内部熔断器是否熔断； 4)模块均流不平衡度是否在 5% 范围内。
		外观	外观检查	应重点检查的部位： 1)模块的运行、均流指示灯和故障灯应指示正确；若不正确应查明原因并处理； 2)模块的壳体应完好无损； 3)散热装置运行正常。
监控装置	每年至少一次	参数设置	检查监控装置的参数设置	若参数发生变化应根据实际运行情况修正参数。
		检测值	检查监控装置的显示值和实测值是否一致	若显示值和实测值不一致应重点检查和调整： 1)回路是否完好； 2)应调节监控装置内部相应的电位器。

续表

设备名称	周期	项目	方法	要求
监控装置	每年至少一次	报警信息	检查、试验报警功能	若报警功能异常应重点检查： 1）检查报警定值是否发生变化； 2）报警装置是否正常。
		充电程序的功能转换	设置监控装置为恒流状态，将均充转浮充的时间设为最小，观察监控装置的自动转换程序的功能是否良好	若不能自动转换应重点检查： 1）充电程序转换的设置参数是否正确； 2）实际转换的时间是否正确； 3）最终自动强行转换是否能实现。
绝缘监测装置	每年至少一次	检测值	检查装置的显示值和实测值是否一致	若显示值和实测值不一致应重点检查和调整： 1）回路是否完好； 2）应调节监控装置内部相应的电位器。
		接地试验	用规定阻值的电阻分别在合闸、控制的某一出线上进行正极接地和负极接地试验，观察报警信息	若报警信息不正确则应重点检查和试验： 1）试验回路是否正确、完好； 2）接地试验电阻、接线是否完好； 3）绝缘在线装置是否完好； 4）传感器是否正常； 5）在线监测装置通道设置是否正确。

8.3.2 直流屏现场试验

直流电源系统设备检测项目及要求见表 8.5。

表 8.5　直流电源系统设备检测项目及要求

设备名称	周期	项目	方法	要求
直流屏内相关设备	每年至少一次	交流切换装置	模拟自动切换	若切换不正常应重点检查: 1)交流接触器是否完好; 2)切换回路是否完好。
		直流接触器	外观检查及试验	若直流接触器动作不正常应重点检查: 1)主、辅接点接触是否良好; 2)接触器的线圈是否完好; 3)控制熔断器是否熔断; 4)回路接线是否完好。

8.3.3　蓄电池现场试验

当有两组蓄电池时,应一组运行,另一组退出运行,按照要求进行核对性充放电;如果仅有一组蓄电池,可用临时蓄电池将运行的蓄电池倒换退出运行后,按照要求进行核对性充放电。如果仅有一组蓄电池且不能退出时,则不允许进行全容量核对性放电,只允许放出额定容量的50%,单体蓄电池放电终止电压不得低于 1.8 V,蓄电池的核对性充放电试验及要求见表8.6。

表 8.6　蓄电池的核对性充放电试验及要求

设备种类	检查内容	方法及要求
阀控蓄电池	核对容量	1)用 I_{10} 电流值恒流放出额定容量的100%; 2)放电后应立即用 I_{10} 电流进行恒流→恒压→浮充电,反复充放 2～3 次; 3)放电过程中单体蓄电池的端电压不得低于 1.8 V; 4)充电末期蓄电池的电压应达到 2.30～2.35 V,并且充入的容量应不小于放出容量的120%; 5)若经 3 次充放电循环蓄电池的容量还达不到额定容量的80%,则可认为该组蓄电池的寿命终结,应进行更换; 6)其中,I_{10} 表示 10 h 率放电电流,即蓄电池的额定容量/10 的放电电流。

8.4　故障处理及要求

8.4.1　蓄电池故障处理及要求

蓄电池故障处理及要求见表8.7。

表 8.7　蓄电池故障处理及要求

设备类型	故障特征	原因、处理方法及要求
阀控蓄电池	极板短路或开路	主要由极板的沉淀物、弯曲变形、断裂等造成,当无法修复时应更换蓄电池。
	壳体异常	主要由充电电流过大、内部短路、温度过高等原因造成,应: 1)对渗漏电解液的蓄电池应更换或用防酸密封胶进行封堵; 2)外壳严重变形或破裂时应更换蓄电池。
	蓄电池反极	主要由极板硫化、容量不一致等原因造成,应将故障蓄电池退出运行,进行反复充电,直至恢复正常极性。
	极柱、螺丝、连接条爬酸或腐蚀	主要由安装不当、室内潮湿、电解液溢出等原因造成,应: 1)及时清理,做好防腐处理; 2)严重的更换连接条、螺丝。
	容量下降	主要由于充电电流过大、温度过高等原因造成蓄电池内部失水干涸、电解物质变质。用反复充放电方法恢复容量,若连续 3 次充放电循环后,仍达不到额定容量的 80%,应更换蓄电池。
	绝缘下降	主要由电解液溢出、室内通风不良、潮湿等原因造成,应: 1)对蓄电池外壳和支架用酒精擦; 2)改善蓄电池的通风条件,降低湿度。

8.4.2　直流充电装置故障处理及要求

直流充电装置故障处理见表 8.8。

表 8.8　直流充电装置故障处理

设备类型	故障特征	处理方法及要求
磁放大型充电装置	交流故障	1)交流输入电压不正常时应向电源侧逐级检查; 2)检查柜内熔断器,熔断时应查明原因后更换。
	直流故障	1)检查直流输出熔断器是否完好,熔断时应查明原因后更换; 2)检查整流元件、控制元件是否完好,损坏时应查明原因后更换; 3)检查整流回路和控制回路是否有短路或开路; 4)检查直流输出调节旋钮是否完好,旋钮坏的应进行更换。
相控型充电装置	交流故障	1)交流输入电压不正常时应向电源侧逐级检查; 2)检查缺相保护是否动作,测量三相电压是否正常,查明原因进行处理; 3)检查相序是否正确; 4)检查柜内熔断器,若熔断应查明原因后更换。
	直流故障	1)检查直流输出熔断器是否完好,熔断时应查明原因后更换; 2)检查整流、控制元件是否完好,损坏时应查明原因后更换; 3)检查整流回路和控制回路是否有短路或开路; 4)检查直流输出调节旋钮是否完好,损坏时应更换; 5)若过载或过流保护动作应查明原因,进行处理。

设备类型	故障特征	处理方法及要求
高频开关电源充电装置	交流故障	1) 交流输入电压不正常时应向电源侧逐级检查; 2) 检查模块的内部熔断器是否完好,若熔断应查明原因后更换。
	直流故障	1) 若故障灯亮时为内部故障,关闭电源后重新启动,仍不正常时对其进行进一步检查; 2) 模块内部熔断器熔断时应查明原因后更换; 3) 模块接线端子或插头有松动时应进行紧固或重新插接。

8.4.3　直流屏内相关部件故障处理及要求

直流屏内相关部件故障处理及要求见表 8.9。

表 8.9　直流屏内相关部件故障处理及要求

设备名称	故障特征	处理方法及要求
监控装置	无显示	1) 检查装置的电源是否正常,若不正常应逐级向电源侧检查; 2) 检查液晶屏的电源是否正常,若电源正常可判断为液晶屏损坏,应进行更换。
	显示值和实测值不一致	1) 调校监控装置内部各测量值的电位器; 2) 若调整无效应更换相关部件; 3) 检查通道是否正常,有故障时应进行处理。
	显示异常	按复位键或重新开启电源开关,若按复位键或重新开机仍显示异常,应进一步进行内部检查处理,无法修复时应更换监控装置。
	告警	根据告警信息检查和排除外部故障后仍无法消除告警时应检查: 1) 装置参数若偏离整定范围时,应重新整定; 2) 检查监控通道是否正常,关闭未使用的通道。
	监控装置与上位机通信失败	1) 检查上位机软件地址、波特率,当格式不正确时应重新设定; 2) 检查上、下位机收发是否同步,若不同步应对其进行调整; 3) 检查通信线连接不正确应重新接线。
绝缘监测装置	开机无显示	1) 检查装置的电源是否正常,若不正常应逐级向电源侧检查; 2) 检查液晶屏的电源是否正常,若电源正常可判断为液晶屏损坏,应进行更换。
	显示值和实测不一致	1) 调校监控装置内部各测量值的电位器; 2) 若调整无效应重新开机后再校对。
	装置显示异常	按复位键或重新开启电源开关,若按复位键或重新开机仍显示异常,应进一步进行内部检查处理,无法修复时应更换监控装置。

续表

设备名称	故障特征	处理方法及要求
绝缘监测装置	接地报警异常	1)参数不正确时应重新设定; 2)测量正、负对地电压偏差大时,应检查装置的相关部件; 3)检查传感器电源是否正常,若不正常时应更换电源;电源正常时检查传感器是否损坏,若损坏应进行更换。
闪光装置	继电器故障	1)继电器的接点接触不良,处理无效时应更换; 2)继电器的线圈损坏时应更换。
	回路故障	1)指示灯具或按纽等故障,处理无效时应更换; 2)熔断器熔断时应查明原因后更换; 3)接线松动或断线时应处理。
电压监察装置	继电器故障	1)继电器的接点接触不良,处理无效时应更换; 2)继电器线圈故障时应更换。
	回路故障	1)检查熔断器是否完好,熔断时应查明原因后更换; 2)检查回路接线是否完好。
屏内开关	开关故障	1)接点接触不良应进行检查处理,无法处理时应更换; 2)空气断路器不能正确脱扣,无法起到保护作用时,应更换; 3)辅助接点动作失灵或接触不良,无法修复时应更换; 4)若开关熔断器熔断,应查明原因后更换。
	接线松动或断线	接线松动或断线的应紧固或处理。
屏内灯具	灯具故障	1)灯具损坏无法修复时应更换; 2)灯泡损坏时应更换。
	接线松动或断线	接线松动或断线的应紧固或处理。

参考文献

［1］贺家李,宋从矩.电力系统继电保护原理［M］.增订版.北京:中国电力出版社,2004.

［2］王维俭.电气主设备继电保护原理与应用［M］.2 版.北京:中国电力出版社,1996.

［3］姚晴林.同步发电机失磁及其保护［M］.北京:机械工业出版社,1981.

［4］国家能源局.水轮机电液调节系统及装置技术规程［S］.北京:中国电力出版社,2016.

［5］国家能源局.水轮机电液调节系统及装置调整试验导则［S］.北京:中国电力出版
社,2016.

［6］国家能源局.继电保护和电网安全自动装置检验规程［S］.北京:中国电力出版社,2016.

［7］中国国家标准化管理委员会.继电保护和安全自动装置技术规程［S］.北京:中国标准出
版社,2006.